典型环境介质中新污染物
分析测试技术

关玉春　吴宇峰　王艳丽　著

图书在版编目（CIP）数据

典型环境介质中新污染物分析测试技术 / 关玉春，吴宇峰，王艳丽著． -- 天津 ：天津大学出版社，2024.7. -- ISBN 978-7-5618-7759-3

Ⅰ．X132

中国国家版本馆CIP数据核字第2024ZM1323号

出版发行	天津大学出版社
地　　址	天津市卫津路92号天津大学内（邮编：300072）
电　　话	发行部：022-27403647
网　　址	www.tjupress.com.cn
印　　刷	廊坊市瑞德印刷有限公司
经　　销	全国各地新华书店
开　　本	787mm×1092mm　1/16
印　　张	16.5
字　　数	412千
版　　次	2024年7月第1版
印　　次	2024年7月第1次
定　　价	68.00元

凡购本书，如有缺页、倒页、脱页等质量问题，烦请与我社发行部门联系调换
版权所有　　侵权必究

本书编委会

主　　任：关玉春　吴宇峰　王艳丽
副主任：张　静　张肇元　崔连喜
编　　委：刘殿甲　王效国　李利荣　赵志强　杨璟爱
　　　　　赵修青　杨　华　陈　晨　王洪乾　李天森
　　　　　崔桂贤　刘金冠　赵　莉　王　鑫　王记鲁
　　　　　赵　一　李　静　刘　跃　于晓青　田　雨
　　　　　郭文欣　朱秀锦　郭晶晶　林　冬　杨　虹
　　　　　许　亮　薛鹏飞　赵婧娴　廉　鑫　王岚云
　　　　　刘　雯　张亚尼　张海波　陈　焱　左　明
　　　　　岳　昂　王秋莲　李　炜　韩　龙　刘振羽
　　　　　齐　麟　赵美姿　郭文文　翟浩杰　宋　伟

序

  我国是全球最大的化学品生产国和使用国。随着化学工业对国民经济的支撑作用日益增大，我国有毒有害物质的生产、使用呈持续走高态势，对生态环境和公众健康的危害日益凸显，新污染物引发的环境安全问题正受到社会各界的广泛关注。党中央、国务院高度重视新污染物治理工作。国务院办公厅于2022年印发了《新污染物治理行动方案》，对新污染物治理工作进行全面部署。生态环境部、工业和信息化部等六部委联合发布了《重点管控新污染物清单（2023年版）》，对环境和健康影响较大的新污染物受到重点监测和管理。

  新污染物一般具有新、多、广、低等特点。新，是新近发现或被关注；多，是现有种类多或新增数量多；广，是来源广，新污染物可能来自生产、使用、处理等各环节；低，是新污染物浓度普遍较低，有的达到痕量或超痕量水平。以上这些特点对新污染物的监测技术与方法提出了更高的要求。目前，我国新污染物监测工作的基础和能力尚显薄弱，监测技术体系仍不健全，环境监测方法有待完善。近年来，部分持久性有机污染物、VOCs（挥发性有机物）已发布行业监测标准，抗生素和内分泌干扰物中仅少数物质可以参考地方标准或者其他行业标准，对于大部分新污染物，我国尚无满足不同环境介质调查监测需要的分析测试方法。

  天津市生态环境监测中心是我国生态环境监测领域的一级站，其卓越的监测技能和杰出的科研能力得到业内的广泛认可。该中心在2019年第二届全国生态环境监测专业技术人员大比武中，以出类拔萃的表现荣获团体一等奖和三个个人一等奖，充分体现了其在生态环境监测领域的专业优势和实践能力。此外，该中心还积极参与国家环境保护标准的制定、修订工作，成功完成了近30项监测标准的制定、修订工作，为我国的生态环境保护事业作出了积极的贡献。

  自2018年起，该中心便系统地开展新污染物监测技术的研究。其紧密围绕《关于持久性有机污染物的斯德哥尔摩公约》《优先控制化学品名录》《重点管控新污染物清单（2023年版）》以及《第一批化学物质环境风险优先评估计划》等，调研国内外最新的分析技术，进一步规范实验操作，开展全过程质量保证和质量控制研究。经过多年的努力,该中心建立了多种典型环境介质中多类别新污染物的分析测试方法,并已成功应用于国家新污染物的专项调查和试点监测工作,为我国的生态环境保护提供了有力的技术支持。

本书编写人员均是该中心优秀的技术骨干,紧密围绕"提升新污染物监测的系统化、标准化和科学化水平"这个宗旨开展工作,确保新污染物分析测试技术准确、可靠。

本书具备卓越的实用性,可以成为生态环境监测系统、专业检测机构以及大专院校实验室在新污染物检测工作中的高效工具,为新污染物治理及相关科学研究提供有力的技术支持。

魏复盛
2024 年 6 月

前　言

我国对新污染物的管控正逐步加强,但面临的挑战依然严峻。面对新污染物的复杂性、不确定性以及环境介质的多样性,加强新污染物分析测试技术的研究是当务之急,是科技进步和创新的必然要求。本书选取了《关于持久性有机污染物的斯德哥尔摩公约》《优先控制化学品名录》《重点管控新污染物清单(2023版)》以及《第一批化学物质环境风险优先评估计划》等多个重要管理要求中列出的重点关注新污染物,针对标准缺失、标准不统一、标准适用性差等问题,开展了一系列技术研究,形成了一套适用于现阶段新污染物调查监测的技术方法,助力多环境介质中新污染物调查监测和治理。

本书包括5章,第1章为绪论,介绍了新污染物监测现状。第2章为新污染物样品的采集、保存与制备,介绍了水质、土壤和沉积物样品的采集、保存与制备。第3章为新污染物前处理技术,重点介绍水质、土壤和沉积物样品中新污染物的前处理技术。第4章为水质中典型新污染物分析测试方法,包括16种新污染物的分析测试方法。第5章为土壤和沉积物中典型新污染物分析测试方法,包括10种新污染物的分析测试方法。本书具有以下特点。

(1)方法文本标准化:完全按照生态环境监测标准的相关要求编写,包括适用范围、规范性引用文件、方法原理、干扰及其消除、试剂和材料、仪器和设备、样品、分析步骤、结果计算与表示、准确度、质量保证和质量控制、废物处理、注意事项等方面。

(2)测试技术专业化:在保证灵敏度的基础上,尽量选择针对性和普适性强的仪器设备开发分析测试技术,以确保方法的可推广性;根据新污染物的特性及仪器特点选择最佳定量方式,并针对不同介质浓度建立相应浓度水平要求的标准曲线,确保测量结果准确。

(3)质量保证与质量控制科学化:在大量条件实验和实际样品分析的基础上,严格样品质量控制程序,包括样品的采集、处理、保存和运输等各个环节,以减小误差和偏差;同时借鉴国家相关专项工作的质控考核情况,科学制定质控指标。

  本书的内容有很强的实用性与适用性,已成功应用于国家新污染物的专项调查和试点监测工作,为我国的生态环境保护提供了有力的技术支持。

编者
2024 年 6 月

目　　录

第 1 章　绪论 ··· 1
1.1　新污染物监测的意义 ·· 1
1.2　新污染物分析测试技术现状 ·· 2
1.3　本书的特点 ··· 10

第 2 章　新污染物样品的采集、保存与制备 ····················· 12
2.1　水质样品的采集与保存 ·· 12
2.2　土壤和沉积物样品的采集、保存与制备 ·················· 13

第 3 章　新污染物前处理技术 ··· 14
3.1　水质样品萃取技术 ·· 14
3.2　土壤和沉积物萃取技术 ·· 16
3.3　净化技术 ·· 18

第 4 章　水质中典型新污染物分析测试方法 ····················· 20
4.1　水质　5 种邻苯二甲酸酯类化合物的测定　液液萃取/气相色谱-质谱法 ·········· 20
4.2　水质　卡拉花醛的测定　液液萃取/气相色谱-质谱法 ············· 28
4.3　水质　4 种紫外线吸收剂的测定　液液萃取/气相色谱-质谱法 ······· 33
4.4　水质　11 种脂肪族二元酸酯类化合物的测定　气相色谱-质谱法 ········· 39
4.5　水质　4 种有机锡类化合物的测定　液液萃取/气相色谱-质谱法 ········ 51
4.6　水质　得克隆的测定　气相色谱-三重四极杆质谱法 ·········· 58
4.7　水质　8 种多氯联苯的测定　气相色谱-高分辨质谱法 ··········· 64
4.8　水质　7 种多溴二苯醚的测定　气相色谱-高分辨质谱法 ·········· 72
4.9　水质　六溴环十二烷的测定　高效液相色谱-三重四极杆质谱法 ········· 80
4.10　水质　22 种全氟化合物的测定　高效液相色谱-三重四极杆质谱法 ······· 87
4.11　水质　10 种有机磷酸酯类化合物的测定　高效液相色谱-三重四极杆质谱法 ··· 98
4.12　水质　双酚 A 和 9 种烷基酚的测定　高效液相色谱-三重四极杆质谱法 ····· 106
4.13　水质　55 种抗生素的测定　高效液相色谱-三重四极杆质谱法 ········ 114
4.14　水质　12 种精神活性物质及代谢物的测定　高效液相色谱-三重四极杆质谱法 ··· 125
4.15　水质　短链氯化石蜡的测定　液相色谱-高分辨质谱法 ··········· 133
4.16　水质　微塑料的测定　光学显微镜-傅立叶变换显微红外光谱法 ······· 142

第 5 章　土壤和沉积物中典型新污染物分析测试方法 ········· 155
5.1　土壤和沉积物　双酚 A 和 9 种烷基酚的测定　气相色谱-质谱法 ········ 155

5.2	土壤和沉积物 5种麝香类化合物的测定 气相色谱-质谱法	164
5.3	土壤和沉积物 得克隆的测定 气相色谱-三重四极杆质谱法	169
5.4	土壤和沉积物 8种多氯联苯的测定 气相色谱-高分辨质谱法	176
5.5	土壤和沉积物 7种多溴二苯醚的测定 气相色谱-高分辨质谱法	185
5.6	土壤和沉积物 22种全氟化合物的测定 高效液相色谱-三重四极杆质谱法	193
5.7	土壤和沉积物 六溴环十二烷的测定 高效液相色谱-三重四极杆质谱法	204
5.8	土壤和沉积物 55种抗生素的测定 高效液相色谱-三重四极杆质谱法	212
5.9	土壤和沉积物 短链氯化石蜡的测定 液相色谱-高分辨质谱法	227
5.10	土壤和沉积物 微塑料的测定 光学显微镜-傅立叶变换显微红外光谱法	237

第 1 章 绪 论

1.1 新污染物监测的意义

新污染物是指新近被发现或被关注,对生态环境或人体健康存在危害,尚未被纳入管理或者现有管理措施不足以有效防控其风险的污染物。有毒有害化学物质的生产和使用是新污染物的重要来源,主要包括国际公约管控的持久性有机污染物、内分泌干扰物、抗生素和微塑料等。

在全国生态环境保护大会及其他重要会议中,新污染物治理被反复强调。从"对新污染物治理开展专项研究"到"重视新污染物治理",再到"加强新污染物治理",我国对新污染物治理工作的要求逐步深入,力度不断加大,治理工作的紧迫性也随之凸显出来。

2020 年 10 月 29 日,中国共产党第十九届中央委员会第五次全体会议通过《中共中央关于制定国民经济和社会发展第十四个五年规划和二〇三五年远景目标的建议》,其中明确提出了"重视新污染物治理"的要求。

2021 年 3 月 11 日,第十三届全国人民代表大会第四次会议通过《中华人民共和国国民经济和社会发展第十四个五年规划和 2035 年远景目标纲要(草案)》,其中提出了关于"重视新污染物治理"和"健全有毒有害化学物质环境风险管理体制"的要求。

2021 年 4 月 30 日,中国共产党中央政治局第二十九次集体学习再次强调"重视新污染物治理"。

2021 年 11 月 2 日,中共中央、国务院在《中共中央 国务院关于深入打好污染防治攻坚战的意见》中提出"加强新污染物治理""制定实施新污染物治理行动方案"。

2022 年 3 月 5 日,第十三届全国人民代表大会第五次会议做的《政府工作报告》提到"加强固体废物和新污染物治理"。

2022 年 5 月 4 日,国务院办公厅印发《新污染物治理行动方案》(国办发〔2022〕15 号),提出"以有效防范新污染物环境与健康风险为核心,以精准治污、科学治污、依法治污为工作方针,遵循全生命周期环境风险管理理念,统筹推进新污染物环境风险管理,实施调查评估、分类治理、全过程环境风险管控"的总体要求。

2023 年 7 月 27 日,在国务院新闻办公室举行的新闻发布会上,相关领导提出生态环境部将会同有关部门加强科技支撑,把新污染物治理作为国家基础研究和科技创新的重点领域,抓好关键核心技术攻关。

2024 年 1 月 11 日,中共中央、国务院发布《中共中央 国务院关于全面推进美丽中国建设的意见》,要求"强化固体废物和新污染物治理""加快'无废城市'建设,持续推进新污染物治理行动,推动实现城乡'无废'、环境健康"。

新污染物具有的新、多、广、低等特点使新污染物比其他污染物监测难度更大。开展新污染物监测调查，摸清新污染物污染现状，解决新污染物监测调查技术体系不健全的问题，支撑新污染物治理行动势在必行。新污染物监测是继雾霾、黑臭治理之后，"十四五"乃至今后一个时期生态环境保护的重点工作任务和必须啃的硬骨头之一，我国必将开启生态环境监测体系建设新征程。

新污染物主要来源于有毒有害物质的生产和使用，目前优先评估和管控新污染物的清单来源如下。

（1）2001—2023年发布的《关于持久性有机污染物的斯德哥尔摩公约》（《POPs公约》），共计34种物质。

（2）2017年发布的《优先控制化学品名录（第一批）》，共计22种物质。

（3）2020年发布的《优先控制化学品名录（第二批）》，共计18类、25种物质。

（4）2022年发布的《第一批化学物质环境风险优先评估计划》（环办固体函〔2022〕32号），共计20种物质。

（5）2023年发布的《重点管控新污染物清单（2023年版）》，共计14类、23种物质。

上述重要管理要求涉及的新污染物中有机氯农药、多氯联苯、多溴二苯醚、邻苯二甲酸酯、酚类、六氯丁二烯、六溴环十二烷等物质在现有监测中多有涉及，特别是有机氯农药、多氯联苯、邻苯二甲酸酯、酚类等物质，监测技术方法体系较为成熟，且已有相应的环境标准分析方法，仅在检测灵敏性上进行优化即可。但全氟化合物、短链氯化石蜡、得克隆、抗生素、微塑料等物质尚没有满足需要的较为成熟的监测分析方法，特别是短链氯化石蜡和得克隆等物质，可借鉴的分析方法较少。

鉴于现在部分新污染物监测技术方法体系不健全，难以保证新污染物监测数据的质量，本书针对优先评估和管控新污染物清单中的新污染物，结合当前的分析测试技术，通过近两年对新污染物监测方法的研究和开发，建立了水质、土壤和沉积物中典型新污染物分析测试方法，力图建立、完善新污染物监测技术方法，保证新污染物监测数据的质量（准确性、可比性），解决新污染物监测调查技术体系不健全的问题，为新污染物治理行动提供技术支持，希望为环境监测工作者提供借鉴和参考。

1.2 新污染物分析测试技术现状

我国新污染物监测工作基础比较薄弱，监测技术体系尚不健全，环境监测方法尚不完善。近年来，我国针对少数持久性有机污染物、VOCs等已发布生态环境监测标准，这些标准在新污染物监测工作中已有大量应用。但对于其他新污染物，可参考的地方标准或其他行业标准较少，生态环境部已逐渐将标准制定纳入监测方法体系建设研究工作。2023年，《水质　全氟辛基磺酸和全氟辛酸及其盐类的测定　同位素稀释/液相色谱-三重四极杆质谱法》（HJ 1333—2023）等新污染物监测标准陆续发布。但就已发布的标准来说，无论化合物的种类还是覆盖的监测介质均不够全面。

1.2.1 持久性有机污染物

持久性有机污染物（Persistent Organic Pollutants，POPs）指的是持久存在于环境中,具有很长的半衰期,且能通过食物网积聚,并对人类健康及环境造成不利影响的有机化学物质。

POPs公约附件A、B和C管控化学物质名单增加至34类,按照列入管控名单的顺序,品类如下。

2001年首批：艾氏剂、狄氏剂、异狄氏剂、七氯、毒杀芬、多氯联苯、氯丹、灭蚁灵、六氯苯、滴滴涕、多氯二苯-并-对二噁英、多氯二苯并呋喃。

2009年首次增列：十氯酮、五氯苯、六溴联苯、林丹、α-六氯环己烷、β-六氯环己烷、商用五溴二苯醚和商用八溴二苯醚、全氟辛基磺酸及其盐类和全氟辛基磺酰氟。

2011年第二次增列：硫丹。

2013年第三次增列：六溴环十二烷。

2015年第四次增列：六氯丁二烯、五氯苯酚及其盐类和酯类、多氯萘。

2017年第五次增列：短链氯化石蜡、十溴二苯醚。

2019年第六次增列：三氯杀螨醇、全氟辛酸及其盐类和相关化合物。

2022年第七次增列：全氟己烷磺酸（PFHxS）、其盐类及相关化合物。

2023年第八次增列：甲氧滴滴涕、得克隆、紫外线吸收剂UV-328。

1.2.1.1 有机氯农药

现有水质有机氯农药检验的国标和环境行标检测方法比较成熟,主要有《生活饮用水标准检验方法 第9部分:农药指标》（GB/T 5750.9—2023）（1.1、2.1滴滴涕、六六六 填充柱气相色谱法,1.2、2.2滴滴涕、六六六 毛细管柱气相色谱法）、《水质 六六六、滴滴涕的测定 气相色谱法》（GB 7492—1987）、《海洋监测规范 第4部分:海水分析》（GB 17378.4—2007）（1.4 666、DDT——气相色谱法）、《水质 有机氯农药和氯苯类化合物的测定 气相色谱-质谱法（HJ 699—2014）》。其中,有的标准检测方法适用范围有限,质量保证与质量控制缺失,测定要求不全面。环境行标《水质 有机氯农药和氯苯类化合物的测定 气相色谱-质谱法》（HJ 699—2014）包含24种有机氯农药的测定方法,适用范围较广,测定对象包含地表水、地下水、生活污水、工业废水和海水,同时质量保证与质量控制完整,方法中包括2种前处理方法,可针对不同仪器条件、不同浓度水平的水样开展相关的检测工作。

现有土壤和沉积物有机氯农药检测的国标和环境行标主要有《土壤中六六六和滴滴涕测定的气相色谱法》（GB/T 14550—2003）、《土壤和沉积物 有机氯农药的测定 气相色谱法》（HJ 921—2017）和《土壤和沉积物 有机氯农药的测定 气相色谱-质谱法》（HJ 835—2017）。

1.2.1.2 多氯联苯（PCBs）

现有水质多氯联苯检测的国标和环境行标主要有《生活饮用水标准检验方法 第8部分:有机物指标》（GB/T 5750.8—2023）、《水质 多氯联苯的测定 气相色谱-质谱法》（HJ

715—2014)。环境行标《水质 多氯联苯的测定 气相色谱-质谱法》(HJ 715—2014)包含18种PCB单体的测定方法,其中7种PCB为指示性PCB,是对PCBs污染状况进行替代监测的物质;12种PCB为共平面PCB,是非邻位或单邻位取代的PCB,其毒性与二噁英类似;PCB118既是指示性PCB,又是共平面PCB。该方法适用于地表水、地下水、生活污水、工业废水的测定。方法中包括2种前处理方法,可针对不同仪器条件、不同浓度水平的水样开展相关的检测工作。同时,该方法的质量保证与质量控制完整。

现有土壤和沉积物多氯联苯检测的环境行标主要有《土壤和沉积物 多氯联苯的测定 气相色谱-质谱法》(HJ 743—2015)和《土壤和沉积物 多氯联苯的测定 气相色谱法》(HJ 922—2017)。美国环境保护署(EPA)制定了EPA 1668,采用同位素稀释/高分辨气相色谱-高分辨质谱法分析土壤、沉积物、水体及生物组织中的209种多氯联苯单体化合物,还包含12种二噁英类多氯联苯化合物和7种指示性多氯联苯。该方法包容性较强,列举了不同介质样品的提取方法、前处理净化方法和仪器分析方法,且灵敏度高,能够满足目前的监测需求。尤其是在非污染场地周边环境介质中,多氯联苯浓度较低,在用常规方法很难检出的情况下,该方法较为有效。该方法的缺点是高分辨质谱仪器昂贵,普及度较低,209种目标化合物对应的同位素稀释内标物价格昂贵,且英文标准无官方翻译版本,在执行过程中容易出现偏差。

1.2.1.3 二噁英

二噁英类物质毒性强,在环境介质中含量低,因此分析技术难度大,需要高分辨率的仪器来完成。现有水质二噁英检测的环境行标主要是《水质 二噁英类的测定 同位素稀释高分辨气相色谱-高分辨质谱法》(HJ 77.1—2008),该标准适用于原水、废水、饮用水和工业生产用水中二噁英类物质的采样、样品处理、定性和定量分析。

现有土壤和沉积物二噁英检测的环境行标主要是《土壤和沉积物 二噁英类的测定 同位素稀释高分辨气相色谱-高分辨质谱法》(HJ 77.4—2008),该标准适用于全国区域土壤背景、农田土壤环境、建设项目土壤环境评价、土壤污染事故及河流、湖泊与海洋沉积物的环境调查中二噁英类物质的分析。

1.2.1.4 多溴二苯醚

多溴二苯醚共有209种单体化合物,目前研究较多的是三至七溴代二苯醚和十溴二苯醚。现有水质多溴二苯醚的测定环境行标主要是《水质 多溴二苯醚的测定 气相色谱-质谱法》(HJ 909—2017)。该方法涵盖了《POPs公约》中受控的多溴二苯醚类物质,主要对地表水、地下水、生活污水、工业废水中的8种多溴二苯醚同类物进行测定。该方法的质量保证与质量控制完整。

现有土壤和沉积物多溴二苯醚检测的环境行标主要是《土壤和沉积物 多溴二苯醚的测定 气相色谱-质谱法》(HJ 952—2018),该方法主要对土壤和沉积物中的8种多溴二苯醚同类物进行测定,方法的质量保证与质量控制完整。美国环境保护署(EPA)制定了EPA 1614,采用同位素稀释/高分辨气相色谱-高分辨质谱法分析土壤、沉积物、水体及生物组织中的209种多溴二苯醚单体化合物。该方法包容性较强,列举了不同介质样品的提取方法、前处理净化方法和仪器分析方法,且灵敏度高,满足目前的监测需求。该方法缺点是高分辨质谱仪器昂贵,普及度较低,209 种目标化合物对应的同位素稀释内标物价格昂贵,且英文标准无官方翻译版本,在执行过程中容易出现偏差。

此外,气相色谱 - 三重四极杆质谱(GC-MS/MS)法、气相色谱 - 负化学源质谱(GC-NCI-MS)法也可作为多溴二苯醚的分析方法。它们相较于气相色谱 - 质谱法有更高的灵敏度和更好的选择性,在文献中多有报道。

1.2.1.5 六氯丁二烯

现有水质六氯丁二烯检测的国标和环境行标主要有《生活饮用水标准检验方法 第 8 部分:有机物指标》(GB/T 5750.8—2023)、《水质 挥发性卤代烃的测定 顶空气相色谱法》(HJ 620—2011)、《水质 挥发性有机物的测定 吹扫捕集/气相色谱 - 质谱法》(HJ 639—2012)、《水质 挥发性有机物的测定 吹扫捕集/气相色谱法》(HJ 686—2014)、《水质 挥发性有机物的测定 顶空/气相色谱 - 质谱法》(HJ 810—2016)、《水质 挥发性有机物的应急测定 便携式顶空/气相色谱 - 质谱法》(HJ 1227—2021)。环境行标中关于六氯丁二烯的测定标准方法较多,大多是挥发性卤代烃和挥发性有机物的测定。结合六氯丁二烯的特点,推荐选择富集能力强的前处理方法,建议采用《水质 挥发性有机物的测定 吹扫捕集/气相色谱 - 质谱法》(HJ 639—2012)进行测定。该方法适用范围较广,测定对象包含地表水、地下水、生活污水、工业废水和海水,同时质量保证与质量控制完整,方法中包括 2 种仪器测试方法,可针对不同浓度水平的水样开展相关的检测工作。

现在土壤和沉积物六氯丁二烯检测的环境行标主要《土壤和沉积物 挥发性有机物的测定 吹扫捕集/气相色谱 - 质谱法》(HJ 605—2011)、《土壤和沉积物 挥发性有机物的测定 顶空/气相色谱法》(HJ 741—2015)、《土壤和沉积物 挥发性卤代烃的测定 顶空/气相色谱 - 质谱法》(HJ 736—2015)和《土壤和沉积物 挥发性卤代烃的测定 吹扫捕集/气相色谱 - 质谱法》(HJ 735—2015)。

1.2.1.6 全氟化合物

全氟化合物检测主要采用液相色谱-三重四极杆质谱法,目前国内可借鉴的标准多为产品检测标准,如《电子电气产品中全氟辛酸和全氟辛烷磺酸的测定 超高效液相色谱串联质谱法》(GB/T 37760—2019)、《皮革和毛皮 化学试验 全氟辛烷磺酰基化合物(PFOS)和全氟辛酸类物质(PFOA)的测定》(GB/T 36929—2018),检测指标集中在 PFOS 和 PFOA 上。《生活饮用水标准检验方法 第 8 部分:有机物指标》(GB/T 5750.8—2023)中规定了 PFOS 和 PFOA 的检测方法。《水质 全氟辛基磺酸和全氟辛酸及其盐类的测定 同位素稀释/液相色谱 - 三重四极杆质谱法》(HJ 1333—2023)可用于测定地表水、地下水、生活污水、工业废水和海水中的直链全氟辛基磺酸及其盐类、直链全氟辛酸及其盐类。上述标准涉及的全氟化合物种类较少。

美国环境保护署(EPA)于 2018 年发布了 EPA 537.1,用于分析饮用水中的 18 种 PFAS(全氟和多氟烷基物质);并于 2019 年发布了 EPA 533,其中列出了 25 种 PFAS;EPA 8327 是一种液相色谱/串联质谱稀释 - 上样方法,用于非饮用水(包括地表水、地下水和废水)中

24 种 PFAS 的快速分析；ASTM D7979 是一种直接进样方法，用于分析非饮用水（包括地表水、地下水和废水）中的 21 种 PFAS。

1.2.1.7 短链氯化石蜡（SCCPs）

短链氯化石蜡目前尚无生态环境监测标准，其可借鉴的分析标准有《玩具材料中短链氯化石蜡含量的测定 气相色谱-质谱联用法》（GB/T 41524—2022）、《皮革和毛皮 化学试验 短链氯化石蜡的测定》（GB/T 38405—2019）、《纺织染整助剂产品中短链氯化石蜡的测定》（GB/T 38268—2019）、《电子电气产品中短链氯化石蜡的测定 气相色谱-质谱法》（GB/T 33345—2016）等，这些标准均为产品中短链氯化石蜡的测定方法，多采用 GC-NCIMS（气相色谱-负化学电离质谱）法进行定性、定量分析，但产品中 SCCPs 的浓度范围与环境介质中的相差巨大。短链氯化石蜡分析需计算数千种化合物的总量，且容易受到中链氯化石蜡干扰，因此环境介质中短链氯化石蜡的定性、定量分析均是较大的挑战。

相关文献中也有用液相色谱-高分辨质谱法测定短链氯化石蜡的。该方法灵敏度较高，抗干扰能力强，已在新污染物监测工作中应用，但是其定量方式、前处理方式以及质控手段还有待进一步优化。

1.2.1.8 得克隆

得克隆即双（六氯环戊二烯）环辛烷（DCRP），是一种氯代阻燃剂。我国已规定自 2024 年 1 月 1 日起，禁止得克隆的生产、加工使用和进出口。目前，得克隆的分析标准较少，国内开展相关研究的机构也很少，能借鉴的方法不多。中国科学院广州地球化学研究所建立了得克隆及其脱氯产物和结构类似物的气相色谱-串联质谱联用分析方法，用于环境土壤中目标化合物的分析和污染特征研究。土壤样品抽提液经多层硅胶-氧化铝柱净化后，采用电子轰击（EI）离子源，选择反应监测模式进行分析，方法检出限为 0.25~5.00 fg/g。中国地质调查局国家地质实验测试中心建立了加速溶剂萃取/气相色谱-三重四极杆质谱（GC-MS/MS）法，用于测定土壤中的得克隆等超痕量新型高氯代阻燃剂，该方法采用质谱多反应监测模式检测，检出限为 0.17~11.00 pg/g。我国现有针对得克隆的分析方法主要为 EI 源气相色谱-质谱法，且样品介质多为土壤，缺乏对水质和沉积物的应用研究。

1.2.2 内分泌干扰物

内分泌干扰物（Endocrine Disrupting Chemicals，EDCs）也称环境激素，是一种外源性干扰内分泌系统的化学物质，是存在于环境中的能干扰人类或动物的内分泌系统并导致异常效应的物质。

内分泌干扰物多为有机污染物和重金属物质，常见的内分泌干扰物包括有机锡、二乙基人造雌性激素、邻苯二甲酸酯、壬基酚、双酚 A 及其衍生物、多氯联苯、六溴环十二烷、农药等。

1.2.2.1 五氯酚

现有水质五氯酚检测的国标和环境行标主要有《水质 五氯酚的测定 藏红 T 分光光度法》（GB 9803—1988）、《生活饮用水标准检验方法 第 9 部分：农药指标》（GB/T 5750.9—

2023)、《水质 五氯酚的测定 气相色谱法》(HJ 591—2010)、《水质 酚类化合物的测定 液液萃取/气相色谱法》(HJ 676—2013)、《水质 酚类化合物的测定 气相色谱-质谱法》(HJ 744—2015)。

现有土壤和沉积物五氯酚检测的环境行标主要有《土壤和沉积物 酚类化合物的测定 气相色谱法》(HJ 703—2014)和《土壤和沉积物 半挥发性有机物的测定 气相色谱-质谱法》(HJ 834—2017)。

1.2.2.2 邻苯二甲酸酯

国际上针对水中邻苯二甲酸酯类化合物的测定大多使用GC-ECD(气相色谱-电子捕获检测器)法或GC-MS(气相色谱-质谱)法。如US EPA 8270C:1996《半挥发性有机物的气相色谱-质谱(GC-MS)法》中包括6种邻苯二甲酸酯的测定方法；US EPA 606规定了城市和工业废水中6种邻苯二甲酸酯的标准测定方法，规定水样用二氯甲烷萃取，浓缩后将溶剂换为正己烷，以硅酸镁柱或氧化铝柱净化后用GC-ECD法分离检测；US EPA 8061采用GC-ECD法测定水、土壤和沉积物中的6种邻苯二甲酸酯类物质；ISO 18856:2004《水质-特定邻苯二甲酸酯类的气相色谱-质谱(GC-MS)联用法》规定了适用于最大浓度范围为0.02~0.15 mg/L的地表水、地下水、废水和饮用水的邻苯二甲酸酯类物质的检测方法。

我国现行的关于水质邻苯二甲酸酯分析方法的规定有《水和废水监测分析方法》(第四版)、《海洋监测技术规程 第1部分:海水》(HY/T 147.1—2013)、《水质 6种邻苯二甲酸酯类化合物的测定 液相色谱-三重四极杆质谱法》(HJ 1242—2022)、《水质 邻苯二甲酸二甲(二丁、二辛)酯的测定 液相色谱法》(HJ/T 72—2001)。以上分析方法的前处理方法主要有2种:容量瓶萃取法和分液漏斗萃取法。

1.2.2.3 双酚A和烷基酚

国外与双酚A(BPA)和烷基酚检测相关的环境标准较多。ISO 18857-1:2005适用于饮用水、地下水、地表水及废水,可分析4-叔辛基苯酚和4-壬基酚。ISO 18857-2:2009适用于饮用水、地下水、地表水及废水,可分析双酚A和6种烷基酚类化合物(4-叔辛基苯酚、4-壬基酚、4-叔辛基苯酚单氧乙烯醚、4-叔辛基苯酚二聚氧乙烯醚、4-壬基酚单氧乙烯醚、4-壬基酚二聚氧乙烯醚)。ISO 24293:2009适用于饮用水、废水、地下水及地表水,可分析4-壬基酚。ASTM D 7065—2017适用于地表水及废水,可分析双酚A和4种烷基酚类化合物(4-叔辛基苯酚、4-壬基酚、4-壬基酚单氧乙烯醚、4-壬基酚二聚氧乙烯醚)。ASTM D 7574—2016适用于地表水、地下水、污水和工业废水中双酚A的测定。ASTM D 7485—2016适用于地表水、地下水、污水、工业废水和海水中4-叔辛基苯酚、4-壬基酚、4-壬基酚单氧乙烯醚、4-壬基酚二聚氧乙烯醚的测定。EPA 528适用于饮用水及其水源水,分析对象是不含双酚A的12种一元酚类化合物。JIS K 0450—10—10—2006适用于工业用水和工业废水,分析对象是双酚A。

目前,我国对水中烷基酚类化合物和双酚A的分析标准仅有《水质 9种烷基酚类化合物和双酚A的测定 固相萃取/高效液相色谱法》(HJ 1192—2021)。其可用于地表水、地下水、生活污水和工业废水中4-叔丁基苯酚、4-丁基苯酚、4-戊基苯酚、4-己基苯酚、4-庚基苯酚、4-辛基苯酚、4-支链壬基酚、4-叔辛基苯酚和4-壬基酚等9种烷基酚类化合物和双酚A的测定。此外，纺织品、食品和玩具等行业有相关分析标准，目标化合物主要有双酚A、4-壬基酚、4-辛基苯酚和烷基酚聚氧乙烯醚。前处理方式主要有索氏提取、超声提取和振荡提取3种，仪器分析方法主要有气相色谱质谱（GC-MS）法、高效液相色谱（HPLC）法、高效液相色谱-质谱（HPLC-MS）法和高效液相色谱-串联质谱（HPLC-MS/MS）法。

山东省地方标准《水质 环境激素类化合物的测定 固相萃取-液相色谱-串联质谱法》（DB37/T 4158—2020）规定了生活饮用水及其水源水中包括壬基酚、4-辛基苯酚和双酚A在内的11种环境激素类化合物的分析技术。广东省地方标准《水中6种环境雌激素类化合物的测定 固相萃取-高效液相色谱-串联质谱法》（DB44/T 2016—2017）规定了地表水、地下水和污水中包括4-壬基酚和4-辛基苯酚在内的6种环境雌激素类化合物的分析技术。

1.2.2.4 有机磷酸酯

国内发布的关于有机磷酸酯的标准分析方法涉及的领域包括纺织品、食品接触材料、黏结剂、玩具、聚氨酯泡沫和皮革制品等。

《纺织品 某些阻燃剂的测定 第2部分：磷系阻燃剂》（GB/T 24279.2—2021）规定了采用高效液相色谱-串联质谱（HPLC-MS/MS）仪测定纺织品中的4种磷系阻燃剂的方法。相关标准分析方法还有《进出口纺织品中三-(1-氮杂环丙基)氧化膦和5种磷酸酯类阻燃剂的测定 液相色谱-串联质谱法》（SN/T 3787—2014）、《食品接触材料 高分子材料 磷酸酯类增塑剂迁移量的测定 气相色谱-质谱法》（SN/T 3548—2013）、《玩具中有机磷阻燃剂含量的测定 气相色谱-质谱联用法》（GB/T 36922—2018）、《进出口皮革及其制品中有机磷阻燃剂的测定 气相色谱-质谱联用法》（SN/T 5317—2021）、《涂料中10种有机磷阻燃剂含量的测定 气相色谱-质谱联用法》（T/GITU 009—2021）。

国内关于水中有机磷酸酯的分析方法目前只有团体标准《生活饮用水中9种有机磷阻燃剂的测定 固相萃取-气相色谱法》（T/JPMA 002—2019）。

1.2.2.5 脂肪族二元酸酯

国内发布的关于双(2-乙基己基)己二酸酯（DEHA）等脂肪族二元酸酯的检测标准主要集中于食品及化工产品领域，水利行业标准《固相萃取气相色谱/质谱分析法（GC/MS）测定水中半挥发性有机污染物》（SL 392—2007）中有测定地表水、地下水及饮用水中DEHA参数的方法，环境领域尚未发布相关标准分析方法。《水和废水监测分析方法》（第四版）第四篇第四章涉及邻苯二甲酸酯和己二酸酯的气相色谱-质谱法。《生活饮用水标准检验方法 第8部分：有机物指标》（GB/T 5750.8—2023）附录B固相萃取气相色谱-质谱法测定半挥发性有机物中涉及DEHA的分析方法。

1.2.2.6 六溴环十二烷

水质六溴环十二烷相关测定行标主要是《海水中六溴环十二烷的测定 高效液相色谱-串联质谱法》（HY/T 261—2018），适用于大洋、近海、近岸及河口海水中六溴环十二烷的分析检测。土壤和沉积物六溴环十二烷相关测定行标主要是《海洋沉积物体中六溴环十二烷的测定 高效液相色谱-串联质谱法》（HY/T 260—2018），适用于大洋、近海、近岸及河口沉积物中六溴环十二烷的分析检测。

1.2.2.7 有机锡

国外的水质有机锡类化合物相关测定标准有 BS EN ISO 17353：2005，其适用于水质中被选定的一丁基锡、二丁基锡、三丁基锡、四丁基锡、单辛基锡、二辛基锡、三苯基锡、三环己基锡等有机物的测定，测定方法为气相色谱法。EPA 8323（2003）适用于使用电喷雾离子阱质谱法测定水质和生物体三丁基锡、二丁基锡、一丁基锡、三苯基锡。ASTM D5108—1990（2007）用于测定海水中防污涂料中三丁基锡的释放率，适用于使用火焰原子吸收分光光度法测定海水中防污涂料中的三丁基锡。ISO 17353：2004 中规定了悬浮物含量不大于 2 g/L 的地表水、海水、饮用水和废水中有机锡的定性和定量分析方法。EPA 8323（2003）中规定了采用固相萃取、液液萃取和微固层析对水质和生物样品中的有机锡类化合物进行提取，采用毛细管液相色谱 - 电喷雾离子阱质谱分析有机锡类化合物。国内的相关测定标准仅在《海洋监测技术规程 第 1 部分：海水》（HY/T 147.1—2013）第 27 节"有机锡的测定"中提到的气相色谱法适用于海水、河口水及入海排污口污水中一丁基锡、二丁基锡及三丁基锡等有机锡的测定，使用气相色谱 - 火焰光度检测器进行检测。

国外有关土壤和沉积物中有机锡类化合物形态分析主要有 ISO 23161：2018、BS EN ISO 23161：2011，它们适用于土壤中一丁基锡、二丁基锡、三丁基锡、一辛基锡、二辛基锡、三苯基锡、三环己基锡、四丁基锡的测定，均采用气相色谱法测定。我国的相关标准主要是《海洋监测技术规程 第 2 部分：沉积物》（HY/T 147.2—2013），第 10 节"有机锡的测定"中提到的气相色谱法适用于海洋沉积物中一丁基锡、二丁基锡及三丁基锡等有机锡的测定，使用气相色谱 - 火焰光度检测器进行检测。

1.2.3 抗生素

环境样品抗生素可分为磺胺类、喹诺酮类、四环素类、大环内酯类、β- 酰胺类、林可霉素类及氯霉素类 7 大类。

水质抗生素的检测标准主要有《HPLC/MS/MS 法检测水、土壤、沉积物、生物固体中的药物和个人护理品》（EPA 1694）、《海洋监测技术规程 第 1 部分：海水》（HY/T 147.1—2013）、《水质 5 种磺胺类抗生素的测定 固相萃取/高效液相色谱 - 三重四极杆串联质谱法》（DB21/T 3286—2020）、《水质 磺胺类、喹诺酮类和大环内酯类抗生素的测定 固相萃取/液相色谱 - 三重四极杆质谱法》（DB37/T 3738—2019）、《生活饮用水及水源水中 10 种抗生素的检验方法 超高效液相色谱 - 质谱/质谱法》（DB22/T 2838—2017）。各种方法测定指标不尽相同，但使用的方法均为液相色谱 - 质谱法。测定抗生素的液相色谱 - 质谱法的前处理方式可分为 3 种，即大体积直接进样法、在线固相萃取法和离线固相萃取法。

1.2.4 微塑料

微塑料指粒径在 5 mm 以下的塑料颗粒。微塑料常用的检测方法包括目检法、染色法、热解分析法、红外光谱法、扫描电镜法、显微镜 - 拉曼光谱法、GC-MS 法等。国际上还未建立土壤中微塑料的检测方法标准。我国已开展国家和地方层面海水、地表水等环境介质中微塑料的检测方法标准的制定、修订工作。海洋中微塑料的监测方法研究起步较早。国家海洋环境监测中心起草了《海洋微塑料监测技术规程》，于 2021 年通过国家生态环境标准绿色通道立项开展标准研究。辽宁和山东已发布海水中微塑料监测的地方标准，即《海水中微塑料的测定 傅立叶变换显微红外光谱法》(DB21/T 2751—2017)和《海水增养殖区环境微塑料监测技术规范》(DB37/T 4323—2021)。

我国也开展了一些水体中微塑料测定方法团体标准的制定、修订工作，如中国材料与试验团体标准委员会与共性技术领域委员会制定发布了《景观环境用水中微塑料的测定 傅里叶变换显微红外光谱法》(T/CSTM 00563—2022)，中国水利企业协会制定了《地表水中微塑料的测定》。

1.2.5 管控清单中涉及的其他物质

除上述 4 类新污染物，《重点管控新污染物清单（2023 年版）》《优先控制化学品名录》和《第一批化学物质环境风险优先评估计划》中还列出了一些其他物质，如 2-(2H)-苯并三氮唑 -2- 基)-4,6- 双 (1,1- 二甲基乙基) 苯酚 (UV320)、2-(5- 氯 -2H- 苯并三唑 -2- 基)-4,6-二 (1,1- 二甲基乙基) 苯酚 (UV327)、2-(2,4- 二甲基 -3- 环己烯 -1- 基)-5- 甲基 -5-(1- 甲基丙基)-1, 3- 二恶烷 (卡拉花醛) 和 5- 叔丁基 -2,4,6- 三硝基间二甲苯 (二甲苯麝香) 等。目前国内外尚无这些物质的环境监测标准方法。

此外，还有很多新污染物没有环境监测标准方法，从而导致环境风险不明，难以用好监督、执法手段。为了监控新污染物的污染状况，需有针对性地制定与之相配套的监测技术方法，使相关监测系统化、标准化和科学化，并具有可操作性。

新污染物的监测属于痕量多组分分析，要求方法有极好的特异性、选择性和极高的灵敏度。新污染物监测的前处理方法主要有固相萃取、液液萃取、衍生、索氏提取、加速溶剂萃取等。新污染物监测的仪器分析方法主要包括气相色谱 - 质谱法、气相色谱 - 三重四极杆质谱法、气相色谱 - 高分辨质谱法、液相色谱 - 三重四极杆质谱法、液相色谱 - 高分辨质谱法、傅立叶变换显微红外光谱法等。

1.3 本书的特点

本书紧密围绕"提升新污染物监测的系统化、标准化和科学化"，编写人员均是新污染物监测领域的技术骨干，有深厚的实验功底和制定、修订标准的经验。他们总结多年来实验室新污染物监测研究的成果，以及新污染物监测专项工作在天津市和全国其他城市开展的情况，不断优化、完善监测全过程，细致地进行不同典型水质、土壤和沉积物实际样品的方法验证，确保新污染物分析测试技术的准确性和可靠性。

本书具有以下特点。

（1）方法文本标准化。本书完全按照生态环境监测标准的相关要求编写，包括适用范围、规范性引用文件、方法原理、干扰及其消除、试剂和材料、仪器和设备、样品、分析步骤、结果计算与表示、准确度、质量保证和质量控制、废物处理、注意事项等方面。

（2）测试技术专业化。在保证灵敏度的基础上，尽量选择针对性和普适性强的仪器设备开发分析测试技术，以确保方法的可推广性；根据新污染物的特性及仪器特点选择最佳定量方式，并针对不同介质浓度建立相应浓度水平要求的标准曲线，确保测量结果准确。

（3）质量保证与质量控制科学化。在大量条件实验和实际样品分析的基础上，严格样品质量控制程序，包括样品的采集、处理、保存和运输等各个环节，以减小误差和偏差；同时借鉴国家相关专项工作的质控考核经验，科学制定质控指标。

本书详尽地介绍了尚没有标准分析方法的新污染物样品的采集、保存、制备与前处理等各个环节。在样品的采集与保存方面，本书着重强调正确的采集方法与条件在维持样品原始状态中的关键作用，并针对特殊污染物提出细致的操作建议和注意事项。在样品前处理部分，则深入剖析了不同前处理方法的操作要点和技术要求，确保读者能够准确地执行每一步骤。

本书对水质、土壤和沉积物中的新污染物测试技术进行了详细的阐述，涵盖水质中的16类新污染物、土壤和沉积物中的10类新污染物，为读者提供全面、深入的技术指导。本书涉及的新污染物种类，几乎涵盖了现阶段多个重要文件中列出的典型受控物质，如《重点管控新污染物清单（2023年版）》《关于持久性有机污染物的斯德哥尔摩公约》《优先控制化学品名录》等中提到的物质，这些新污染物均为当前环境监测与治理的热点与难点。

通过本书，读者能够深入了解这些新污染物的测试技术，有效开展相关监测工作。本书可为从事新污染物研究和监测工作的读者提供宝贵参考，将为提升分析效率、确保数据准确、推动相关研究开展以及促进生态环境保护和可持续发展作出重要贡献。

第 2 章 新污染物样品的采集、保存与制备

2.1 水质样品的采集与保存

2.1.1 水质样品的采集

海水、地下水、地表水和污水样品的采集分别参照 GB 17378.3、HJ 164、HJ 91.1 和 HJ 91.2 的相关规定执行。

如无特殊要求,采集新污染物样品时,应使水样在样品瓶中溢流而不留空间。取样时应沿样品瓶内壁注入样品,并尽量避免或减少样品在空气中暴露。

样品采集后应按要求在现场加保存剂,颠倒样品瓶数次使保存剂在样品中均匀分散;水样取好后塞好瓶塞,不能有漏水现象。如将水样转送别处或不能及时分析,应采用必要的防漏封口措施。

2.1.2 水质样品的保存

如果水质样品中有余氯存在,需要向 1 L 水中加入 80 mg 抗坏血酸。样品采集后要避光运输,运回实验室后应立即放入冰箱中,按要求进行保存,并在规定时间内完成分析。

典型新污染物采集与保存的相关要求见表 2-1。

表 2-1　样品容器、洗涤方法、采集样品量、保存方法和最长保存时间

项目	样品容器	洗涤方法	采集样品量/mL	保存方法	最长保存时间
有机氯农药	G	I	2 000	HCl 调节 pH 值小于 2,4 ℃冷藏	7 d
多氯联苯	G	I	2 000	4 ℃冷藏	7 d
二噁英	G	I	10 000	0~10 ℃冷藏	30 d
多溴二苯醚	G	I	2 000	混合 160 mg 硫代硫酸钠后冷藏	14 d
六氯丁二烯	G	I	1 000	4 ℃冷藏	7 d
五氯酚	G	I	1 000	HCl 调节 pH 值小于 2,4 ℃冷藏	7 d
全氟和多氟烷基物质（直接进样）	PP	I	200	甲酸或氨水调节 pH 值至 4~9	14 d
全氟和多氟烷基物质（固相萃取）	PP	I	1 000	甲酸或氨水调节 pH 值至 6~7	28 d
六溴环十二烷	G	I	2 000	甲酸或氨水调节 pH 值至 6~8	14 d
得克隆	G	I	2 000	4 ℃冷藏	7 d
抗生素	G	I	1 000	冷冻	7 d
				4 ℃冷藏	48 h

续表

项目	样品容器	洗涤方法	采集样品量/mL	保存方法	最长保存时间
烷基酚、双酚A	G	I	1 000	4 ℃冷藏	7 d
邻苯二甲酸酯	G	I	1 000	4 ℃冷藏	14 d
有机磷酸酯	G	I	1 000	4 ℃冷藏	7 d
微塑料	G	I	10~50 L(直接采水样)	4 ℃冷藏;可冷冻或加入样品体积5%~7%的甲醛	—
			≥20 L(拖风采样)		

注:① PP——聚丙烯容器;G——棕色玻璃容器。
② 洗涤方法 I 表示:用铬酸洗液洗1次(如需要),用自来水洗3次,用去离子水洗2~3次,用萃取液洗2次,阴干后分装在包装箱内,避免污染。
③ 采集样品量为常用方法所需样品量,需根据分析方法调整。
④ 保存方法和最长保存时间应与采用的分析方法保持一致。
⑤ 按标准应测试非过滤态样品,不经过滤直接按上表中的保存方法进行样品处理;若需要测试过滤态样品,采用0.45 μm的滤膜过滤。
⑥ 邻苯二甲酸酯和有机磷酸酯等样品采集和保存均应注意全程避免接触或使用塑料制品,采样完成后将瓶口塞紧,建议用铝箔纸封口。
⑦ 采集全氟化合物时,玻璃容器可能吸附目标化合物,在采样和分析过程中应避免使用玻璃材质的器皿。
⑧ 避免在藻类生长期和鱼类繁殖期进行微塑料采样。

2.2　土壤和沉积物样品的采集、保存与制备

2.2.1　土壤和沉积物样品的采集

土壤样品按照 HJ/T 166 的相关要求采集,水体沉积物样品按照 HJ/T 91 和 HJ 494 的相关要求采集,海洋沉积物样品按照 GB 17378.3 的相关要求采集。

2.2.2　土壤和沉积物样品的保存与制备

样品采集后,应于洁净的棕色具塞磨口广口瓶中保存,在运输过程中应冷藏、避光、密封。若样品不能及时分析,可在-18 ℃以下冷冻、避光、密封保存,在180 d内完成萃取。萃取液可在4 ℃以下冷藏、避光、密封保存,在40 d内完成分析。

全氟化合物不同于其他新污染物,土壤样品应采集于聚丙烯容器中。样品采集后,应在4 ℃以下冷藏保存,在28 d内进行分析;如不能及时分析,应在-20 ℃以下冷冻保存,在180 d内进行分析。

对于微塑料样品,采集的新鲜土壤样品用玻璃容器或铝箔袋等不吸水的非塑料容器在4 ℃以下避光保存;风干后制备的样品应储存在非塑料容器中,可常温保存。

制备样品时,先除去样品中的异物(枝棒、叶片、石子等),将样品完全混匀,然后按照 HJ/T 166 和 GB 17378.3 的相关要求,采用冷冻干燥方式对土壤及沉积物样品进行干燥处理。以冷冻干燥方式处理的样品可不进行干物质含量或含水率的测定。

第 3 章　新污染物前处理技术

环境样品基体复杂且新污染物在环境介质中浓度低(痕量、超痕量级),无法直接测定,需经预处理才可以确保仪器分析的准确性。样品的前处理不仅是分析与检测的基础,而且其优劣直接关系到整个分析过程的准确性、灵敏度、分析效率和成本,是环境样品分析的关键步骤。

环境样品中新污染物的预处理一般包括提取和净化。提取是将样品中的待测物溶解分离出来,常用的水质中新污染物的提取方法有液液萃取、固相萃取等,土壤中新污染物的提取方法有加压流体萃取、索氏提取、微波萃取、超声萃取等。决定萃取效率的关键因素主要有温度和溶剂,在萃取过程中,通过适当提高萃取温度可以加快液液界面传输速度,从而获得较高的萃取效率。使用沸点较高的溶剂和对萃取系统增压是提高萃取温度的有效手段,但温度过高热敏性化合物易分解。由于样品组成复杂,提取后往往还需经过净化步骤,以达到待测物与干扰杂质分离的目的。常用的净化方法是柱层析法,其填料一般为弗罗里硅土、硅胶、氧化铝、活性炭及离子交换树脂等。

3.1　水质样品萃取技术

3.1.1　液液萃取技术

液液萃取(Liquid Liquid Extraction,LLE)也称溶剂萃取,用溶剂从样品中一次或多次提取待测组分,是被测溶液中的一个或多个组分通过相间传递实现分离进入第二种溶液的过程。

影响液液萃取效率的因素有样品的 pH 值、萃取剂的种类、萃取次数、萃取剂的体积比及衍生反应等。液液萃取常用的有机溶剂有二氯甲烷、丙酮、正己烷、苯、三氯甲烷、环己烷、混合溶剂等。

液液萃取的一个主要问题是乳化。为了避免乳化现象的产生,通常在萃取前加入一定量的氯化钠,以达到破乳的目的。图 3-1 为分液漏斗液液萃取法操作步骤示意。

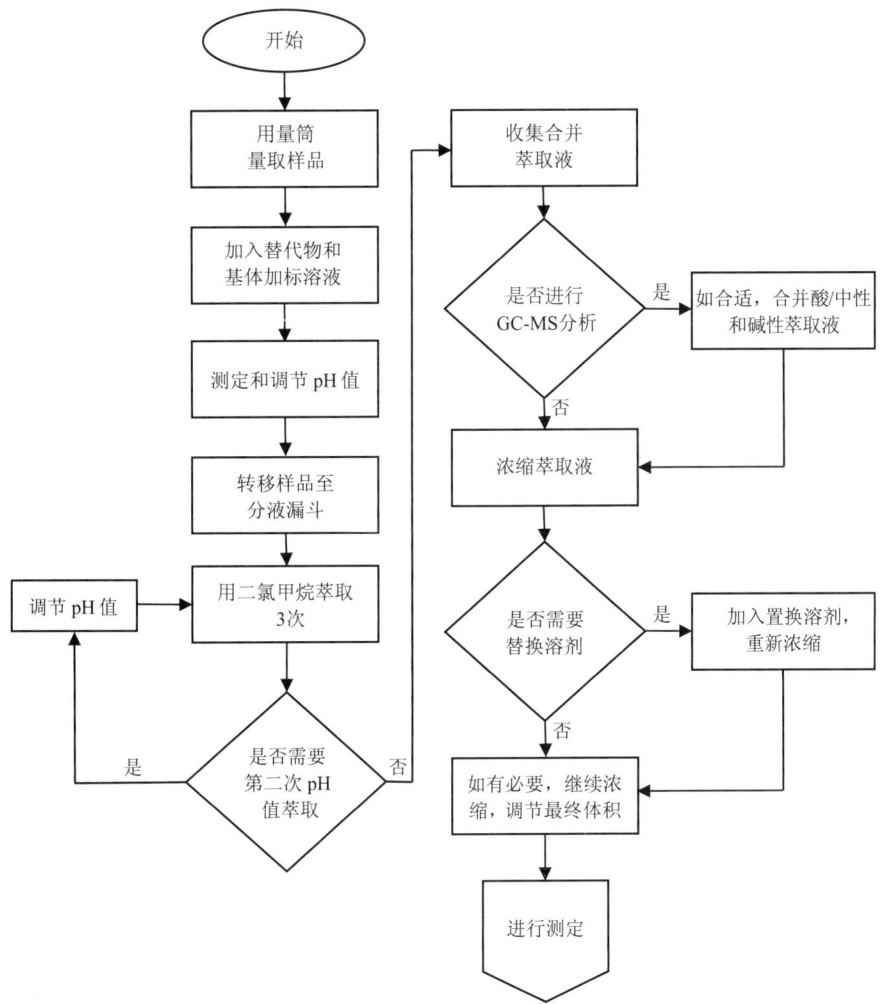

图 3-1 分液漏斗液液萃取法操作步骤示意

3.1.2 固相萃取技术

固相萃取(Solid Phase Extraction, SPE)利用固体吸附剂吸附液体样品中的有机化合物,使样品的基体和干扰化合物分离,再用洗脱液洗脱,达到分离和富集有机化合物的目的。

固相萃取过程主要分为吸附和洗脱两部分。在吸附过程中,当溶液通过吸附剂时,由于吸附剂对目标化合物的吸附力大于溶剂的吸附力,目标化合物被选择性地吸附在吸附剂上,该过程也是富集的过程。在此过程中由于共吸附作用、吸附剂的选择性等因素,部分干扰物也会被吸附在吸附剂上。洗脱过程是使保留在吸附剂上的目标化合物从吸附剂上脱离的过程,通过加入一种对目标化合物的吸引力大于吸附剂的物质完成。在此过程中,首先要选用适当的溶剂去除吸附在吸附剂上的干扰物,然后用洗脱剂对目标化合物进行洗脱得到目标化合物。

根据柱填料的不同,SPE 有 3 种类型,即反相萃取(C8、C18、C2 等)、正相萃取(键合硅胶、氧化铝、硅镁吸附剂等)和离子交换萃取(氨基丙基、苯基磺酸等)。随着科学技术的不断发展,新型固相萃取柱层出不穷,如耐酸碱、稳定性更好的聚合类吸附剂[Waters(沃特世)公司的吡咯烷酮固相萃取柱即为该类型的固相萃取柱,它作为一种通用型SPE柱,常用于水中有机物的提取]、专用型吸附剂(石墨炭黑、石墨化非多孔炭、活性炭、多环芳烃专用吸附柱、多氯联苯专用吸附柱等)和混合模式吸附剂(辛基-苯磺酸)。混合模式吸附剂可用于植物或食品等样品中多环芳烃的净化,回收率高,而且色素等干扰物去除效率高。

SPE的萃取效果受多种因素影响,如吸附剂的类型和用量、洗脱剂的类型和性质、样品溶液的体积、上样流速、样品的基体等。如键合相的硅胶(如C18)长时间处于pH值小于2的强酸性水样中或pH值大于9的强碱性水样中都会水解,水样的pH值在此区间的两端且接触时间较长时水解加剧。水解会降低萃取效率或引起仪器的基线不稳定,在此条件下应考虑使用苯乙烯-二乙烯苯(SDB)萃取膜。另外,样品中的颗粒物可能会阻塞固相介质,使萃取速度变慢,在不影响效果的前提下可以使用合适的助滤剂,以缩短萃取时间。

3.2 土壤和沉积物萃取技术

3.2.1 索氏提取技术

索氏提取(Soxhlet Extraction)又称脂肪提取,是最常用的液固萃取方法之一。当加热索氏提取设备的烧瓶时,瓶内的溶剂被蒸出,蒸气遇冷凝结成液滴连续不断地滴入索氏提取管中提取固体样品。该方法是一种从沉积物、生物组织等固体样品中提取物质的有效方法。

索氏提取作为固体样品的经典萃取方法,萃取效率高,但溶剂用量大、萃取时间长且操作复杂,萃取后的样品仍需进一步净化。

为提高萃取效率,减少萃取剂的消耗,目前发展出了自动索氏提取方法。自动索氏提取实际上是热溶剂沥滤和索氏提取的结合:将样品放入套筒中,先浸入沸腾的溶剂,使之有一个快速的初始萃取反应,然后提起套筒,使溶剂回流进行索氏提取。自动索氏提取的溶剂用量约是索氏提取的一半,且萃取时间短。

3.2.2 加压流体溶剂萃取技术

加压流体萃取(Accelerated Solvent Extraction,ASE)是根据溶质在不同溶剂中溶解度不同的原理,选择合适的溶剂,利用加压流体萃取仪在较高的温度和压强下实现高效、快速地萃取固体或半固体样品中的有机物的方法。

ASE是将常用的有机溶剂用泵注入已填充样品的萃取池中,加温加压后(5~8 min)在设定的温度和压强下静态萃取5 min,向萃取池中加入少量清洗溶剂(用时2~60 s),萃取液自动经过滤膜进入收集瓶,然后用氮气吹扫萃取池和管道(用时60~100 s),萃取液全部进入收集瓶,待分析。萃取全过程仅需13~17 min。常见的萃取条件如下。

载气压强:0.8 MPa。

加热温度：100 ℃（有机磷农药可选择 80 ℃，多氯联苯可选择 120 ℃）。
萃取池压强：1 200~2 000 psi（8.3~13.8 MPa）。
预加热时间：5 min。
静态萃取时间：5 min。
溶剂淋洗体积：60% 的萃取池体积。
氮气吹扫时间：60 s（可根据萃取池体积适当增加氮气吹扫时间，以彻底淋洗样品）。
静态萃取次数：1~2 次。
根据不同目标化合物使用不同溶剂或混合溶剂，具体如下。
（1）有机磷农药：二氯甲烷或丙酮-二氯甲烷混合溶液。
（2）有机氯农药：丙酮-二氯甲烷混合溶液或丙酮-正己烷混合溶液。
（3）氯代除草剂：丙酮-二氯甲烷-磷酸混合溶液。
（4）多环芳烃：丙酮-正己烷混合溶液。
（5）多氯联苯：正己烷、丙酮-二氯甲烷混合溶液或丙酮-正己烷混合溶液。
（6）其他半挥发性有机物：丙酮-二氯甲烷混合溶液或丙酮-正己烷混合溶液。

3.2.3 超声波提取技术

超声波提取利用超声波的机械效应、空化效应和热效应，通过增大介质分子的运动速度和介质的穿透力使溶剂快速进入固体物质中，使固体物质所含的有机成分尽可能完全溶于溶剂中，得到混合提取液。

1. 机械效应

超声波在介质中的传播可以使介质质点在传播空间内发生振动，从而强化介质的扩散、传播，这就是超声波的机械效应。超声波在传播过程中会产生一种辐射压强，沿超声波方向传播，对固体物质有很强的破坏作用；同时，它还可以给予介质和悬浮体不同的加速度，且介质分子的运动速度远大于悬浮体分子的运动速度，从而使两者发生摩擦，摩擦力可使生物分子解聚，使有效成分更快地溶解于溶剂中。

2. 空化效应

在通常情况下，介质内部或多或少地溶解了一些微气泡，这些气泡在超声波的作用下发生振动，当声压达到一定值时，气泡由于定向扩散而增大，形成共振腔，然后突然闭合，这就是超声波的空化效应。气泡在闭合时会在其周围产生几千个大气压的压强，微激波在瞬间形成，这一效应有利于有效成分的溶出。

3. 热效应

超声波在介质中传播的过程也是一个能量传播和扩散的过程，即超声波在介质中传播的过程中，其声能不断被介质的质点吸收，介质将所吸收的能量全部或大部分转变成热能，从而使介质温度升高，增大有效成分的溶解速度。由于吸收声能引起内部温度升高是瞬间完成的，因此可以使被提取成分不被破坏。

利用超声波技术来强化提取分离过程，具有提高提取分离率、缩短提取时间、节约成本等优点。

3.2.4 涡旋振荡技术

涡旋振荡是利用偏心旋转使试管等容器中的液体产生涡流,从而使溶液充分混合,可用于溶液混合、液液萃取、中药提取、农残提取等。该技术的特点是混合速度快、混合彻底、液体呈旋涡状,能将附在管壁上的试液全部混匀,适用于一般试管、烧杯、烧瓶、分液漏斗内液体的混合。混合液体无须电动搅拌和磁力搅拌,所以混合液体不受外界污染和磁场影响。因此,涡旋振荡技术作为化验分析的得力辅助工具广泛用于环境监测、医疗卫生、石油化工、食品、冶金等领域。

综合以上简介,结合美国 EPA 和我国生态环境行业标准的前处理提取方法,表 3-1 中列出了较为常用的土壤有机物提取方法的优缺点。

表 3-1 常用土壤有机物提取方法的优缺点

萃取方法	优点	缺点	应用标准
索氏提取	是经典、可靠、应用广的固体样品萃取方法,萃取效率高,设备简单、易操作	溶剂使用量大(200~500 mL),萃取时间长(5~24 h)	EPA Method 3540C
自动索氏提取	缩短了萃取时间,萃取溶剂体积减小	设备较昂贵	EPA Method 3541
加压流体萃取	溶剂使用量小(10~100 mL),萃取时间短(5~30 min),萃取效率高	设备昂贵,萃取效率易受样品含水量及基体组成的影响	EPA Method 3545,HJ 783—2016
微波萃取	具有较高的萃取效率,溶剂使用量小(3~30 mL),萃取时间短(10~30 min)	设备较昂贵,只适用于可吸收微波能的溶剂,样品的含水量对萃取效率影响很大	HJ 765—2015
超临界萃取	不仅萃取效率较高,而且杜绝了有机溶剂	设备较昂贵,对不同的有机污染物,以高选择性获得高萃取效率的最佳萃取条件参数太多,很难通用	EPA Method 3560
超声波提取	可获得较高的萃取效率,可同时处理多个样品	需要反复多次萃取,导致萃取溶剂用量大,萃取时间长。聚能型超声细胞破碎仪每次只能处理一个样品,效率低	EPA Method 3550B,HJ 911—2017

3.3 净化技术

环境样品由于组成复杂,经萃取处理后还存有硫化物、色素、脂类、水等极性物质及其他杂质,不能直接进行色谱分析,需要采用有效的净化方法来消除干扰,通常采用吸附色谱(主要是吸附柱层析法)、凝胶渗透色谱(GPC)或酸碱分配等净化手段。固相萃取净化采用吸附色谱的原理,是目前应用比较广泛的净化技术。

吸附柱层析法是利用固定相(吸附剂)对混合物中各组分的吸附能力不同实现分离的

方法,可采用各种不同的复合型吸附剂(多层硅胶氧化铝复合柱、弗罗里硅土和中性氧化铝混合层析柱等)。固相萃取是靠固体填料上的键合官能团与待分离化合物之间的作用力将目标化合物与基液分离,从而达到样品净化浓缩的目的。在固相萃取过程中,由于固相柱对目标物的吸附力大于样品基液,当样品通过固相柱时,分析物会被吸附在固体填料表面,然后用适当的溶剂将分析物洗脱下来。

固相萃取净化的基本程序一般分为4步。

(1)固相柱的预处理:包括活化固相柱,展开固定相与待测物发生作用的表面,清洗固相柱,除去柱上吸附的杂质。

(2)添加样品:将样品加到固相柱中,利用正压或负压使样品通过柱子。

(3)洗涤固相柱:使用适当的溶剂洗脱弱保留的杂质,使分析物留在柱中。

(4)洗脱待测物:选择能够洗脱分析物而把强保留的杂质留在柱中的洗脱溶剂洗脱待测物。

第4章　水质中典型新污染物分析测试方法

4.1　水质　5种邻苯二甲酸酯类化合物的测定　液液萃取/气相色谱－质谱法

1. 适用范围

本方法规定了测定水中5种邻苯二甲酸酯类化合物的液液萃取/气相色谱-质谱法。

本方法适用于测定地表水、海水、生活污水和工业废水中的邻苯二甲酸二丁酯（DBP）、邻苯二甲酸二（2-乙基己基）酯（DEHP）、邻苯二甲酸二正辛酯（DNOP）、邻苯二甲酸丁基苄酯（BBP）、邻苯二甲酸二异丁酯（DIBP）等5种邻苯二甲酸酯类化合物。

当取样体积为100 mL、定容体积为5.0 mL、进样体积为1.0 μL时，5种邻苯二甲酸酯类化合物的方法检出限为0.2~0.3 μg/L，测定下限为0.8~1.2 μg/L，本方法测定目标化合物的方法检出限和测定下限详见附录A。

2. 规范性引用文件

本方法引用了下列文件或其中的条款。凡是注明日期的引用文件，仅注日期的版本适用于本方法。凡是未注日期的引用文件，其最新版本（包括所有的修改单）适用于本方法。

GB 17378.3《海洋监测规范 第3部分:样品采集、贮存与运输》

HJ 91.1《污水监测技术规范》

HJ 91.2《地表水环境质量监测技术规范》

HJ 442.3《近岸海域环境监测技术规范 第三部分 近岸海域水质监测》

HJ 164《地下水环境监测技术规范》

3. 方法原理

样品中的邻苯二甲酸酯类化合物经正己烷萃取后直接移取萃取液加内标物进样，用气相色谱-质谱仪分离、检测。

4. 干扰及其消除

4.1　所有空白试样、样品及加标样品的原始GC-MS数据必须评估是否存在干扰。确定干扰是否来源于样品前处理或提纯程序，并采取校正措施消除问题产生的原因。当高浓度的样品和低浓度的样品连续分析时，会发生交叉污染。为了减少交叉污染，进空白试样并确认空白无检出时，方可继续进样分析。

4.2　在用气相色谱-质谱仪分析邻苯二甲酸酯类物质前，应对仪器进行清洗、维护或者更换气相色谱仪的进样隔垫和衬管。对气相色谱仪的仪器性能进行空白实验，对邻苯二甲酸酯类物质的响应值和方法检出限进行比较，判断仪器性能，确保邻苯二甲酸酯类物质的响应值低于方法检出限,否则须对气相色谱-质谱仪进行清洗、维护。

5. 试剂和材料

除非另有说明,分析时均使用符合国家标准的分析纯试剂,实验用水为新制备的不含目标化合物的纯水。

5.1 正己烷:色谱纯。

5.2 4种邻苯二甲酸酯类化合物标准贮备溶液:ρ=2 000 mg/L。

直接购买市售有证标准物质,并按照说明书的要求进行保存。

5.3 邻苯二甲酸二异丁酯标准贮备溶液:ρ=1 000 mg/L。

直接购买市售有证标准物质,并按照说明书的要求进行保存。

5.4 5种邻苯二甲酸酯类化合物混合标准使用液:ρ=10 mg/L。

移取适量目标化合物标准贮备溶液(5.2、5.3),用正己烷(5.1)配制成各目标化合物浓度为10 mg/L的标准溶液,于4 ℃以下冷藏、密封、避光保存。

5.5 替代物标准贮备溶液:ρ=100 mg/L。

选用邻苯二甲酸二丁酯-d_4及邻苯二甲酸二(2-乙基己基)酯-d_4作为替代物,也可用其他邻苯二甲酸酯类化合物的氘代物作为替代物。直接购买市售有证标准物质,并按照说明书的要求进行保存。

5.6 替代物标准使用液:ρ=10 mg/L。

移取适量替代物标准贮备溶液(5.5),用正己烷(5.1)配制成替代物浓度为10 mg/L的溶液,于4 ℃以下冷藏、密封、避光保存。

5.7 内标物标准贮备溶液:ρ=100 mg/L。

选用邻苯二甲酸二戊酯-d_4作为内标物。直接购买市售有证标准物质,并按照说明书的要求进行保存。

5.8 内标物使用液:ρ=10 mg/L。

移取适量内标物标准贮备溶液(5.7),用正己烷(5.1)配制成内标物浓度为10 mg/L的溶液,于4 ℃以下冷藏、密封、避光保存。

5.9 氯化钠:优级纯。

经400 ℃灼烧4 h,置于干燥器中冷却至室温后,放入试剂瓶中密封保存。

5.10 氦气:纯度≥99.999%。

6. 仪器和设备

6.1 采样瓶:1 L棕色具塞磨口玻璃瓶。

6.2 气相色谱仪:具分流/不分流进样口。

6.3 质谱仪:电子轰击(EI)离子源。

6.4 毛细管柱:30 m×0.25 mm×0.25 μm,固定相为5%苯基/95%甲基聚硅氧烷,或使用其他性能等效的毛细管柱。

6.5 样品瓶:棕色,2 mL带聚四氟乙烯衬垫的螺旋盖玻璃瓶。

6.6 移液针:玻璃材质,1 mL。

6.7 一般实验室常用仪器和设备。

7. 样品

7.1 样品的采集和保存

按照 GB 17378.3、HJ 91.1、HJ 91.2、HJ 442.3 和 HJ 164 的相关规定进行样品的采集和保存。采集 1 L 水样置于采样瓶(6.1)中并充满采样瓶,将水样的 pH 值调节至 5~7,将瓶口塞紧后用铝箔纸封口,避光运输及保存。5 d 内完成萃取,若萃取液不能及时分析,可在 4 ℃以下避光保存 14 d。

7.2 试样的制备

量取 100 mL 水样置于容量瓶中,加入适量替代物标准使用液(5.6),混匀。向水样中加入 3 g 氯化钠(5.9),振荡至完全溶解后加入 5 mL 正己烷(5.1),振摇 5 min 后静置分层。用移液针(6.6)定量抽取上层溶剂 1 mL。加入 10 μL 内标物使用液(5.8),待测。

注:若试样中邻苯二甲酸酯类化合物的浓度超过标准曲线的最高点,可减少取样量。

7.3 空白试样的制备

用实验用水代替样品,按照与试样的制备(7.2)相同的步骤进行空白试样的制备。

8. 分析步骤

8.1 仪器参考条件

8.1.1 气相色谱仪参考条件

进样口温度:280 ℃。进样量:1.0 μL。不分流进样。程序升温:初始温度 100 ℃,以 15 ℃/min 的速率升温至 300 ℃,保持 5 min。

8.1.2 质谱仪参考条件

离子源温度:230 ℃。四极杆温度:150 ℃。数据采集方式:选择离子扫描(SIM)模式。每种化合物的保留时间、离子质荷比参见附录 B。

8.2 校准

8.2.1 建立标准曲线

移取适量的邻苯二甲酸酯类化合物混合标准使用液(5.4)和替代物标准使用液(5.6),用正己烷(5.1)稀释,配制标准曲线溶液,邻苯二甲酸酯类化合物和替代物的质量浓度分别为 20 μg/L、50 μg/L、100 μg/L、200 μg/L、400 μg/L,向标准曲线溶液的各浓度点加入适量内标物使用液(5.8),使内标物的质量浓度为 100 μg/L。

按照仪器参考条件(8.1)进行分析,得到不同浓度的各目标化合物的质谱图,以平均相对响应因子绘制标准曲线。

8.2.2 计算平均相对响应因子

标准系列溶液中第 i 点目标化合物的相对响应因子(RRF_i)按照式(1)计算。

$$RRF_i = \frac{A_i}{A_{ISi}} \times \frac{\rho_{ISi}}{\rho_i} \tag{1}$$

式中:RRF_i——标准系列溶液中第 i 点目标化合物的相对响应因子;

A_i——标准系列溶液中第 i 点目标化合物定量离子的峰面积;

A_{ISi}——标准系列溶液中第 i 点与目标化合物相对应的内标物定量离子的峰面积;

ρ_{ISi} ——标准系列溶液中第 i 点与目标化合物相对应的内标物的质量浓度，μg/L；

ρ_i ——标准系列溶液中第 i 点目标化合物的质量浓度，μg/L。

标准系列溶液中目标化合物的平均相对响应因子（$\overline{RRF}$）按照式（2）计算。

$$\overline{RRF} = \frac{\sum_{i=1}^{n} RRF_i}{n} \tag{2}$$

式中：$\overline{RRF}$ ——标准系列溶液中目标化合物的平均相对响应因子；

RRF_i ——标准系列溶液中第 i 点目标化合物的相对响应因子；

n ——标准曲线的浓度点数。

RRF 的标准偏差（SD）按照式（3）计算。

$$SD = \sqrt{\frac{\sum_{i=1}^{n}\left(RRF_i - \overline{RRF}\right)^2}{n-1}} \tag{3}$$

式中：SD ——RRF 的标准偏差；

RRF_i ——标准系列溶液中第 i 点目标化合物的相对响应因子；

$\overline{RRF}$ ——标准系列溶液中目标化合物的平均相对响应因子；

n ——标准系列溶液的浓度点数。

RRF 的相对标准偏差（RSD）按照式（4）计算。

$$RSD = \frac{SD}{\overline{RRF}} \times 100\% \tag{4}$$

式中：RSD ——RRF 的相对标准偏差；

SD ——RRF 的标准偏差；

$\overline{RRF}$ ——标准系列溶液中目标化合物的平均相对响应因子。

8.2.3 选择离子扫描总离子流图

在仪器参考条件（8.1）下，邻苯二甲酸酯的总离子流图见图1。

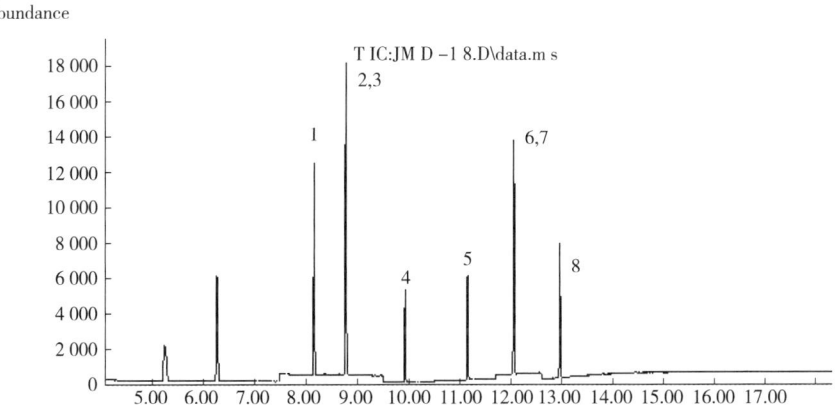

图 1 邻苯二甲酸酯在 HP-5MS 柱上的总离子流图

1—邻苯二甲酸二异丁酯；2,3—邻苯二甲酸二丁酯和邻苯二甲酸二丁酯-d_4；4—邻苯二甲酸二戊酯-d_4；5—邻苯二甲酸丁基苄酯；6,7—邻苯二甲酸二(2-乙基己基)酯和邻苯二甲酸二(2-乙基己基)酯-d_4；8—邻苯二甲酸二正辛酯

8.3 试样的测定

按照与建立标准曲线(8.2.1)相同的仪器参考条件进行试样(7.2)的测定。当试样的浓度超出标准曲线的线性范围时,应适当减少取样量或将水样稀释,重新制备试样并测定。

8.4 空白试样的测定

按照与试样的测定(8.3)相同的仪器条件进行空白试样(7.3)的测定。

9. 结果计算与表示

9.1 定性分析

通过比较样品中目标化合物与标准曲线中目标化合物的保留时间、质谱图、碎片离子质荷比、丰度等信息,对目标化合物进行定性。

样品中目标化合物的保留时间与标准曲线中目标化合物的保留时间的相对偏差应控制在 ±3% 之内;目标化合物的标准质谱图中相对丰度高于 30% 的所有离子应在样品的质谱图中存在,样品的质谱图和目标化合物标准质谱图中上述特征离子的相对丰度偏差应在 ±30% 以内。如果样品中存在明显的背景干扰,应扣除背景影响。

9.2 定量分析

当目标化合物采用平均相对响应因子进行计算时,样品中目标化合物的质量浓度 ρ_x 按照式(5)计算。

$$\rho_x = \frac{V_1 \times A_x \times \rho_{is}}{V_2 \times A_{is} \times \overline{RRF}} \times D \tag{5}$$

式中:ρ_x——样品中目标化合物的质量浓度,μg/L;

V_1——试样的定容体积,mL;

A_x——样品中目标化合物定量离子的峰面积;

ρ_{is}——内标物的质量浓度,μg/L;

V_2——取样体积,mL;

A_{is}——内标物定量离子的峰面积;

$\overline{RRF}$——目标化合物的平均相对响应因子;

D——试样的稀释倍数。

9.3 结果表示

测定结果小数点后位数的保留与方法检出限一致,最多保留 3 位有效数字。

10. 准确度

10.1 精密度

在实验室分别对加标浓度为 1.0 μg/L 和 4.0 μg/L 的空白样品进行 6 次重复测定,相对标准偏差分别为 1.6%~3.8% 和 0.9%~1.8%。精密度结果统计参照附录C。

10.2 正确度

在实验室分别对加标浓度为 1.0 μg/L 和 4.0 μg/L 的空白样品进行 6 次重复测定,加标回收率分别为 84.0%~95.0% 和 86.2%~93.0%。正确度结果统计参照附录C。

11. 质量保证和质量控制

11.1 空白试验

每 20 个样品或每批样品(≤20 个样品/批)应至少测定 1 个实验室空白样品,测定结果应低于测定下限。

11.2 校准

标准系列溶液至少配制 5 个浓度点,目标化合物相对响应因子(RRF)的相对标准偏差(RSD)≤20%。

每 20 个样品或每批样品(≤20 个样品/批)应至少测定 1 个标准曲线中间浓度点,其测定结果与该点浓度的相对误差应在 ±20% 以内,否则应重新建立标准曲线。

11.3 平行样

每 20 个样品或每批样品(≤20 个样品/批)应至少测定 1 个平行样,当含量高于方法检出下限时,相对偏差 ≤20%。

11.4 基体加标

每 20 个样品或每批样品(≤20 个样品/批)应至少测定 1 个基体加标样品,目标化合物加标回收率和替代物回收率应在 60%~120%。

12. 废物处理

在实验中产生的废弃物应分类收集,集中保管,并做好标识,依法委托有资质的单位进行处置。

13. 注意事项

13.1 邻苯二甲酸酯类化合物在测定中存在本底干扰,因此在样品采集和保存、样品分析过程中均应注意全程避免接触或使用塑料制品(如移液枪头、橡胶手套等)。

13.2 实验所用试剂使用前必须经过空白检验。

13.3 采样瓶用重铬酸钾洗液浸润 3~5 次后分别用自来水、蒸馏水冲洗,然后吹干,用玻璃塞或铝箔纸密封好,采样前用相应的萃取溶剂清洗 3~5 次,清洗完毕晾干后立即使用。实验过程中使用的实验材料和玻璃器皿在使用前均用相应的萃取溶剂清洗 3~5 次,清洗完毕晾干后立即使用。

13.4 采样瓶及实验室器皿使用前均应进行烘烤,再用正己烷溶剂荡洗,洗后晾干使用。

13.5 样品萃取时若溶剂乳化严重,可增加氯化钠的使用量。

13.6 若在实验过程中需要使用无水硫酸钠除去溶剂所含水分,首先需对无水硫酸钠在 500 ℃下烘烤 4 h 以上,使用前对烘烤过的无水硫酸钠进行空白检验,检验结果不得含有目标化合物。

附 录 A
(规范性附录)
方法检出限和测定下限

表 A.1 给出了本方法中目标化合物的方法检出限和测定下限。

表 A.1 方法检出限和测定下限

序号	化合物名称	方法检出限/(μg/L)	测定下限/(μg/L)
1	邻苯二甲酸二异丁酯	0.2	0.8
2	邻苯二甲酸二丁酯	0.2	0.8
3	邻苯二甲酸丁基苄酯	0.2	0.8
4	邻苯二甲酸二(2-乙基己基)酯	0.3	1.2
5	邻苯二甲酸二正辛酯	0.3	1.2

附 录 B
（资料性附录）

目标化合物、内标物、替代物的测定参考参数

表 B.1 给出了目标化合物、内标物、替代物的名称、化学文摘服务（CAS）编号、保留时间、定量特征离子质荷比和辅助定量离子质荷比等测定参考参数。

表 B.1 目标化合物、内标物、替代物的测定参考参数

序号	化合物名称	CAS 编号	保留时间/min	定量特征离子质荷比(m/z)	辅助定量离子质荷比(m/z)
1	邻苯二甲酸二异丁酯	84-69-5	8.158	149	150
2	邻苯二甲酸二丁酯-d_4	93 952-11-5	8.775	153	154
3	邻苯二甲酸二丁酯	84-74-2	8.785	149	150
4	邻苯二甲酸丁基苄酯	85-68-7	11.152	149	150
5	邻苯二甲酸二(2-乙基己基)酯-d_4	93 951-87-2	12.054	153	171
6	邻苯二甲酸二(2-乙基己基)酯	117-81-7	12.064	153	167
7	邻苯二甲酸二正辛酯	117-84-0	12.965	149	150

附 录 C
（资料性附录）

方法的精密度和正确度

表 C.1 给出了方法的精密度和正确度汇总数据。

表 C.1 方法的精密度和正确度汇总数据

序号	化合物名称	浓度/(μg/L)	相对标准偏差/%	回收率平均值/%
1	邻苯二甲酸二异丁酯	1.0	1.6	92.3
		4.0	1.1	91.7
2	邻苯二甲酸二丁酯	1.0	2.8	84.7
		4.0	1.2	87.7

续表

序号	化合物名称	浓度/(μg/L)	相对标准偏差/%	回收率平均值/%
3	邻苯二甲酸丁基苄酯	1.0	3.8	85.3
		4.0	0.9	87.1
4	邻苯二甲酸二(2-乙基己基)酯	1.0	2.1	94.0
		4.0	1.8	91.6
5	邻苯二甲酸二正辛酯	1.0	1.9	89.7
		4.0	1.4	92.6

4.2 水质 卡拉花醛的测定 液液萃取/气相色谱－质谱法

1. 适用范围

本方法规定了测定水中卡拉花醛的液液萃取/气相色谱 - 质谱法。

本方法适用于测定地表水、地下水、海水、生活污水和工业废水中的卡拉花醛。

当取样体积为 1 000 mL、定容体积为 1.0 mL 时,卡拉花醛的方法检出限为 0.04 μg/L,测定下限为 0.16 μg/L。

2. 规范性引用文件

本方法引用了下列文件或其中的条款。凡是注明日期的引用文件,仅注日期的版本适用于本方法。凡是未注日期的引用文件,其最新版本(包括所有的修改单)适用于本方法。

GB 17378.3《海洋监测规范 第 3 部分:样品采集、贮存与运输》

HJ 91.1《污水监测技术规范》

HJ 91.2《地表水环境质量监测技术规范》

HJ 164《地下水环境监测技术规范》

HJ 442.3《近岸海域环境监测技术规范 第三部分 近岸海域水质监测》

3. 方法原理

样品中的卡拉花醛经二氯甲烷萃取,经弗罗里硅土柱浓缩、净化后,用气相色谱仪分离,用质谱仪检测。根据保留时间和不同离子的丰度比定性,用内标物法定量。

4. 术语和定义

4.1 卡拉花醛 karanal

商品化的卡拉花醛的异构体混合物,CAS 号为 117933-89-8。

5. 试剂和材料

除非另有说明,分析时均使用符合国家标准的分析纯试剂,实验用水为新制备的不含目标化合物的纯水。

5.1 正己烷:色谱纯。

5.2 二氯甲烷:色谱纯。

5.3 丙酮:色谱纯。

5.4 卡拉花醛标准贮备溶液:ρ=2 000 mg/L。

直接购买市售有证标准物质,并按照说明书的要求进行保存。

5.5 卡拉花醛混合标准使用液:ρ=100 mg/L。

移取适量目标化合物标准贮备溶液(5.4),用正己烷(5.1)配制成目标化合物浓度为 100 mg/L 的标准溶液,于 4 ℃以下冷藏、密封、避光保存。

5.6 替代物标准贮备溶液:ρ=1 000 mg/L。

选用对三联苯 -d_{14} 作为替代物,也可用其他性质相近的化合物作为替代物。直接购买市售有证标准物质,并按照说明书的要求进行保存。

5.7 替代物标准使用液:ρ=100 mg/L。

移取适量替代物标准贮备溶液(5.6),用正己烷(5.1)配制成替代物浓度为100 mg/L的溶液,于4 ℃以下冷藏、密封、避光保存。

5.8 内标物标准贮备溶液:ρ=1000 mg/L。

选用菲-d_{10}作为内标物。直接购买市售有证标准物质,并按照说明书的要求进行保存。

5.9 内标物使用液:ρ=100 mg/L。

移取适量内标物标准贮备溶液(5.8),用正己烷(5.1)配制成内标物浓度为100 mg/L的溶液,于4 ℃以下冷藏、密封、避光保存。

5.10 氯化钠:优级纯。

经400 ℃灼烧4 h,置于干燥器中冷却至室温后,放入试剂瓶中密封保存。

5.11 无水硫酸钠:优级纯。

经400 ℃灼烧4 h,置于干燥器中冷却至室温后,放入试剂瓶中密封保存。

5.12 氦气:纯度≥99.999%。

5.13 氮气:纯度≥99.999%。

6. 仪器和设备

6.1 采样瓶:1 L棕色具塞磨口玻璃瓶。

6.2 气相色谱仪:具分流/不分流进样口。

6.3 质谱仪:电子轰击(EI)离子源。

6.4 毛细管柱:30 m×0.25 mm×0.25 μm,固定相为5%苯基/95%甲基聚硅氧烷,或使用其他性能等效的毛细管柱。

6.5 样品瓶:棕色,2 mL带聚四氟乙烯衬垫的螺旋盖玻璃瓶。

6.6 浓缩装置:旋转蒸发仪、K-D浓缩仪或氮吹仪等。

6.7 一般实验室常用仪器和设备。

7. 样品

7.1 样品的采集和保存

按照GB 17378.3、HJ 91.1、HJ 91.2、HJ 164和HJ 442.3的相关规定进行样品的采集和保存。采集1 L水样置于采样瓶(6.1)中,在4 ℃以下冷藏、避光运输及保存。7 d内完成萃取,40 d内完成分析。

7.2 试样的制备

7.2.1 萃取

量取1 000 mL水样置于分液漏斗中,加入适量替代物标准使用液(5.7),混匀。向水样中加入30 g氯化钠(5.10),振荡至完全溶解后加入50 mL二氯甲烷(5.2),振摇5 min后静置分层,收集有机相。重复萃取2次,合并有机相萃取液,使萃取液通过无水硫酸钠(5.11)脱水干燥,待浓缩。

7.2.2 浓缩

将萃取液用浓缩装置(6.6)浓缩至约 1 mL,加入 10 mL 正己烷(5.1)浓缩至约 1 mL,再加入 10 mL 正己烷浓缩至约 1 mL,待净化。

7.2.3 净化

依次用 10 mL 正己烷-丙酮溶液(9∶1,体积比)、10 mL 正己烷活化净化柱,待柱上正己烷进完时,将浓缩液全部转移至净化柱中,用约 2 mL 正己烷洗涤收集瓶,洗涤液一并上柱,用 10 mL 正己烷-丙酮溶液(9∶1,体积比)进行洗脱,洗脱液靠重力自然流下,收集于浓缩瓶中。

7.2.4 浓缩和定容

将洗脱液用浓缩装置(6.6)浓缩至约 1 mL,加入内标物使用液(5.9),用正己烷定容至 10 mL,待测。

7.3 空白试样的制备

用实验用水代替样品,按照与试样的制备(7.2)相同的步骤进行空白试样的制备。

8. 分析步骤

8.1 仪器参考条件

8.1.1 气相色谱仪参考条件

进样口温度:280 ℃。进样量:1.0 μL。分流进样,分流比为 5∶1。程序升温:初始温度 100 ℃,以 10 ℃/min 的速率升温至 200 ℃,保持 5 min,以 20 ℃/min 的速率升温至 300 ℃。

8.1.2 质谱仪参考条件

离子源温度:230 ℃。四极杆温度:150 ℃。数据采集方式:选择离子扫描(SIM)模式。

8.2 校准

8.2.1 建立标准曲线

移取适量的卡拉花醛混合标准使用液(5.5),用正己烷(5.1)稀释,配制标准系列溶液,卡拉花醛的质量浓度分别为 0.50 mg/L、1.00 mg/L、2.00 mg/L、5.00 mg/L、10.0 mg/L、20.0 mg/L。

按照仪器参考条件(8.1)进行分析。

以目标化合物质量浓度为横坐标,以目标化合物定量离子响应值加和为纵坐标,绘制标准曲线。

8.2.2 总离子流图

在仪器参考条件(8.1)下,卡拉花醛的总离子流图见图 1。

图 1 卡拉花醛在 HP-5MS 柱上的总离子流图

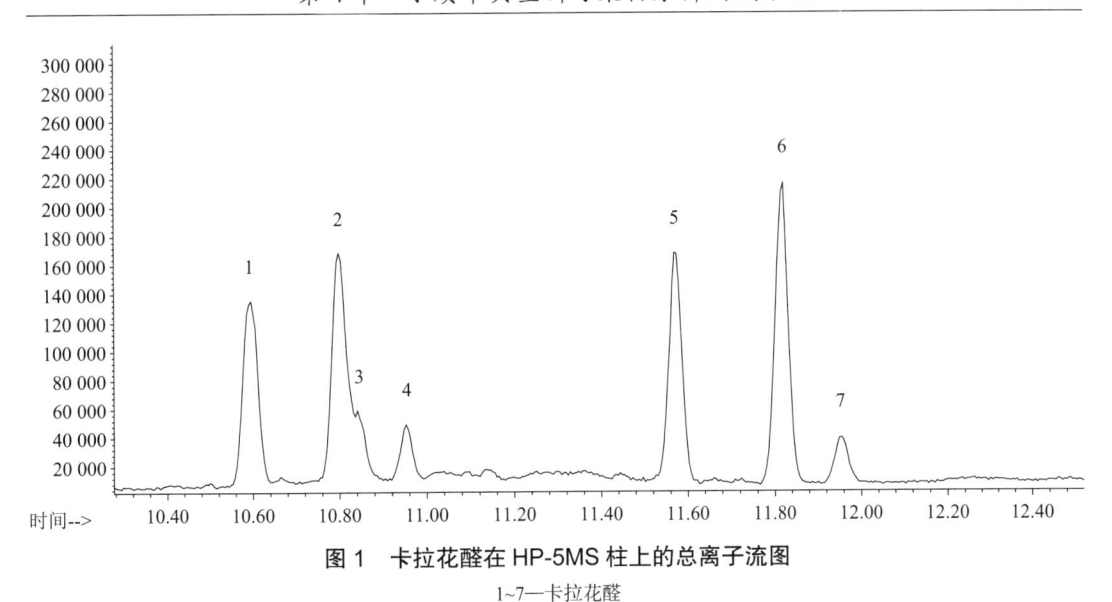

1~7—卡拉花醛

8.3 试样的测定

按照与建立标准曲线(8.2.1)相同的仪器条件进行试样(7.2)的测定。当试样的浓度超出标准曲线的线性范围时,应适当减少取样量或将水样稀释,重新制备试样并测定。

8.4 空白试样的测定

按照与试样的测定(8.3)相同的仪器条件进行空白试样(7.3)的测定。

9. 结果计算与表示

9.1 定性分析

通过比较样品中目标化合物与标准曲线中目标化合物的保留时间、质谱图、碎片离子质荷比、丰度等信息,对目标化合物进行定性。应多次分析标准溶液得到目标化合物的保留时间平均值,以平均保留时间 ±3 倍标准偏差为保留时间窗口,样品中目标化合物的保留时间应在保留时间窗口内。样品中目标化合物定性离子与定量离子丰度比与标准溶液中定性离子与定量离子丰度比的相对偏差应在 ±30% 以内。

9.2 定量分析

卡拉花醛在色谱图上形成 1 组多峰,共 7 个峰,7 个峰具有相同的定量离子和定性离子。在对目标化合物进行定性判断的基础上,将定量离子的峰面积加和,采用内标物法进行定量分析。当样品中目标化合物的定量离子有干扰时,可以使用定性离子定量。卡拉花醛的参考保留时间、定量离子质荷比和定性离子质荷比见表 1。

表 1 卡拉花醛的参考保留时间、定量离子质荷比和定性离子质荷比

物质	CAS 编号	参考保留时间/min	定量离子质荷比（m/z）	定性离子质荷比（m/z）
卡拉花醛	117 933-89-8	10.588、10.795、10.828、10.952、11.568、11.811、11.950	120	157.251

当目标化合物采用标准曲线法进行计算时,从标准曲线上查出试样中目标化合物的浓度 ρ_{ex} ,样品中目标化合物的质量浓度 ρ 按照式(1)计算。

$$\rho = \frac{\rho_{ex} \times V_2}{V_1} \times D \times 1\,000 \tag{1}$$

式中:ρ——样品中目标化合物的质量浓度,mg/L;

ρ_{ex}——试样中目标化合物的质量浓度,μg/L;

V_2——试样体积,mL;

V_1——样品体积,mL;

D——试样的稀释倍数;

1 000——质量浓度间的换算系数。

9.3 结果表示

测定结果小数点后位数的保留与方法检出限一致,最多保留3位有效数字。

10. 准确度

10.1 精密度

在实验室分别对加标浓度为 1.00 μg/L、2.00 μg/L 和 5.00 μg/L 的空白样品进行6次重复测定,相对标准偏差分别为 16%、10% 和 9.8%。

10.2 正确度

在实验室分别对加标浓度为 1.00 μg/L、2.00 μg/L 和 5.00 μg/L 的空白样品进行6次重复测定,加标回收率分别为 82.5%、93.4% 和 102%。

11. 质量保证和质量控制

11.1 空白实验

每20个样品或每批样品(≤20个样品/批)应至少测定1个实验室空白样品,测定结果应低于测定下限。

11.2 校准

标准系列溶液至少配制5个浓度点,目标化合物相对响应因子(RRF)的相对标准偏差(RSD)≤20%。

每20个样品或每批样品(≤20个样品/批)应至少测定1个标准曲线中间浓度点,其测定结果与该点浓度的相对偏差应在 ±20% 以内,否则应重新建立标准曲线。

11.3 平行样

每20个样品或每批样品(≤20个样品/批)应至少测定1个平行样,当含量高于方法检出下限时,相对偏差 ≤20%。

11.4 基体加标

每20个样品或每批样品(≤20个样品/批)应至少测定1个基体加标样品,目标化合物加标回收率和替代物回收率应在 70%~130%。

12. 废物处理

在实验中产生的废弃物应分类收集,集中保管,并做好标识,依法委托有资质的单位进行处置。

4.3 水质 4种紫外线吸收剂的测定 液液萃取/气相色谱－质谱法

1. 适用范围

本方法规定了测定水中 4 种紫外线吸收剂的液液萃取/气相色谱 - 质谱法。

本方法适用于测定地表水、地下水、海水、生活污水和工业废水中的 2-(3,5- 二叔丁基 -2- 羟基苯基)苯并三唑(UV320)、2-(3,5- 二叔丁基 -2- 羟苯基)-5- 氯苯并三唑(UV327)、2-(2'- 羟基 -3',5'- 二戊基苯基)苯并三唑(UV328)、2-(2'- 羟基 -3'- 异丁基 -5'- 叔丁基苯基)苯并三唑(UV350)等 4 种紫外线吸收剂。

当取样体积为 1 000 mL、定容体积为 1.0 mL、进样体积为 1.0 μL 时,UV320 的方法检出限为 0.06 μg/L,测定下限为 0.24 μg/L;UV327、UV328、UV350 的方法检出限为 0.07 μg/L,测定下限为 0.28 μg/L。

2. 规范性引用文件

本方法引用了下列文件或其中的条款。凡是注明日期的引用文件,仅注日期的版本适用于本方法。凡是未注日期的引用文件,其最新版本(包括所有的修改单)适用于本方法。

GB 17378.3《海洋监测规范 第 3 部分:样品采集、贮存与运输》

HJ 91.1《污水监测技术规范》

HJ 91.2《地表水环境质量监测技术规范》

HJ 164《地下水环境监测技术规范》

HJ 442.3《近岸海域环境监测技术规范 第三部分 近岸海域水质监测》

3. 方法原理

采用液液萃取法萃取样品中的紫外线吸收剂,萃取液经脱水、浓缩、净化、定容后,用气相色谱仪分离,用质谱仪检测。根据保留时间和不同离子的丰度比定性,用内标物法定量。

4. 试剂和材料

除非另有说明,分析时均使用符合国家标准的分析纯试剂,实验用水为新制备的不含目标化合物的纯水。

4.1 甲醇:色谱纯。

4.2 乙酸乙酯:色谱纯。

4.3 二氯甲烷:色谱纯。

4.4 二氯甲烷 - 乙酸乙酯混合溶液:二氯甲烷(4.3)和乙酸乙酯(4.2)按 1∶1 的体积比混合。

4.5 4 种紫外线吸收剂标准贮备溶液:ρ=1 000 mg/L。

直接购买市售有证标准物质,并按照说明书的要求进行保存。

4.6 4 种紫外线吸收剂混合标准使用液:ρ=100 mg/L。

移取适量目标化合物标准贮备溶液(4.5),用甲醇(4.1)配制成各目标化合物浓度为

100 mg/L 的标准溶液,于 4 ℃以下冷藏、密封、避光保存。

4.7 替代物标准贮备溶液:ρ=2 000 mg/L。

选用三联苯 -d_{14} 作为替代物。直接购买市售有证标准物质,并按照说明书的要求进行保存。

4.8 替代物标准使用液:ρ=100 mg/L。

移取适量替代物标准贮备溶液(4.7),用乙酸乙酯(4.2)配制成替代物浓度为 100 mg/L 的溶液,于 4 ℃以下冷藏、密封、避光保存。

4.9 内标物标准贮备溶液:ρ=2 000 mg/L。

选用菲 -d_{10} 作为内标物。直接购买市售有证标准物质,并按照说明书的要求进行保存。

4.10 内标物使用液:ρ=100 mg/L。

移取适量内标物标准贮备溶液(4.9),用乙酸乙酯(4.2)配制成内标物浓度为 100 mg/L 的溶液,于 4 ℃以下冷藏、密封、避光保存。

4.11 氯化钠:经 400 ℃灼烧 4 h,置于干燥器中冷却至室温后,放入试剂瓶中密封保存。

4.12 无水硫酸钠:经 400 ℃灼烧 4 h,置于干燥器中冷却至室温后,放入试剂瓶中密封保存。

4.13 氦气:纯度 ≥99.999%。

4.14 氮气:纯度 ≥99.999%。

5. 仪器和设备

5.1 气相色谱仪:具分流/不分流进样口。

5.2 电子轰击(EI)离子源。

5.3 毛细管柱:30 m × 0.25 mm × 0.25 μm,固定相为 5% 苯基/95% 甲基聚硅氧烷,或使用其他性能等效的毛细管柱。

5.4 采样瓶:1 L 棕色具塞磨口玻璃瓶。

5.5 分液漏斗:1 000 mL。

5.6 净化柱:硅胶柱,规格为 1 000 mg/6 mL。

5.7 浓缩装置:氮吹浓缩仪、旋转蒸发装置或其他等效仪器。

5.8 样品瓶:棕色,2 mL 带聚四氟乙烯衬垫的螺旋盖玻璃瓶。

5.9 一般实验室常用仪器和设备。

6. 样品

6.1 样品的采集和保存

按照 GB 17378.3、HJ 91.1、HJ 91.2、HJ 164 和 HJ 442.3 的相关规定进行样品的采集和保存。采集 1 L 水样置于采样瓶(5.4)中,将水样的 pH 值调节到 5~6,在 4 ℃以下冷藏、避光运输及保存。7 d 内完成萃取,40 d 内完成分析。

6.2 试样的制备

6.2.1 试样萃取

量取 1 000 mL 水样置于分液漏斗中,加入适量替代物标准使用液(4.8),混匀,加入 50 mL

二氯甲烷-乙酸乙酯混合溶液(4.4),振摇10 min后静置分层,收集有机相,再加入50 mL二氯甲烷-乙酸乙酯混合溶液(4.4)重复萃取一次,收集有机相,合并2次的萃取液,用无水硫酸钠(4.12)干燥。

注:当萃取过程出现乳化现象时,可采用盐析、搅动、离心、冷冻或用玻璃棉过滤等方法破乳。

6.2.2 试样浓缩

将萃取液用浓缩装置(5.7)浓缩至约1 mL,待净化。

6.2.3 试样净化

用6 mL正己烷活化硅胶柱,将浓缩后的溶液(6.2.2)转移至已活化的硅胶柱上,用10 mL丙酮-正己烷混合溶液洗脱,收集洗脱液。将洗脱液浓缩至约1 mL,加入5 mL乙酸乙酯,浓缩至约1 mL,加入内标物使用液,定容至1 mL,待测。

6.3 空白试样的制备

用实验用水代替样品,按照与试样的制备(6.2)相同的步骤进行空白试样的制备。

7. 分析步骤

7.1 仪器参考条件

7.1.1 气相色谱仪参考条件

进样口温度:280 ℃。进样量:1.0 μL。分流进样,分流比为5∶1。流量:1 mL/min。程序升温:初始温度150 ℃,以15 ℃/min的速率升温至250 ℃,再以5 ℃/min的速率升温至280 ℃,保持4 min。

7.1.2 质谱仪参考条件

离子源温度:230 ℃。四极杆温度:150 ℃。数据采集方式:选择离子扫描(SIM)模式。

7.2 校准

7.2.1 建立标准曲线

移取适量的紫外线吸收剂混合标准使用液(4.6)和替代物标准使用液(4.8),用乙酸乙酯(4.2)稀释,配制标准系列溶液,紫外线吸收剂和替代物的质量浓度分别为0.50 mg/L、1.00 mg/L、2.00 mg/L、5.00 mg/L、10.0 mg/L、20.0 mg/L,向标准曲线中溶液各浓度点加入适量内标物使用液(4.10),使内标物的质量浓度为2.00 mg/L。

按照仪器参考条件(7.1)进行分析,得到不同浓度的各目标化合物的质谱图,以平均相对响应因子绘制标准曲线。

7.2.2 计算平均相对响应因子

标准系列溶液中第i点目标化合物的相对响应因子(RRF_i)按照式(1)计算。

$$RRF_i = \frac{A_i}{A_{ISi}} \times \frac{\rho_{ISi}}{\rho_i} \tag{1}$$

式中:RRF_i——标准系列溶液中第i点目标化合物的相对响应因子;

A_i——标准系列溶液中第i点目标化合物定量离子的峰面积;

A_{ISi}——标准系列溶液中第i点与目标化合物相对应的内标物定量离子的峰面积;

$\rho_{\text{IS}i}$——标准系列溶液中第 i 点与目标化合物相对应的内标物的质量浓度,µg/L;

ρ_i——标准系列溶液中第 i 点目标化合物的质量浓度,µg/L。

标准系列溶液中目标化合物的平均相对响应因子($\overline{RRF}$)按照式(2)计算。

$$\overline{RRF} = \frac{\sum_{i=1}^{n} RRF_i}{n} \quad (2)$$

式中:$\overline{RRF}$——标准系列溶液中目标化合物的平均相对响应因子;

RRF_i——标准系列溶液中第 i 点目标化合物的相对响应因子;

n——标准系列溶液的浓度点数。

RRF 的标准偏差(SD)按照式(3)计算。

$$SD = \sqrt{\frac{\sum_{i=1}^{n} \left(RRF_i - \overline{RRF}\right)^2}{n-1}} \quad (3)$$

式中:SD——RRF 的标准偏差;

RRF_i——标准系列溶液中第 i 点目标化合物的相对响应因子;

$\overline{RRF}$——标准系列溶液中目标化合物的平均相对响应因子;

n——标准系列溶液的浓度点数。

RRF 的相对标准偏差(RSD)按照式(4)计算。

$$RSD = \frac{SD}{\overline{RRF}} \times 100\% \quad (4)$$

式中:RSD——RRF 的相对标准偏差;

SD——RRF 的标准偏差;

$\overline{RRF}$——标准系列溶液中目标化合物的平均相对响应因子。

7.2.3 总离子流图

在仪器参考条件(7.1)下,紫外线吸收剂的总离子流图(SIM)见图1。

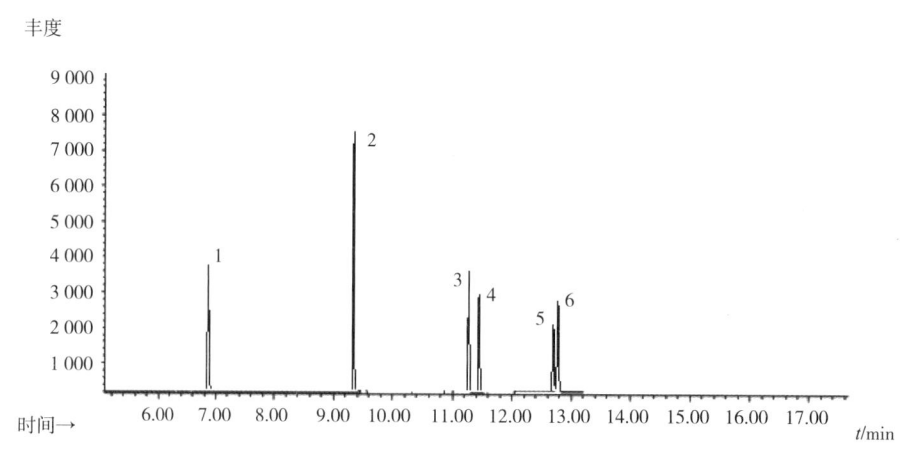

图1 4种紫外线吸收剂、内标物和替代物的总离子流图

1—菲-d_{10};2—三联苯-d_{14};3—UV320;4—UV350;5—UV328;6—UV327

7.3 试样的测定

按照与建立标准曲线(7.2.1)相同的仪器条件进行试样(6.2)的测定。当试样的浓度超出标准曲线的线性范围时,应适当减少取样量或将水样稀释,重新制备试样并测定。

7.4 空白试样的测定

按照与试样的测定(7.3)相同的仪器条件进行空白试样(6.3)的测定。

8. 结果计算与表示

8.1 定性分析

样品中的目标化合物通过用标准曲线多次进样建立保留时间窗口,保留时间窗口为 ±3 倍的保留时间标准偏差,样品中目标化合物的保留时间应在保留时间窗口内。样品中目标化合物的定性离子和定量离子的峰面积比($Q_{样品}$)与标准曲线目标化合物的定性离子和定量离子的峰面积比($Q_{标准}$)的相对偏差控制在 ±30% 以内。

8.2 定量分析

当目标化合物采用平均相对响应因子进行计算时,样品中目标化合物的质量浓度 ρ_x 按照式(5)计算:

$$\rho_x = \frac{\rho_i \times V \times D \times 1\,000}{V_s} \tag{5}$$

式中:ρ_x——样品中目标化合物的质量浓度,μg/L;

ρ_i——试样中目标化合物的质量浓度,mg/L;

V——试样的定容体积,mL;

D——试样的稀释倍数;

1 000——质量浓度间的换算系数;

V_s——取样体积,mL。

8.3 结果表示

测定结果小数点后位数的保留与方法检出限一致,最多保留 3 位有效数字。

9. 准确度

9.1 精密度

在实验室对不同浓度水平的目标化合物水样进行测定,相对标准偏差为 7.4%~14.0%。

9.2 正确度

在实验室对不同浓度水平的目标化合物水样进行测定,正确度为 76.2%~97.0%。

10. 质量保证和质量控制

10.1 空白实验

每 20 个样品或每批样品(≤20 个样品/批)应至少测定 1 个实验室空白样品,测定结果应低于测定下限。

10.2 校准

标准系列溶液至少配制 5 个浓度点,目标化合物相对响应因子(RRF)的相对标准偏差(RSD)≤20%。

每 20 个样品或每批样品(≤20 个样品/批)应至少测定 1 个标准曲线中间浓度点,其测定结果与该点浓度的相对偏差应在 ±20% 以内,否则应重新建立标准曲线。

10.3 平行样

每 20 个样品或每批样品(≤20 个样品/批)应至少测定 1 个平行样,当含量高于方法检出下限时,相对偏差 ≤20%。

10.4 基体加标

每 20 个样品或每批样品(≤20 个样品/批)应至少测定 1 个基体加标样品,目标化合物加标回收率和替代物回收率应在 60%~120%。

11. 废物处理

在实验中产生的废弃物应分类收集,集中保管,并做好标识,依法委托有资质的单位进行处置。

4.4 水质 11种脂肪族二元酸酯类化合物的测定 气相色谱－质谱法

1. 适用范围

本方法规定了测定水中11种脂肪族二元酸酯类化合物的气相色谱-质谱法。

本方法适用于测定地表水、地下水、生活污水、工业废水和海水中的己二酸二甲酯、己二酸二乙酯、壬二酸二甲酯、己二酸二丙酯、己二酸二异丁酯、己二酸二丁酯、癸二酸二丁酯、己二酸双(2-丁氧基乙基)酯、二(2-乙基己基)己二酸酯、己二酸二辛酯、二(2-乙基己基)癸二酸酯等11种脂肪族二元酸酯类化合物。

液液萃取法：当取样体积为1 L、定容体积为1.0 mL时，11种脂肪族二元酸酯类化合物的方法检出限为1~2 μg/L，测定下限为4~8 μg/L，详见附录A。

固相萃取法：当取样体积为200 mL、定容体积为1.0 mL时，11种脂肪族二元酸酯类化合物的方法检出限为2~10 μg/L，测定下限为8~40 μg/L，详见附录A。

2. 规范性引用文件

本方法引用了下列文件或其中的条款。凡是注明日期的引用文件，仅注日期的版本适用于本方法。凡是未注日期的引用文件，其最新版本(包括所有的修改单)适用于本方法。

GB 17378.3《海洋监测规范 第3部分：样品采集、贮存与运输》

GB/T 14581《水质 湖泊和水库采样技术指导》

HJ 91.1《污水监测技术规范》

HJ 91.2《地表水环境质量监测技术规范》

HJ 164《地下水环境监测技术规范》

HJ 442.3《近岸海域环境监测技术规范 第三部分 近岸海域水质监测》

HJ 493《水质 样品的保存和管理技术规定》

3. 方法原理

采用液液萃取法或固相萃取法萃取样品中的二(2-乙基己基)己二酸酯等脂肪族二元酸酯类化合物，萃取液经脱水、浓缩、净化、定容后，用气相色谱仪分离，用质谱仪检测。根据保留时间、碎片离子质荷比和不同离子的丰度比定性，用内标物法定量。

4. 干扰及其消除

4.1 样品中共存的石油烃、多环芳烃以及邻苯二甲酸酯类化合物等其他种类的塑化剂因碎片离子质荷比不同，对11种脂肪族二元酸酯类目标化合物构成干扰。

4.2 对于极性杂质、色素及脂肪等物质的干扰，可采用硅酸镁柱等消除或减少。

4.3 采样设备、样品瓶、溶剂、试剂、玻璃器皿和其他用于前处理的仪器、设备产生的对11种脂肪族二元酸酯类目标化合物分析的干扰，可以通过全程序空白和实验室空白进行检验。当发现实验室分析过程确实对样品分析有干扰时，应仔细查找干扰源，及时消除，至实验室空白检验合格后，才能继续进行样品分析。

4.4 对气相色谱-质谱仪进行空白实验,通过比较目标化合物的响应值和方法检出限判断仪器的性能,确保目标化合物的响应值低于方法检出限,否则须对气相色谱-质谱仪进行清洗、维护。

4.5 当高浓度的样品和低浓度的样品连续分析时,会发生交叉污染。为了减少交叉污染,分析试剂空白并确认无检出后,方可继续进样分析。

5. 试剂和材料

除非另有说明,分析时均使用符合国家标准的分析纯试剂,实验用水为新制备的不含目标化合物的纯水。

5.1 盐酸:ρ=1.18 g/mL,优级纯。

5.2 氢氧化钠:优级纯。

5.3 氯化钠:经 450 ℃灼烧 4 h,稍冷后置于干燥器中冷却至室温后,放入试剂瓶中密封保存。

5.4 无水硫酸钠:优级纯。

经 450 ℃灼烧 4 h,稍冷后置于干燥器中冷却至室温后,放入试剂瓶中密封保存。

5.5 二氯甲烷:色谱纯。

5.6 甲醇:色谱纯。

5.7 丙酮:色谱纯。

5.8 正己烷:色谱纯。

5.9 乙酸乙酯:色谱纯。

5.10 盐酸溶液:盐酸(5.1)和实验用水按 1∶1 的体积比混合。

5.11 氢氧化钠溶液:ρ=0.4 g/mL。

称取 40 g 氢氧化钠(5.2)溶于 100 mL 实验用水中。

5.12 二氯甲烷-正己烷混合溶液:二氯甲烷(5.5)和正己烷(5.8)按 1∶1 的体积比混合。

5.13 乙酸乙酯-正己烷混合溶液:乙酸乙酯(5.9)和正己烷(5.8)按 1∶4 的体积比混合。

5.14 脂肪族二元酸酯类标准物质:纯度≥96%。

5.15 脂肪族二元酸酯类混合标准贮备溶液:ρ=10.00 mg/mL。

称取 0.100 g(精确至 0.1 mg)脂肪族二元酸酯类标准物质(5.14)置于 10 mL 容量瓶中,用丙酮(5.7)溶解定容至容量瓶标线。将配好的溶液转移至密实瓶(6.7)中,在 -18 ℃以下冷冻、避光保存,保存期为 1 年。也可直接购买市售有证标准溶液,并按照制造商的产品说明书保存。

5.16 脂肪族二元酸酯类混合标准使用液:ρ=1 000 mg/L。

移取 1 mL 脂肪族二元酸酯类混合标准贮备溶液(5.15)置于 10 mL 容量瓶中,用正己烷(5.8)或丙酮(5.7)稀释定容至容量瓶标线。将配好的溶液转移至密实瓶(6.7)中,在 4 ℃以下冷藏、避光保存,保存期为 6 个月。

5.17 内标物标准贮备溶液:ρ=10.00 mg/mL。

选用邻苯二甲酸二甲酯-d$_4$（DMP-d$_4$）和二(2-乙基己基)邻苯二甲酸酯-d$_4$（DEHP-d$_4$）作为内标物。称取 0.100 g（精确至 0.1 mg）内标物置于 1 mL 容量瓶中，用丙酮（5.7）溶解定容至容量瓶标线。将配好的溶液转移至密实瓶（6.7）中，在 -18 ℃以下冷冻、避光保存，保存期为 1 年。也可直接购买市售有证标准溶液，并按照制造商的产品说明书保存。

5.18 内标物使用液：ρ=1 000 mg/L。

移取 250 μL 内标物标准贮备溶液（5.17）置于 1 mL 棕色容量瓶中，用正己烷（5.8）稀释定容至容量瓶标线。将配好的溶液转移至密实瓶（6.7）中，在 4 ℃以下冷藏、避光保存，保存期为 6 个月。也可直接购买市售有证标准溶液，并按照制造商的产品说明书保存。

5.19 替代物标准贮备溶液：ρ=10.0 μg/mL。

选用邻苯二甲酸二丁酯-d$_4$（DBP-d$_4$）作为替代物。称取 0.100 g（精确至 0.1 mg）替代物置于 10 mL 容量瓶中，用丙酮（5.7）溶解定容至容量瓶标线。将配好的溶液转移至密实瓶（6.7）中，在 -18 ℃以下冷冻、避光保存，保存期为 1 年。也可直接购买市售有证标准溶液，并按照制造商的产品说明书保存。

5.20 替代物标准使用液：ρ=1 000 mg/L。

移取 1 mL 替代物贮备溶液（5.19）置于 10 mL 棕色容量瓶中，用正己烷（5.8）或丙酮（5.7）稀释定容至容量瓶标线。将配好的溶液转移至密实瓶（6.7）中，在 4 ℃以下冷藏、避光保存，保存期为 6 个月。也可直接购买市售有证标准溶液，并按照制造商的产品说明书保存。

5.21 十氟三苯基膦（DFTPP）溶液：ρ=50.0 mg/L。

直接购买市售有证标准溶液。其他浓度的溶液用二氯甲烷（5.5）稀释至 50.0 mg/L。

5.22 固相萃取柱：规格为 500 mg/6 mL，反相 C$_{18}$、苯乙烯/二乙烯苯-N-乙烯基吡咯烷酮聚合物或其他等效固相萃取柱。

5.23 固相萃取膜/圆盘：反相 C$_{18}$、苯乙烯/二乙烯苯-N-乙烯基吡咯烷酮聚合物或其他等效固相萃取膜/圆盘。

5.24 净化柱：弗罗里硅土柱、硅胶柱或氧化铝柱，规格为 1 000 mg/6 mL。

可根据样品中杂质的含量选择适宜容量的商业化弗罗里硅土柱、硅胶柱或氧化铝柱，亦可选择其他等效净化柱。

5.25 氮气：纯度 ≥99.999%。

5.26 氦气：纯度 ≥99.999%。

6. 仪器和设备

除非另有说明，分析时均使用符合国家标准的 A 级玻璃量器。

6.1 采样瓶：1 L 具塞磨口棕色玻璃细口瓶或具聚四氟乙烯（PTFE）衬垫螺旋盖的棕色玻璃瓶。

6.2 气相色谱-质谱仪：具毛细管分流/不分流进样口，有恒流或恒压功能；柱温箱可程序升温；具有电子轰击（EI）离子源。

6.3 色谱柱：石英毛细管柱，30 m（长）× 0.25 mm（内径）× 0.25 μm（膜厚），固定相为

5%苯基/95%甲基聚硅氧烷,或使用其他等效毛细管色谱柱。

6.4 萃取设备:液液萃取装置、自动固相萃取仪或其他萃取装置。

6.5 浓缩设备:旋转蒸发装置、K-D浓缩仪或氮吹仪等性能相当的设备。

6.6 马弗炉。

6.7 密实瓶:棕色玻璃瓶,1 mL、2 mL、10 mL,带聚四氟乙烯(PTFE)衬垫螺旋盖。

6.8 分液漏斗:1.5 L或2 L,Teflon(特氟龙)活塞不涂润滑油。

6.9 一般实验室常用仪器和设备。

7. 样品

7.1 样品的采集和保存

按照GB 17378.3、GB/T 14581、HJ 91.1、HJ 91.2、HJ 164、HJ 442.3和HJ 493的相关规定进行样品的采集和保存。采集样品时不应用样品预洗采样瓶。样品在运输过程中应避光、密封,于4 ℃以下冷藏。如样品不能及时分析,应用盐酸溶液(5.10)调节pH值至不大于2,在4 ℃以下冷藏、避光、密封保存,保存时间不超过7 d。萃取液需在4 ℃以下密封、避光保存,14 d内完成分析。

每批样品应至少采集1个全程序空白样品,将1份实验用水放入样品瓶中密封,并带到采样现场,与采样瓶同时开盖和密封,之后一起运回实验室。

7.2 试样的制备

7.2.1 萃取

7.2.1.1 液液萃取

准确量取1 L水样置于分液漏斗(6.8)中,用盐酸溶液(5.10)或氢氧化钠溶液(5.11)调节pH值为2~7,加入10.0 mL丙酮(5.7)和至少15 g氯化钠(5.3),振摇使其完全溶解,加入10 µL替代物标准使用液(5.20),混匀。加入50 mL二氯甲烷(5.5),萃取10 min(注意放气),静置分层,有机相通过无水硫酸钠(5.4)脱水后收集于浓缩瓶中。重复上述操作2~3次,合并萃取液,用少量二氯甲烷(5.5)冲洗无水硫酸钠,萃取液和冲洗液全部收集至浓缩瓶中,待浓缩。

注:用二氯甲烷萃取时注意放气;若萃取时出现乳化现象,可采用盐析、搅动、离心、冷冻或用玻璃棉过滤等方法破乳。

7.2.1.2 固相萃取

7.2.1.2.1 活化

移取5 mL二氯甲烷-正己烷混合溶液(5.12)浸泡2 min并清洗固相萃取柱(5.22)或固相萃取膜片(5.23),再用5 mL甲醇(5.6)浸泡2 min预润湿固相萃取柱或膜片,最后用5 mL实验用水冲洗固相萃取柱或膜。活化时不要让溶剂和水流干(液面不低于吸附剂顶部),要保证固相萃取柱或膜处于湿润和活化状态,备用。

7.2.1.2.2 水样的富集

准确量取200 mL水样,用盐酸溶液(5.10)或氢氧化钠溶液(5.11)调节pH值为2~7,加入10.0 µL替代物标准使用液(5.20),混匀,用固相萃取柱以5~10 mL/min的流速进行富集,或用固相萃取膜片以约 50 mL/min 的流速进行富集。待样品完全通过固相萃取填料后,用 10 mL 实验用水冲洗上样瓶和管路,抽干填料上残留的水。

7.2.1.2.3 试样的洗脱

用 10 mL 二氯甲烷 - 正己烷混合溶液(5.12)以 2~3 mL/min 的流速洗脱固相萃取柱,或以约 40 mL/min 的流速洗脱固相萃取膜片。萃取液过无水硫酸钠(5.4)干燥,用 5 mL 二氯甲烷 - 正己烷混合溶液(5.12)洗涤接收管和无水硫酸钠(5.4),合并洗脱液。

注:可根据仪器说明书和萃取膜的特性,选择经验证的固相萃取条件参数;固相萃取法不适合高悬浮物含量的水样。

7.2.2 浓缩

用浓缩设备(6.5)将萃取液(7.2.1)浓缩至约 1 mL。若无须净化,加入 10 μL 内标物使用液(5.18),用正己烷(5.8)定容至 1.0 mL,混匀,转移至样品瓶中,待测。如需净化,将浓缩液转换溶剂为正己烷(5.8),待净化。

7.2.3 净化

用 5 mL 乙酸乙酯 - 正己烷混合溶液(5.13)冲洗净化柱(5.24),并浸润 5 min,弃去流出液,保持液面稍高于柱床,将浓缩液(7.2.2)转移至柱内,用 2~3 mL 正己烷(5.8)洗涤浓缩瓶 2~3 次,并转移至柱内,打开控制阀,控制流速为 2~3 mL/min,弃去流出液。在溶剂流干之前,关闭控制阀。用 5 mL 乙酸乙酯 - 正己烷混合溶液(5.13)洗脱,接收洗脱液,浓缩后加入 10 μL 内标物使用液(5.18),用正己烷(5.8)定容至 1.0 mL,混匀,转移至样品瓶中,待测。

7.3 空白试样的制备

7.3.1 实验室空白

用实验用水代替样品,按照与试样的制备(7.2)相同的操作步骤制备实验室空白试样。

7.3.2 全程序空白

按照与试样的制备(7.2)相同的操作步骤制备全程序空白试样。

8. 分析步骤

8.1 仪器参考条件

8.1.1 气相色谱仪参考条件

进样口温度:280 ℃。进样量:1.0 μL。不分流进样。柱流量:1.0 mL/min。程序升温:100 ℃保持 1 min,以 15 ℃/min 的速率升温至 200 ℃,再以 30 ℃/min 的速率升温至 280 ℃,保持 5 min。

8.1.2 质谱仪参考条件

离子源:电子轰击(EI)离子。电离能:70 eV。离子源温度:230 ℃。接口温度:280 ℃。四极杆温度:150 ℃。溶剂延迟时间:4 min。数据采集方式:全扫描(Scan)模式。扫描范围:35~450 u。

8.2 校准

8.2.1 仪器性能检查

绘制标准曲线前进行气相色谱 - 质谱仪性能检查。先进行质谱自动调谐,仪器合格后将气相色谱-质谱仪条件设定为分析方法要求的仪器条件,通过气相色谱进样口直接注入 1.0 μL DFTPP 溶液(5.21),其质量碎片的离子丰度应满足表1的要求,否则检查质谱系统,必要时进行清洗、维护后重新进行质谱自动调谐,然后进行 DFTPP 性能检查。

表1 DFTPP 的关键离子及其丰度标准

质荷比(m/z)	相对丰度	质荷比(m/z)	相对丰度
51	198峰(基峰)的30%~60%	199	基峰的5%~9%
68	小于69峰的2%	275	基峰的10%~30%
70	小于69峰的2%	365	大于基峰的1%
127	基峰的40%~60%	441	存在且小于443峰
197	小于基峰的1%	442	等于基峰或大于198峰的40%
198	等于基峰或大于442峰的50%	443	442峰的17%~23%

8.2.2 标准系列溶液的配制和测定

移取适量脂肪族二元酸酯类混合标准使用液(5.16)和替代物标准使用液(5.20)置于 5 mL 容量瓶中,加入 50 μL 内标物使用液(5.18),以正己烷(5.8)为溶剂,配制成目标化合物和替代物的质量浓度为 2.0 mg/L、5.0 mg/L、10.0 mg/L、20.0 mg/L、50.0 mg/L、100.0 mg/L 的标准系列溶液。也可根据仪器的灵敏度或样品中目标化合物的浓度配制成其他适合气相色谱-质谱仪测定的质量浓度系列。

按照仪器参考条件(8.1),从低浓度到高浓度依次进样测定标准系列溶液,记录标准系列溶液目标化合物(或替代物)及相对应的内标物的保留时间、目标离子和定性离子的峰面积,采用内标物法进行定量分析。

当样品中目标化合物的定量离子有干扰时,可以使用定性离子定量。定量离子、定性离子参见附录 B。

若样品中待测物质的浓度超出标准系列溶液的范围,样品需稀释后测定。

8.2.3 标准曲线法

以目标化合物(或替代物)的质量浓度为横坐标,目标化合物(或替代物)和对应的内标物定量离子响应值的比值与内标物的质量浓度的乘积为纵坐标,用最小二乘法绘制标准曲线。

8.2.4 平均相对响应因子法

标准系列中溶液第 i 点目标化合物(或替代物)的相对响应因子(RRF_i)按照式(1)计算。

$$RRF_i = \frac{A_i}{A_{ISi}} \times \frac{\rho_{ISi}}{\rho_i} \tag{1}$$

式中:RRF_i——标准系列溶液中第 i 点目标化合物(或替代物)的相对响应因子;

A_i——标准系列溶液中第 i 点目标化合物(或替代物)定量离子的峰面积;

A_{ISi}——标准系列溶液中第 i 点与目标化合物相对应的内标物定量离子的峰面积;

ρ_{ISi}——标准系列溶液中第 i 点与目标化合物相对应的内标物的质量浓度,mg/L;

ρ_i——标准系列溶液中第 i 点目标化合物(或替代物)的质量浓度,mg/L。

第4章 水质中典型新污染物分析测试方法

标准系列溶液中目标化合物（或替代物）的平均相对响应因子（$\overline{RRF}$）按照式（2）计算。

$$\overline{RRF} = \frac{\sum_{i=1}^{n} RRF_i}{n} \tag{2}$$

式中：$\overline{RRF}$——标准系列溶液中目标化合物（或替代物）的平均相对响应因子；

RRF_i——标准系列溶液中第 i 点目标化合物（或替代物）的相对响应因子；

n——标准系列溶液的浓度点数。

RRF 的标准偏差（SD）按照式（3）计算。

$$SD = \sqrt{\frac{\sum_{i=1}^{n}(RRF_i - \overline{RRF})^2}{n-1}} \tag{3}$$

式中：SD——RRF 的标准偏差；

RRF_i——标准系列溶液中第 i 点目标化合物（或替代物）的相对响应因子；

$\overline{RRF}$——标准系列溶液中目标化合物（或替代物）的平均相对响应因子；

n——标准系列溶液的浓度点数。

RRF 的相对标准偏差（RSD）按照式（4）计算。

$$RSD = \frac{SD}{\overline{RRF}} \times 100\% \tag{4}$$

式中：RSD——RRF 的相对标准偏差；

SD——RRT 的标准偏差；

$\overline{RRF}$——标准系列中目标化合物（或替代物）的平均相对响应因子。

8.2.5 总离子流图

目标化合物在色谱柱（6.3）上的总离子流图见图1。

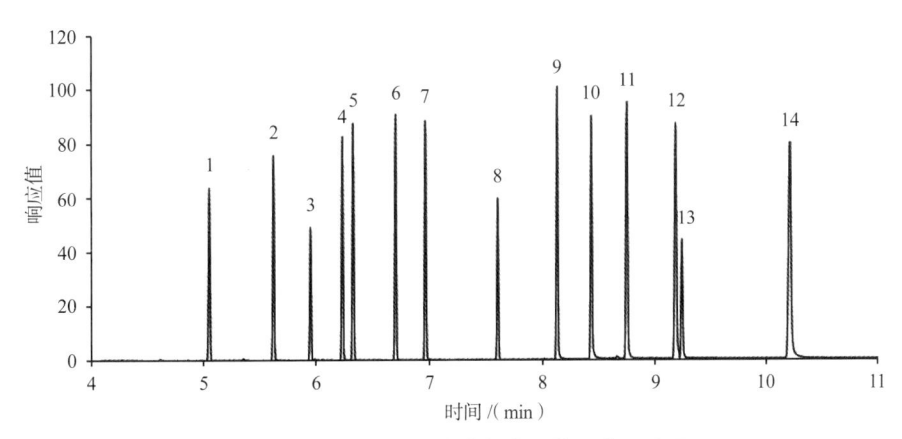

图1 脂肪族二元酸酯类化合物的总离子流图

1—己二酸二甲酯（DMA）；2—己二酸二乙酯（DEA）；3—邻苯二甲酸二甲酯-d_4（DMP-d_4，内标物）；4—壬二酸二甲酯（DMAZ）；5—己二酸二丙酯（DPA）；6—己二酸二异丁酯（DIBA）；7—己二酸二丁酯（DBA）；8—邻苯二甲酸二丁酯-d_4（DBP-d_4，替代物）；9—癸二酸二丁酯（DBS）；10—己二酸双(2-丁氧基乙基)酯（BBOEA）；11—二(2-乙基己基)己二酸酯（DEHA）；12—己二酸二辛酯（DOA）；13—二(2-乙基己基)邻苯二甲酸酯-d_4（DEHP-d_4，内标物）；14—二(2-乙基己基)癸二酸酯（DEHS）

8.3 试样的测定

按照与建立标准曲线(8.2.3)相同的仪器条件进行试样(7.2)的测定。

8.4 空白试样的测定

按照与试样的测定(8.3)相同的仪器条件进行空白试样(7.3)的测定。

9. 结果计算与表示

9.1 定性分析

通过比较样品中目标化合物与标准系列溶液中目标化合物的保留时间(RT)、质谱图、碎片离子质荷比、丰度等信息,对目标化合物进行定性。

以全扫描方式采集数据,根据目标化合物的相对保留时间(RRT)、定性离子和目标离子的丰度比(Q)定性。样品中目标化合物的相对保留时间与最新标准系列溶液中该化合物的平均相对保留时间($\overline{RRT}$)的差值应在 ±0.06 s 以内。目标化合物的定性离子应在样品中存在。样品中目标化合物的定性离子和目标离子的丰度比($Q_{样品}$)与标准曲线目标化合物的定性离子和目标离子的丰度比($Q_{标准}$)的相对偏差应在 ±30% 以内。如果样品中存在明显的背景干扰,应扣除背景影响。

目标化合物的相对保留时间(RRT)按照式(5)计算。

$$RRT = \frac{RT_i}{RT_{is}} \tag{5}$$

式中:RRT——目标化合物的相对保留时间;

RT_i——目标化合物的保留时间,min;

RT_{is}——内标物的保留时间,min。

标准曲线中该目标化合物所有浓度点相对保留时间的平均值($\overline{RRT}$)按照式(6)计算。

$$\overline{RRT} = \frac{\sum_{i=1}^{n} RRT_i}{n} \tag{6}$$

式中:$\overline{RRT}$——标准曲线中该目标化合物所有浓度点相对保留时间的平均值;

RRT_i——标准曲线中该目标化合物第 i 个浓度点的相对保留时间;

n——标准曲线的浓度点数。

定性离子和定量离子的峰面积比(Q)按照式(7)计算。

$$Q = \frac{A_q}{A_t} \times 100\% \tag{7}$$

式中:Q——定性离子和定量离子的峰面积比;

A_q——定性离子的峰面积;

A_t——定量离子的峰面积。

9.2 定量分析

9.2.1 平均相对响应因子法

采用平均相对响应因子法进行计算时,样品中目标化合物(或替代物)的质量浓度(ρ)按照式(8)计算。

第4章 水质中典型新污染物分析测试方法

$$\rho = \frac{A_{ex} \times \rho_{is} \times V_2}{A_{is} \times \overline{RRF} \times V_1} \times D \tag{8}$$

式中：ρ——样品中目标化合物（或替代物）的质量浓度，mg/L；

A_{ex}——目标化合物（或替代物）定量离子的峰面积；

ρ_{is}——内标物的质量浓度，mg/L；

V_2——试样体积，mL；

A_{is}——内标物定量离子的峰面积；

$\overline{RRF}$——目标化合物的平均相对响应因子；

V_1——样品体积，mL；

D——试样的稀释倍数。

注：若标准系列溶液中某个目标化合物相对响应因子（RRF）的相对标准偏差（RSD）大于20%，则此目标化合物需用标准曲线进行校准。

9.2.2 标准曲线法

采用标准曲线法进行计算时，从标准曲线上查出试样中目标化合物（或替代物）的质量浓度 ρ_{ex}，样品中目标化合物（或替代物）的质量浓度（ρ）按照式（9）计算。

$$\rho = \frac{\rho_{ex} \times V_2}{V_1} \times D \tag{9}$$

式中：ρ——样品中目标化合物（或替代物）的质量浓度，mg/L；

ρ_{ex}——试样中目标化合物（或替代物）的质量浓度，mg/L；

V_2——试样体积，mL；

V_1——样品体积，mL；

D——试样的稀释倍数。

9.3 结果表示

测定结果小数点后位数的保留与方法检出限一致，最多保留3位有效数字。

10. 准确度

10.1 精密度

在实验室对不同加标浓度的空白水、地下水、海水、地表水、生活污水和工业废水样品进行测定。液液萃取法加标浓度分别为 10.0 μg/L、20.0 μg/L、50.0 μg/L、100.0 μg/L，相对标准偏差为 5.2%~14.0%。固相萃取法加标浓度分别为 20.0 μg/L、40.0 μg/L、100.0 μg/L、250.0 μg/L，相对标准偏差为 3.6%~15.0%。

10.2 正确度

在实验室对不同加标浓度的空白水、地下水、海水、地表水、生活污水和工业废水样品进行加标回收率测试。液液萃取法加标浓度分别为 10.0 μg/L、20.0 μg/L、50.0 μg/L、100.0 μg/L，加标回收率为 81.1%~114.0%。固相萃取法加标浓度分别为 20.0 μg/L、40.0 μg/L、100.0 μg/L、250.0 μg/L，加标回收率为 85.2%~115.0%。

11. 质量保证和质量控制

11.1 空白实验

每 20 个样品或每批样品(≤20 个样品/批)应至少分析 1 个全程序空白样品和 1 个实验室空白样品,测定结果应低于方法检出限。

11.2 校准

在样品分析前应建立能够覆盖样品浓度范围的包括至少 5 个浓度点的标准系列溶液,目标化合物标准曲线的相关系数不小于 0.995,或标准系列溶液各目标化合物相对响应因子的相对标准偏差不大于 20%。

每 20 个样品或每批样品(≤20 个样品)应至少测定 1 个标准曲线中间浓度点,测定结果与该点浓度的相对误差应在 ±20% 以内。

如校准出现问题,应查找原因,重新建立标准系列溶液。

11.3 平行样

每 20 个样品或每批样品(≤20 个样品/批)应至少测定 1 个平行样,测定结果的相对偏差应在 ±30% 以内。

11.4 基体加标

每 20 个样品或每批样品(≤20 个样品/批)应至少测定 1 个基体加标样品,目标化合物加标回收率应在 60%~130%。

12. 废物处理

在实验中产生的废弃物应分类收集,集中保管,并做好标识,依法委托有资质的单位进行处置。

13. 注意事项

13.1 在实验过程中应避免使用塑料和其他材质的易产生干扰的器皿。

13.2 使用气相色谱-质谱仪分析脂肪族二元酸酯类化合物前,应清洗、维护仪器系统、进样隔垫和衬管等。

附 录 A
（规范性附录）
方法检出限和测定下限

表 A.1 给出了液液萃取法取样量为 1 L 以及固相萃取法取样量为 200 mL、浓缩体积为 1.0 mL、进样量为 1.0 μL 时,二(2-乙基己基)己二酸酯等脂肪族二元酸酯类化合物的方法检出限和测定下限。

表 A.1 方法检出限和测定下限

序号	中文名称	英文名称	液液萃取法 方法检出限 /(μg/L)	液液萃取法 测定下限 /(μg/L)	固相萃取法 方法检出限 /(μg/L)	固相萃取法 测定下限 /(μg/L)
1	己二酸二甲酯	Dimethyl adipate	2	8	5	20
2	己二酸二乙酯	Diethyl adipate	1	4	3	12

续表

序号	中文名称	英文名称	液液萃取法 方法检出限/(μg/L)	液液萃取法 测定下限/(μg/L)	固相萃取法 方法检出限/(μg/L)	固相萃取法 测定下限/(μg/L)
3	己二酸二丙酯	Dipropyl adipate	1	4	3	12
4	壬二酸二甲酯	Dimethyl azelate	1	4	3	12
5	己二酸二异丁酯	Diisobutyl adipate	1	4	3	12
6	己二酸二丁酯	Dibutyl adipate	1	4	2	8
7	癸二酸二丁酯	Dibutyl sebacate	1	4	3	12
8	己二酸双(2-丁氧基乙基)酯	Bis(2-butoxyethyl) adipate	1	4	5	20
9	二(2-乙基己基)己二酸酯	Di(2-ethylhexyl) adipate	1	4	3	12
10	己二酸二辛酯	Dioctyl adipate	2	8	5	20
11	二(2-乙基己基)癸二酸酯	Bis(2-ethylhexyl) sebacate	2	8	10	40

附 录 B
（资料性附录）
目标化合物的测定参考参数

表 B.1 按出峰顺序给出了目标化合物、内标物、替代物的中文名称、英文缩写、CAS 编号、分子式、分子量、定量离子质荷比和定性离子质荷比等测定参考参数。

表 B.1 目标化合物、内标物、替代物的测定参考参数

序号	中文名称	英文缩写	CAS 编号	分子式	分子量/(g/mol)	定量离子质荷比(m/z)	定性离子质荷比(m/z)	定量内标物
1	己二酸二甲酯	DMA	627-93-0	$C_8H_{14}O_4$	174.2	114	112,143	1
2	己二酸二乙酯	DEA	141-28-6	$C_{10}H_{18}O_4$	202.3	111	157,128	1
3	壬二酸二甲酯	DMAZ	1732-10-1	$C_{11}H_{20}O_4$	216.3	152	55,74	1
4	己二酸二丙酯	DPA	106-19-4	$C_{12}H_{22}O_4$	230.3	171	129,111	1
5	己二酸二异丁酯	DIBA	141-04-8	$C_{14}H_{26}O_4$	258.4	129	57,185	1
6	己二酸二丁酯	DBA	105-99-7	$C_{14}H_{26}O_4$	258.4	185	129,41	1
7	癸二酸二丁酯	DBS	109-43-3	$C_{18}H_{34}O_4$	314.5	241	185,56	2
8	己二酸双(2-丁氧基乙基)酯	BBOEA	141-18-4	$C_{18}H_{34}O_6$	346.5	57	155,173	2
9	二(2-乙基己基)己二酸酯	DEHA	103-23-1	$C_{22}H_{42}O_4$	370.6	129	147,57	2
10	己二酸二辛酯	DOA	123-79-5	$C_{22}H_{42}O_4$	370.6	129	241,55	2
11	二(2-乙基己基)癸二酸酯	DEHS	122-62-3	$C_{26}H_{50}O_4$	426.7	185	57,70	2

续表

序号	中文名称	英文缩写	CAS 编号	分子式	分子量 /(g/mol)	定量离子质荷比 (m/z)	定性离子质荷比 (m/z)	定量内标物
12	邻苯二甲酸二甲酯-d$_4$（内标物1）	DMP-d$_4$	93 951-89-4	C$_{10}$H$_6$D$_4$O$_4$	198.2	167	198, 137	—
13	二(2-乙基己基)邻苯二甲酸酯-d$_4$（内标物2）	DEHP-d$_4$	93 951-87-2	C$_{24}$H$_{34}$D$_4$O$_4$	394.6	153	171, 283	—
14	邻苯二甲酸二丁酯-d$_4$（替代物）	DBP-d$_4$	93 952-11-5	C$_{16}$H$_8$D$_4$O$_4$	282.4	153	227, 209	1/2

4.5 水质 4种有机锡类化合物的测定 液液萃取/气相色谱-质谱法

1. 适用范围

本方法规定了测定水中4种有机锡类化合物的液液萃取/气相色谱-质谱法。

本方法适用于测定地表水、地下水、海水、生活污水和工业废水中的二丁基氯化锡、三丁基氯化锡、二苯基氯化锡、三苯基氯化锡等4种有机锡类化合物。

当取样体积为1 000 mL、定容体积为1.0 mL、进样体积为1.0 μL时,二丁基氯化锡、三丁基氯化锡、二苯基氯化锡、三苯基氯化锡的方法检出限为0.02~0.04 μg/L,测定下限为0.08~0.16 μg/L,详见附录A。

2. 规范性引用文件

本方法引用了下列文件或其中的条款。凡是注明日期的引用文件,仅注日期的版本适用于本方法。凡是未注日期的引用文件,其最新版本(包括所有的修改单)适用于本方法。

GB 17378.3《海洋监测规范 第3部分:样品采集、贮存与运输》

HJ 91.1《污水监测技术规范》

HJ 91.2《地表水环境质量监测技术规范》

HJ 164《地下水环境监测技术规范》

HJ 442.3《近岸海域环境监测技术规范 第三部分 近岸海域水质监测》

3. 方法原理

样品中的有机锡类化合物在pH值为4.5时经四乙基硼化钠衍生后由正己烷萃取,经气相色谱分离、质谱检测定性,用内标物法定量。

4. 试剂和材料

除非另有说明,分析时均使用符合国家标准的分析纯试剂,实验用水为新制备的不含目标化合物的纯水。

4.1 正己烷:色谱纯。

4.2 甲醇:色谱纯。

4.3 四氢呋喃:色谱纯。

4.4 乙酸:分析纯。

4.5 乙酸钠:分析纯。

4.6 4种有机锡类化合物标准贮备溶液:ρ=1 000 mg/L。

直接购买市售有证标准物质,并按照说明书的要求进行保存。

4.7 4种有机锡类化合物混合标准使用液:ρ=10 mg/L。

移取适量目标化合物标准贮备溶液(4.6),用甲醇(4.2)配制成各目标化合物浓度为10 mg/L的标准溶液,于4 ℃以下冷藏、密封、避光保存。

4.8 替代物标准贮备溶液:ρ=1 000 mg/L。

选用三苯基锡-d₁₅作为替代物,也可用其他有机锡类化合物的氘代物作为替代物。直接购买市售有证标准物质,并按照说明书的要求进行保存。

4.9 替代物标准使用液:ρ=10 mg/L。

移取适量替代物标准贮备溶液(4.8),用甲醇(4.2)配制成替代物浓度为 10 mg/L 的溶液,于 4 ℃以下冷藏、密封、避光保存。

4.10 内标物标准贮备溶液:ρ=1 000 mg/L。

选用三丁基锡-d₂₇作为内标物。直接购买市售有证标准物质,并按照说明书的要求进行保存。

4.11 内标物使用液:ρ=10 mg/L。

移取适量内标物标准贮备溶液(4.10),用甲醇(4.2)配制成内标物浓度为 10 mg/L 的溶液,于 4 ℃以下冷藏、密封、避光保存。

4.12 四乙基硼化钠:纯度 ≥98%,避光、密封保存。

4.13 四乙基硼化钠溶液:称取 1 g 四乙基硼化钠置于 5 mL 容量瓶中,用四氢呋喃(4.3)定容。

4.14 乙酸-乙酸钠缓冲溶液:称取 164 g 乙酸钠(4.5)溶于水中,加入 120 mL 乙酸(4.4)定容至 1 000 mL,pH 值控制在 4.5~4.8。

4.15 无水硫酸钠:优级纯。

经 400 ℃灼烧 4 h,置于干燥器中冷却至室温后,放入试剂瓶中密封保存。

4.16 氮气:纯度 ≥99.999%。

4.17 氦气:纯度 ≥99.999%。

5. 仪器和设备

5.1 采样瓶:1 L 棕色具塞磨口玻璃瓶。

5.2 气相色谱仪:具分流/不分流进样口。

5.3 质谱仪:电子轰击(EI)离子源。

5.4 毛细管柱:30 m × 0.25 mm × 0.25 μm,固定相为 5% 苯基/95% 甲基聚硅氧烷,或使用其他性能等效的毛细管柱。

5.5 分液漏斗:2 L。

5.6 硅胶型净化柱:规格为 1 000 mg/6mL。

5.7 氮吹仪。

5.8 一般实验室常用仪器和设备。

6. 样品

6.1 样品的采集和保存

按照 GB 17378.3、HJ 91.1、HJ 91.2、HJ 164 和 HJ 442.3 的相关规定进行样品的采集和保存。采集 1 L 水样置于采样瓶(5.1)中,用乙酸或氢氧化钠将水样的 pH 值调节至 4.5,在 4 ℃以下冷藏、避光运输及保存。24 h 内完成萃取,若萃取液不能及时分析,可在 4 ℃以下避光保存 7 d。

6.2 试样的制备
6.2.1 衍生和萃取
量取 1 000 mL 水样置于分液漏斗(5.5)中,加入适量内标物使用液(4.11)和替代物标准使用液(4.9),混匀。加入 0.5 mL 四乙基硼化钠溶液(4.13),振摇 5 min,加入 50 mL 正己烷(4.1),振摇 5 min 后静置分层,收集有机相。重复萃取 2 次,合并有机相,使萃取液通过无水硫酸钠(4.15)脱水干燥,待浓缩。

6.2.2 浓缩和定容
将洗脱液用氮吹仪(5.7)浓缩至约 1 mL,用正己烷定容至 1.0 mL,待测。

6.3 空白试样的制备
用实验用水代替样品,按照与试样的制备(6.2)相同的步骤进行空白试样的制备。

7. 分析步骤
7.1 仪器参考条件
7.1.1 气相色谱仪参考条件
进样口温度:270 ℃。进样量:1.0 μL。分流进样,分流比为 5:1。传输线温度:270 ℃。程序升温:初始温度 100 ℃,以 10 ℃/min 的速率升温至 150 ℃,保持 5 min,以 20 ℃/min 的速率升温至 300 ℃。

7.1.2 质谱仪参考条件
离子源温度:230 ℃。四级杆温度:150 ℃。数据采集方式:选择离子扫描(SIM)模式。每种化合物的保留时间、定量离子质荷比和定性离子质荷比参见附录 B。

7.2 校准
7.2.1 建立标准曲线
量取 1 000 mL 水样置于分液漏斗(5.5)中,加入一定体积的有机锡类化合物混合标准使用液(4.7)、内标物使用液(4.11)和替代物标准使用液(4.9),按照与试样的制备(6.2)相同的步骤进行标准曲线的建立。有机锡类化合物和替代物的质量浓度分别为 50 μg/L、100 μg/L、200 μg/L、500 μg/L、1 000 μg/L、2 000 μg/L,内标物的质量浓度为 1 000 μg/L。

按照仪器参考条件(7.1)进行分析,得到不同浓度的各目标化合物的质谱图,以平均相对响应因子绘制标准曲线。

7.2.2 计算平均相对响应因子
标准系列溶液中第 i 点目标化合物的相对响应因子(RRF_i)按照式(1)计算。

$$RRF_i = \frac{A_i}{A_{ISi}} \times \frac{\rho_{ISi}}{\rho_i} \tag{1}$$

式中:RRF_i——标准系列溶液中第 i 点目标化合物的相对响应因子;

A_i——标准系列溶液中第 i 点目标化合物定量离子的峰面积;

A_{ISi}——标准系列溶液中第 i 点与目标化合物相对应的内标物定量离子的峰面积;

ρ_{ISi}——标准系列溶液中第 i 点与目标化合物相对应的内标物的质量浓度,μg/L;

ρ_i——标准系列溶液中第 i 点目标化合物的质量浓度,μg/L。

标准系列溶液中目标化合物的平均相对响应因子($\overline{RRF}$)按照式(2)计算。

$$\overline{RRF} = \frac{\sum_{i=1}^{n} RRF_i}{n} \tag{2}$$

式中：$\overline{RRF}$——标准系列溶液中目标化合物的平均相对响应因子；

RRF_i——标准系列溶液中第 i 点目标化合物的相对响应因子；

n——标准曲线的浓度点数。

RRF 的标准偏差(SD)按照式(3)计算。

$$SD = \sqrt{\frac{\sum_{i=1}^{n}\left(RRF_i - \overline{RRF}\right)^2}{n-1}} \tag{3}$$

式中：SD——RRF 的标准偏差；

RRF_i——标准系列溶液中第 i 点目标化合物的相对响应因子；

$\overline{RRF}$——标准系列溶液中目标化合物的平均相对响应因子；

n——标准曲线的浓度点数。

RRF 的相对标准偏差(RSD)按照式(4)计算。

$$RSD = \frac{SD}{\overline{RRF}} \times 100\% \tag{4}$$

式中：RSD——RRF 的相对标准偏差；

SD——RRF 的标准偏差；

$\overline{RRF}$——标准系列溶液中目标化合物的平均相对响应因子。

7.2.3 选择离子流图

在仪器参考条件(7.1)下，有机锡类化合物的选择离子流图(SIM)见图1。

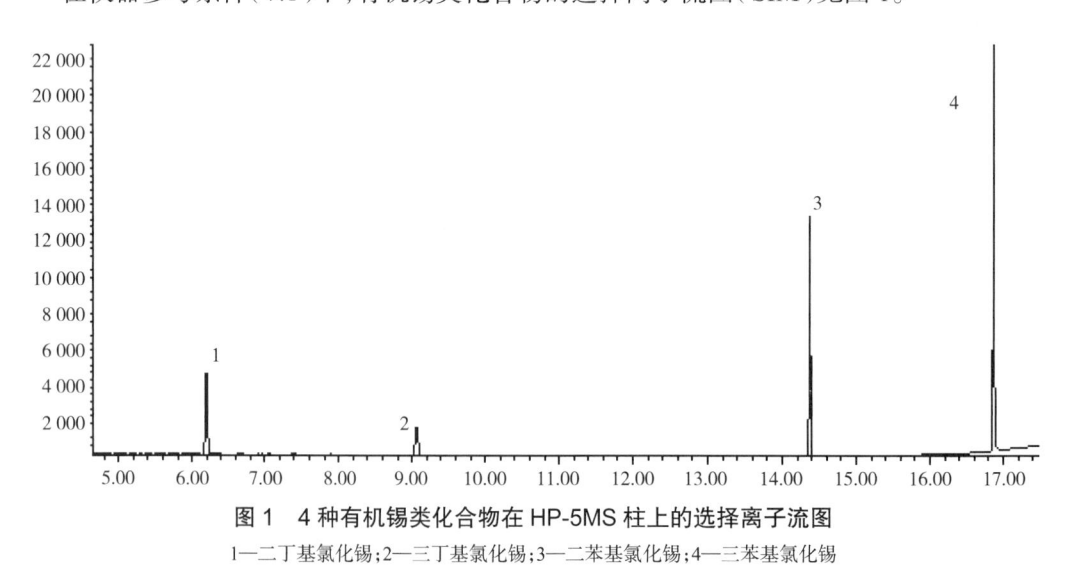

图1 4种有机锡类化合物在HP-5MS柱上的选择离子流图

1—二丁基氯化锡；2—三丁基氯化锡；3—二苯基氯化锡；4—三苯基氯化锡

7.3 试样的测定

按照与建立标准曲线(7.2.1)相同的仪器条件进行试样(6.2)的测定。当试样的浓度超出标准曲线的线性范围时,应适当减少取样量或将水样稀释,重新制备试样并测定。

7.4 空白试样的测定

按照与试样的测定(7.3)相同的仪器条件进行空白试样(6.3)的测定。

8. 结果计算与表示

8.1 定性分析

通过比较样品中目标化合物与标准曲线中目标化合物的保留时间、质谱图、碎片离子质荷比、丰度等信息,对目标化合物进行定性。

样品中目标化合物的保留时间与标准曲线中目标化合物的保留时间的相对偏差应控制在 ±3% 之内;目标化合物的标准质谱图中相对丰度高于 30% 的所有离子应在样品的质谱图中存在,样品的质谱图和目标化合物的标准质谱图中上述特征离子的相对丰度偏差应在 ±30% 以内。如果样品中存在明显的背景干扰,应扣除背景影响。

8.2 定量分析

当目标化合物采用平均相对响应因子进行计算时,样品中目标化合物的质量浓度 ρ_x 按照式(5)计算。

$$\rho_x = \frac{V_1 \times A_x \times \rho_{is}}{V_2 \times A_{is} \times \overline{RRF}} \times D \tag{5}$$

式中:ρ_x——样品中目标化合物的质量浓度,μg/L;

V_1——试样的定容体积,mL;

A_x——样品中目标化合物定量离子的峰面积;

ρ_{is}——内标物的质量浓度,μg/L;

V_2——取样体积,mL;

A_{is}——内标物定量离子的峰面积;

$\overline{RRF}$——目标化合物的平均相对响应因子;

D——试样的稀释倍数。

8.3 结果表示

测定结果小数点后位数的保留与方法检出限一致,最多保留 3 位有效数字。

9. 准确度

9.1 精密度

在实验室分别对加标浓度为 0.20 μg/L、0.50 μg/L 和 1.00 μg/L 的空白样品进行 6 次重复测定,相对标准偏差分别为 18.7%~25.4%、15.2%~19.4% 和 8.9%~16.7%。

9.2 正确度

在实验室分别对加标浓度为 0.20 μg/L、0.50 μg/L 和 1.00 μg/L 的空白样品进行 6 次重复测定,加标回收率分别为 72.0%~92.5%、78.0%~117.0% 和 86.5%~121.0%。

10. 质量保证和质量控制

10.1 空白实验

每 20 个样品或每批样品(≤20 个样品/批)应至少测定 1 个实验室空白样品,测定结果应低于测定下限。

10.2 校准

标准系列溶液至少配制 5 个浓度点，目标化合物相对响应因子（RRF）的相对标准偏差（RSD）≤30%。

每 24 h 应测定 1 个标准曲线中间浓度点，其测定结果与该点浓度的相对偏差应在 ±30% 以内，否则至少应重新建立标准曲线。

10.3 平行样

每 20 个样品或每批样品（≤20 个样品/批）应至少测定 1 个平行样，相对偏差 ≤30%。

10.4 基体加标

每 20 个样品或每批样品（≤20 个样品/批）应至少测定 1 个基体加标样品，目标化合物加标回收率和替代物回收率应在 70%~130%。

11. 废物处理

在实验中产生的废弃物应分类收集，集中保管，并做好标识，依法委托有资质的单位进行处置。

附 录 A
（规范性附录）
方法检出限和测定下限

表 A.1 给出了液液萃取法当取样量为 1 L、浓缩体积为 1.0 mL、进样量为 1.0 μL 时，二丁基氯化锡、三丁基氯化锡、二苯基氯化锡、三苯基氯化锡的方法检出限和测定下限。

表 A.1 方法检出限和测定下限

序号	中文名称	英文名称	液液萃取法	
			方法检出限/(μg/L)	测定下限/(μg/L)
1	二丁基氯化锡	Dibutyltin dichloride	0.04	0.16
2	三丁基氯化锡	Tri-n-butyltin chloride	0.04	0.16
3	二苯基氯化锡	Diphenyltin dichloride	0.02	0.08
4	三苯基氯化锡	Triphenyltin chloride	0.03	0.12

附 录 B
（资料性附录）
目标化合物的测定参考参数

表 B.1 按出峰顺序给出了目标化合物的名称、分子式、CAS 编号、分子量、定量离子质荷比和定性离子质荷比等测定参考参数。

表 B.1 目标化合物的测定参考参数

序号	化合物名称	分子式	CAS 编号	分子量/(g/mol)	定量离子质荷比(m/z)	定性离子质荷比(m/z)
1	二丁基氯化锡	$C_8H_{18}Cl_2Sn$	683-18-1	303.84	207	263.205,261
2	三丁基氯化锡	$C_{12}H_{27}ClSn$	1461-22-9	325.506	263	291.261,289
3	二苯基氯化锡	$C_{12}H_{10}Cl_2Sn$	1135-99-5	343.82	303	301.197,275
4	三苯基氯化锡	$C_{18}H_{15}ClSn$	639-58-7	385.47	351	349.347,197

4.6 水质 得克隆的测定
气相色谱-三重四极杆质谱法

1. 适用范围

本方法规定了测定水中得克隆的气相色谱-三重四极杆质谱法。

本方法适用于地表水、地下水、海水、生活污水和工业废水中得克隆的测定。

当取样体积为1 L、定容体积为1.0 mL时,得克隆的方法检出限为0.2 ng/L,测定下限为0.8 ng/L。

2. 规范性引用文件

本方法引用了下列文件或其中的条款。凡是注明日期的引用文件,仅注日期的版本适用于本方法。凡是未注日期的引用文件,其最新版本(包括所有的修改单)适用于本方法。

GB 17378.3《海洋监测规范 第3部分:样品采集、贮存与运输》

HJ 91.1《污水监测技术规范》

HJ 91.2《地表水环境质量监测技术规范》

HJ 164《地下水环境监测技术规范》

HJ 442.3《近岸海域环境监测技术规范 第三部分 近岸海域水质监测》

GB/T 6682《分析实验室用水规格和试验方法》

3. 方法原理

采用液液萃取法萃取样品中的得克隆,萃取液经脱水、浓缩、净化、定容后,用气相色谱仪分离,用三重四极杆质谱仪检测。根据保留时间、碎片离子质荷比和不同离子的丰度比定性,用内标物法定量。

4. 试剂和材料

除非另有说明,分析时均使用符合国家标准的优级纯试剂,实验用水为一级水。

4.1 二氯甲烷:色谱纯。

4.2 正己烷:色谱纯。

4.3 二氯甲烷-正己烷混合溶液:1∶4(体积比)。

4.4 得克隆(顺式得克隆、反式得克隆)标准溶液:ρ=100 μg/mL,溶剂为正己烷。

直接购买市售有证标准溶液,在4 ℃以下密封、避光保存,或参考生产商推荐的保存条件。

4.5 内标物(IS)溶液:碳13取代PCB209,ρ=5.0 μg/mL,溶剂为正己烷。

可直接购买市售有证标准溶液,也可用标准物质制备,用正己烷稀释。在4 ℃以下密封、避光保存,或参考生产商推荐的保存条件。也可使用其他同位素标记内标物。

4.6 替代物溶液:碳13取代反式得克隆,ρ=1.0 μg/mL,溶剂为正己烷。

可直接购买市售有证标准溶液,也可用标准物质制备,用正己烷稀释。在4 ℃以下密封、避光保存,或参考生产商推荐的保存条件。也可使用其他同位素标记替代物。

4.7 无水硫酸钠(Na_2SO_4):优级纯。

4.8 硅胶:200~80 目。

将一定量的硅胶置于烧杯中,加入适量甲醇使其液面高于硅胶层 1~2 cm,用玻璃棒搅拌 1~2 min 后弃去甲醇,重复该步骤 2 次;用二氯甲烷继续清洗 2 次,弃去二氯甲烷。将硅胶在蒸发皿中摊开,厚度小于 10 mm。待二氯甲烷挥发完全后,将硅胶置于干燥箱中,在 130 ℃下干燥 16 h,再在干燥器中冷却 30 min,装入试剂瓶中密封,置于干燥器中保存。

4.9 硅藻土:20~15 目。

将硅藻土置于马弗炉中在 450 ℃下灼烧 4 h,冷却至室温后装入磨口玻璃瓶中,置于干燥器中保存。

4.10 弗罗里硅土:200~80 目。

将弗罗里硅土置于马弗炉中在 450 ℃下灼烧 4 h,冷却至室温后装入磨口玻璃瓶中,置于干燥器中保存。

4.11 2% 氢氧化钠硅胶。

取 98 g 硅胶放至玻璃分液漏斗中,逐滴加入 40 mL 氢氧化钠溶液,充分振摇后通过减压旋转蒸发、真空干燥等方式除去碱性硅胶中的大部分水分,使硅胶变成粉末状。将制成的硅胶装入试剂瓶密封,保存在干燥器中。

4.12 44% 硫酸硅胶。

取 56 g 硅胶放至玻璃分液漏斗中,逐滴加入 44 g 硫酸,充分振摇使硅胶变成粉末状。将制成的硅胶装入试剂瓶密封,保存在干燥器中。

4.13 铜(Cu)粉:99.5%。

使用前将铜粉浸泡于硝酸溶液中 10 min,去除表面的氧化层,用水洗涤至中性后依次用甲醇和正己烷洗涤 3 次,加正己烷密封保存。

4.14 石英丝或石英棉。

4.15 氮气:99.999%。

4.16 氦气:99.999%。

4.17 氩气:99.999%。

5. 仪器和设备

5.1 样品瓶:1 L、2 L 或 10 L 棕色具塞磨口玻璃瓶。

5.2 气相色谱-三重四极杆质谱仪:电子轰击(EI)离子源。

5.3 色谱柱:石英毛细管柱,15 m × 0.25 mm × 0.1 μm,固定相为 5% 苯基/95% 甲基聚硅氧烷,或其他等效色谱柱。

5.4 分液漏斗:2 000 mL,具聚四氟乙烯活塞。

5.5 浓缩装置:氮吹仪或其他等效仪器。

5.6 微量注射器:10 μL、50 μL、100 μL、500 μL。

5.7 一般实验室常用仪器和设备。

6. 样品

6.1 样品的采集

按照 GB 17378.3、HJ 91.1、HJ 91.2、HJ 164、HJ 442.3 和 GB/T 6682 的相关规定进行样品的采集和保存。样品应收集在棕色玻璃样品瓶中,水样充满样品瓶。

6.2 样品的运输与保存

采集的样品应于 4 ℃以下冷藏运输和保存,7 d 内完成萃取。若萃取液不能及时分析,可在 4 ℃以下避光保存 14 d。

6.3 试样的制备

6.3.1 萃取

在室温下平衡样品温度。摇匀并准确量取 1 L 水样置于 2 L 分液漏斗中,添加 10 μL 替代物溶液,混匀,加入 100 mL 二氯甲烷,振摇 30 s 排气,振荡 5 min 后静置分层。重复萃取 2 次,合并 3 次的萃取液,经干燥柱脱水,用二氯甲烷淋洗干燥柱,合并萃取液和淋洗液,浓缩至 1 mL。

注:排气应在通风橱中进行,以防止交叉污染;当萃取过程出现乳化现象时,可采用搅动、离心、冷冻或用玻璃棉过滤等方法破乳。

6.3.2 净化

在层析柱底部垫一小团石英棉,加入 40 mL 正己烷。依次装填 1 g 无水硫酸钠、1 g 硅胶、2 g 弗罗里硅土、1 g 硅胶、3 g 2% 氢氧化钠硅胶、1 g 硅胶、8 g 44% 硫酸硅胶、1 g 硅胶、1 g 无水硫酸钠。排出正己烷溶液,使液面刚好与硅胶柱上层的无水硫酸钠齐平。将萃取液转移到复合硅胶柱上,用 120 mL 二氯甲烷 - 正己烷混合溶液淋洗,调节淋洗速度为约 2.5 mL/min(大约 1 滴/s),收集淋洗液。

注:若通过验证,也可使用市售成品复合硅胶柱进行净化;地下水及背景干扰小的样品萃取液可不进行净化。

6.3.3 浓缩和定容

将淋洗液浓缩至 1 mL,加入 10 μL 内标物溶液定容,待测。

6.4 空白试样的制备

用实验用水代替样品,按照与试样的制备(6.3)相同的步骤进行空白试样的制备。

7. 分析步骤

7.1 仪器参考条件

7.1.1 气相色谱仪参考条件

进样方式:脉冲或高压(120 kPa,1 min)不分流进样。进样口温度:270 ℃。进样量:1.0 μL。柱流量:2.0 mL/min。传输线温度:300 ℃。程序升温:60 ℃维持 1 min,以 30 ℃/min 的速率升温至 200 ℃(维持 1 min),再以 10 ℃/min 的速率升温至 260 ℃(维持 1 min),然后以 20 ℃/min 的速率升温至 320 ℃(维持 2 min)。

7.1.2 质谱仪参考条件

离子源:EI 源。离子源温度:290 ℃。电离能:70 eV。监测方式:SRM。

得克隆的监测离子信息见表1。

表1 得克隆监测离子信息

序号	化合物	母离子质荷比（m/z）	子离子质荷比（m/z）	碰撞能/eV
1	反式得克隆	271.8	236.8*	14
		273.8	238.8	14
2	顺式得克隆	271.8	236.8*	14
		273.8	238.8	14

注：* 为定量子离子。

7.2 校准

7.2.1 建立标准曲线

分别移取不同体积的得克隆标准溶液和替代物溶液，配制成浓度为 0.5 μg/L、1.0 μg/L、2.0 μg/L、5.0 μg/L、10.0 μg/L、50.0 μg/L、100.0 μg/L 的标准系列溶液，加入 10 μL 内标物溶液使用液，用正己烷稀释至 1.0 mL，密封，混匀。将配制好的溶液按照仪器参考条件进行分析，得到不同目标化合物的质谱图。以目标化合物浓度与内标物浓度的比值为横坐标，以目标定量离子的响应值与内标物化合物定量离子的响应值的比值为纵坐标，绘制标准曲线。

7.2.2 建立线性校准方程

以目标化合物与对应的内标物浓度比为横坐标，以定量离子的峰面积比为纵坐标，建立线性校准方程。

7.2.3 总离子流图

在仪器参考条件（7.1）下，得克隆的总离子流图见图1。

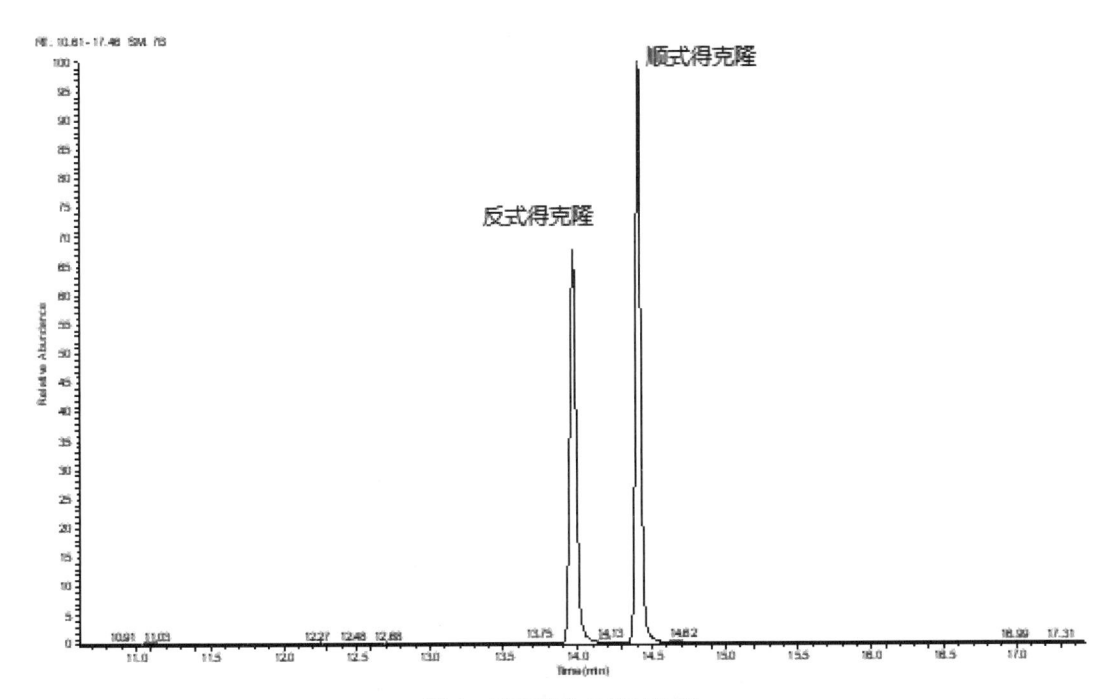

图1 得克隆的总离子流图

7.3 试样的测定
按照与建立标准曲线(7.2.1)相同的仪器条件进行试样(6.3)的测定。

7.4 空白试样的测定
按照与试样的测定(7.3)相同的步骤进行空白试样(6.4)的测定。

8. 结果计算与表示

8.1 定性分析
根据保留时间与离子丰度比例定性分析,目标化合物的保留时间应与样品中对应内标物的保留时间一致。对样品中某目标化合物定性离子的相对丰度 K_{sam} 与浓度接近的标准溶液中某目标化合物定性离子的相对丰度 K_{std} 进行比较,偏差 ≤30% 即可判定样品中存在目标化合物。

样品中某目标化合物定性离子的相对丰度 K_{sam} 按照式(1)计算。

$$K_{sam} = \frac{A_2}{A_1} \times 100\% \tag{1}$$

式中:K_{sam}——样品中某目标化合物定性离子的相对丰度;

A_2——样品中某目标化合物定性离子的峰面积;

A_1——样品中某目标化合物定量离子的峰面积。

标准溶液中某目标化合物定性离子的相对丰度 K_{std} 按照式(2)计算。

$$K_{std} = \frac{A_{std2}}{A_{std1}} \times 100\% \tag{2}$$

式中:K_{std}——标准溶液中某目标化合物定性离子的相对丰度;

A_{std2}——标准溶液中某目标化合物定性离子的峰面积;

A_{std1}——标准溶液中某目标化合物定量离子的峰面积。

8.2 定量分析
目标化合物经定性鉴别后,根据定量离子的峰面积,采用标准曲线法定量计算。

样品中目标化合物的质量浓度 ρ_s(ng/L)按照式(3)计算。

$$\rho_s = \rho_{ts} \times \frac{V_{ts}}{V_s} \times D \times 1\,000 \tag{3}$$

式中:ρ_s——样品中目标化合物的质量浓度,ng/L;

ρ_{ts}——试样中目标化合物的质量浓度,μg/L;

V_{ts}——试样的定容体积,mL;

V_s——水样的体积,mL;

D——试样的稀释倍数。

8.3 结果表示
测定结果小数点后位数的保留与方法检出限一致,最多保留3位有效数字。

9. 准确度

9.1 精密度
在实验室对不同浓度水平的目标化合物水样进行测定,相对标准偏差为6.1%~10.3%。

9.2 正确度

在实验室对不同浓度水平的目标化合物水样进行测定,加标回收率为 75.0%~106.0%。

10. 质量保证和质量控制

10.1 空白实验

每 20 个样品或每批样品(≤20 个样品/批)应至少测定 1 个实验室空白样品,测定结果应低于方法检出限。

10.2 标准曲线

标准曲线至少需 5 个浓度系列,目标化合物相对响应因子的 RSD 应不大于 20%,或者标准曲线的相关系数应不小于 0.995,否则应查找原因,重新建立标准曲线。

10.3 准确度

10.3.1 每 20 个样品或每批样品(≤20 个样品/批)应至少测定 1 个平行样,测定结果的相对偏差应在 ±30% 以内。

10.3.2 每 20 个样品或每批样品(≤20 个样品/批)应至少测定 1 个基体加标样品或有证标准物质,加标回收率应控制在 60%~130%,有证标准物质的测定值应在其给出的不确定度范围内。

10.3.3 所有样品和空白试样都需加入替代物,按与样品相同的步骤分析,每种替代物的平均回收率应为 60%~130%。

11. 废物处理

在实验中产生的废弃物应分类收集,集中保管,并做好标识,依法委托有资质的单位进行处置。

4.7 水质 8种多氯联苯的测定 气相色谱-高分辨质谱法

1.适用范围

本方法规定了测定水中8种多氯联苯的气相色谱-高分辨质谱法。

本方法适用于测定地表水、地下水、生活污水、工业废水和海水中的CB28、CB52、CB155、CB101、CB118、CB153、CB138、CB180等8种多氯联苯。

当取样体积为1 L、定容体积为100 μL时，8种多氯联苯的方法检出限为0.01~0.03 ng/L，测定下限为0.04~0.12 ng/L。

8种多氯联苯的方法检出限和测定下限如表1所示。

表1 8种多氯联苯的方法检出限和测定下限

IUPAC编号	名称	方法检出限/(ng/L)	测定下限/(ng/L)
CB28	2,4,4'-三氯联苯（2,4,4'-T_3CB）	0.02	0.08
CB52	2,2',5,5'-四氯联苯（2,2',5,5'-T_4CB）	0.02	0.08
CB155	2,2',4,4',6,6'-六氯联苯（2,2',4,4',6,6'-H_6CB）	0.02	0.08
CB101	2,2',4,5,5'-五氯联苯（2,2',4,5,5'-P_5CB）	0.01	0.04
CB118	2,3',4,4',5-五氯联苯（2,3',4,4',5-P_5CB）	0.02	0.08
CB153	2,2',4,4',5,5'-六氯联苯（2,2',4,4',5,5'-H_6CB）	0.02	0.08
CB138	2,2',3,3',4',5'-六氯联苯（2,2',3,3',4',5'-H_6CB）	0.03	0.12
CB180	2,2',3,4,4',5',6-七氯联苯（2,2',3,4,4',5',6-H_7CB）	0.02	0.08

2.规范性引用文件

本方法引用了下列文件或其中的条款。凡是注明日期的引用文件，仅注日期的版本适用于本方法。凡是未注日期的引用文件，其最新版本（包括所有的修改单）适用于本方法。

GB 17378.3《海洋监测规范 第3部分：样品采集、贮存与运输》

HJ 91.1《污水监测技术规范》

HJ 91.2《地表水环境质量监测技术规范》

HJ 164《地下水环境监测技术规范》

HJ 442.3《近岸海域环境监测技术规范 第三部分 近岸海域水质监测》

3.方法原理

采用液液萃取法萃取样品中的多氯联苯，提取液经净化、浓缩、定容后，用气相色谱-高分辨质谱法分离和测定。根据保留时间、碎片离子精确质量数和不同离子的丰度比定性，用同位素稀释内标物法定量。

4. 试剂和材料

除非另有说明,分析时均使用符合国家标准的优级纯试剂,实验用水为新制备的不含目标化合物的纯水。

4.1 二氯甲烷:农残级。

4.2 正己烷:农残级。

4.3 壬烷:农残级。

4.4 甲醇:农残级。

4.5 硫酸:ρ= 1.84 g/mL。

4.6 氢氧化钠:优级纯。

4.7 无水硫酸钠:优级纯。

将无水硫酸钠置于马弗炉中在 450 ℃下灼烧 4 h,冷却至室温后装入磨口玻璃瓶中,置于干燥器中保存。

4.8 石英棉:使用前在马弗炉中于 350 ℃下灼烧 2 h,密封保存。

4.9 硅胶:75~180 μm(200~80 目)。

将一定量的硅胶置于烧杯中,加入适量甲醇使其液面高于硅胶层 1~2 cm,用玻璃棒搅拌 1~2 min 后弃去甲醇,重复该步骤 2 次;用二氯甲烷继续清洗 2 次,弃去二氯甲烷。将硅胶在蒸发皿中摊开,厚度小于 10 mm。待二氯甲烷挥发完全后,将硅胶置于干燥箱中,在 130 ℃下干燥 16 h,再在干燥器中冷却 30 min,装入试剂瓶中密封,置于干燥器中保存。

4.10 层析硅酸镁:75~180 μm(200~80 目)。

将层析硅酸镁置于马弗炉中在 450 ℃下灼烧 4 h,冷却至室温后装入磨口玻璃瓶中,置于干燥器中保存。

4.11 2% 氢氧化钠硅胶。

取 98 g 硅胶放至玻璃分液漏斗中,逐滴加入 40 mL 氢氧化钠溶液(ρ=0.05 g/mL),充分振摇后通过减压旋转蒸发、真空干燥等方式除去碱性硅胶中的大部分水分,使硅胶变成粉末状。将制成的硅胶装入试剂瓶密封,保存在干燥器中。

4.12 44% 硫酸硅胶。

取 56 g 硅胶放至玻璃分液漏斗中,逐滴加入 44 g 硫酸,充分振摇使硅胶变成粉末状。将制成的硅胶装入试剂瓶密封,保存在干燥器中。

4.13 铜(Cu)粉:99.5%。

使用前将铜粉浸泡于硝酸溶液中 10 min,去除表面的氧化层,用水洗涤至中性后依次用甲醇和正己烷洗涤 3 次,加正己烷密封保存。

4.14 复合硅胶柱。

在层析柱底部垫一小团石英棉,加入 40 mL 正己烷。依次装填 1 g 无水硫酸钠、1 g 硅胶、2 g 弗罗里硅土、1 g 硅胶、3 g 2% 氢氧化钠硅胶、1 g 硅胶、8 g 44% 硫酸硅胶、1 g 硅胶、1 g 无水硫酸钠。排出正己烷,使液面刚好与硅胶柱上层的无水硫酸钠齐平,待用。市售商品硅胶柱经验证也可替代手填柱使用。

4.15 多氯联苯标准溶液。

包含 CB28、CB52、CB155、CB101、CB118、CB153、CB138、CB180(ρ=1.0 μg/mL),溶剂为正己烷。可直接购买市售有证标准溶液。在 4 ℃以下密封、避光保存,或参考生产商推荐的保存条件。

4.16 提取内标物(IS)溶液:碳 13 取代多氯联苯(包含 $^{13}C_{12}$-CB19、$^{13}C_{12}$-CB81、$^{13}C_{12}$-CB118、$^{13}C_{12}$-CB123、$^{13}C_{12}$-CB155、$^{13}C_{12}$-CB167、$^{13}C_{12}$-CB189),ρ=1.0 μg/mL,溶剂为正己烷。

可直接购买市售有证标准溶液,也可用标准物质制备,用正己烷稀释。在 4 ℃以下密封、避光保存,或参考生产商推荐的保存条件。

4.17 进样内标物溶液:碳 13 取代多氯联苯(包含 $^{13}C_{12}$-CB52、$^{13}C_{12}$-CB101、$^{13}C_{12}$-CB138),ρ=5.0 μg/mL,溶剂为正己烷。

可直接购买市售有证标准溶液,也可用标准物质制备,用正己烷稀释。在 4 ℃以下密封、避光保存,或参考生产商推荐的保存条件。也可使用其他同位素标记物作为内标物。

4.18 氮气:99.999%,用于样品浓缩。

4.19 氦气:99.999%。

5. 仪器和设备

5.1 采样瓶:广口棕色玻璃瓶或带聚四氟乙烯衬垫瓶盖的螺口棕色玻璃瓶。

5.2 高分辨质谱仪:双聚焦磁质谱,EI 源。

5.3 色谱柱:石英毛细管柱,60 m × 0.25 mm × 0.25 μm,固定相为 5% 苯基/95% 甲基聚硅氧烷,或其他等效色谱柱。

5.4 提取装置:分液漏斗振荡器。

5.5 浓缩装置:氮吹仪或其他等效仪器。

5.6 层析柱:内径 8 mm、长 200 mm 的玻璃管柱。

5.7 一般实验室常用仪器和设备。

6. 样品

6.1 样品的采集和保存

按照 HJ 91 和 HJ 164 的相关规定进行样品的采集。样品应收集在棕色玻璃样品瓶中,水样充满样品瓶。在 4 ℃以下避光保存,7 d 内完成萃取。

6.2 试样的制备

6.2.1 平衡样品温度

样品送回实验室后应尽快取出,在室温下平衡样品温度。

6.2.2 提取

摇匀并准确量取 1 L 水样置于 2 L 分液漏斗中,添加 10 μL 100 μg/L 的提取内标物溶液,混匀,加入 100 mL 二氯甲烷,振摇 30 s 排气,振荡 5 min 后静置分层。重复萃取 2 次,合并 3 次的萃取液,经干燥柱脱水,用正己烷淋洗干燥柱,合并萃取液和淋洗液,浓缩至约 2 mL。

注:排气应在通风橱中进行,以防止交叉污染;当萃取过程出现乳化现象时,可采用搅

动、离心、冷冻或用玻璃棉过滤等方法破乳。

6.2.3 净化

用约 100 mL 二氯甲烷-正己烷混合溶液(体积比 1∶4)淋洗复合硅胶柱,弃去淋洗液,将萃取液转移到复合硅胶柱上,并与分液漏斗连接,用 120 mL 二氯甲烷-正己烷混合溶液洗脱,调节洗脱速度为约 2.5 mL/min(大约 1 滴/s),收集洗脱液。

6.2.4 浓缩和定容

将淋洗液浓缩至近干,加入 10 μL 100 μg/L 的进样内标物溶液,定容至 100 μL,待测。

6.3 空白试样的制备

用高纯水代替样品,按照与试样的制备(6.2)相同的步骤进行空白试样的制备。

7. 分析步骤

7.1 仪器参考条件

7.1.1 气相色谱仪参考条件

进样方式:不分流进样。进样口温度:280 ℃。进样量:1.0 μL。柱流量:1.0 mL/min。传输线温度:280 ℃。程序升温:初始温度 150 ℃,保持 3 min,以 5 ℃/min 的速率升温至 290 ℃,保持 12 min。

7.1.2 质谱仪参考条件

导入质量校准物质(PFK)得到稳定的响应后,优化质谱仪器参数使得 PFK m/z 330.978 7 离子的质量数分辨率大于 8 000(10% 峰谷定义)并至少稳定 24 h。

离子源温度:260 ℃。电离能:45 eV。灯丝电流:900 μA。加速电压:4 800 V。溶剂延迟时间:7 min。

采用 SIM 模式选择待测化合物的 2 个监测离子进行监测,监测离子信息见表 2。

表 2 多氯联苯在气相色谱-高分辨质谱法中的时间窗口划分、m/z 及监测物质信息

分段采集时间/min	多氯联苯	校正离子		定量离子	
		锁峰质量数	校准质量数	监测离子质荷比(m/z)	内标物监测离子质荷比(m/z)
8.0~24.0	三氯联苯	242.986 2	304.982 4	$m/(m+2)$	255.961 3/ 257.958 4	268.001 6/ 269.998 6
	四氯联苯			$m/(m+2)$	289.922 4/ 291.919 4	301.962 6/ 303.959 7
24.0~30.7	四氯联苯	280.982 4	380.976 0	$m/(m+2)$	289.922 4/ 291.919 4	301.962 6/ 303.959 7
	五氯联苯			$(m+2)/(m+4)$	325.880 4/ 327.877 5	337.920 7/ 339.917 8
	六氯联苯			$(m+2)/(m+4)$	359.841 5/ 361.838 5	371.881 7/ 373.878 8

续表

分段采集时间/min	多氯联苯	校正离子		定量离子	
^	^	锁峰质量数	校准质量数	监测离子 质荷比(m/z)	内标物监测离子 质荷比(m/z)
30.7~40.0	六氯联苯	354.979 2	404.976 0	($m+2$)/($m+4$)	359.841 5/ 361.838 5	371.881 7/ 373.878 8
^	七氯联苯	^	^	($m+2$)/($m+4$)	393.802 5/ 395.799 5	405.842 8/ 407.839 8

7.2 校准

7.2.1 建立标准曲线

分别移取不同体积的多氯联苯标准溶液,配制成浓度为 0.2 μg/L、1.0 μg/L、5.0 μg/L、10.0 μg/L、50.0 μg/L、100.0 μg/L、200.0 μg/L 的标准系列溶液,加入 10 μL 100 μg/L 的提取内标物溶液、10 μL 100 μg/L 的进样内标物溶液,用正己烷稀释至 1.0 mL,密封,混匀。

多氯联苯与内标物的对应关系如表 3 所示。

表 3　多氯联苯与内标物的对应关系

化合物类型	化合物名称	定量内标物	保留时间/min
目标化合物	CB28	$^{13}C_{12}$-CB19	20.49
^	CB52	$^{13}C_{12}$-CB81	21.75
^	CB155	$^{13}C_{12}$-CB155	24.59
^	CB101	$^{13}C_{12}$-CB123	25.08
^	CB118	$^{13}C_{12}$-CB118	27.50
^	CB153	$^{13}C_{12}$-CB167	28.18
^	CB138	$^{13}C_{12}$-CB167	29.24
^	CB180	$^{13}C_{12}$-CB189	31.62
提取内标物	$^{13}C_{12}$-CB19	$^{13}C_{12}$-CB52	17.54
^	$^{13}C_{12}$-CB81	$^{13}C_{12}$-CB52	26.29
^	$^{13}C_{12}$-CB118	$^{13}C_{12}$-CB101	27.48
^	$^{13}C_{12}$-CB123	$^{13}C_{12}$-CB101	27.34
^	$^{13}C_{12}$-CB155	$^{13}C_{12}$-CB138	24.57
^	$^{13}C_{12}$-CB167	$^{13}C_{12}$-CB138	30.27
^	$^{13}C_{12}$-CB189	$^{13}C_{12}$-CB138	34.02
进样内标物	$^{13}C_{12}$-CB52	—	21.74
^	$^{13}C_{12}$-CB101	—	25.06
^	$^{13}C_{12}$-CB138	—	29.23

按照仪器参考条件进行分析,得到不同目标化合物的质谱图。以目标化合物浓度与内

标物浓度的比值为横坐标,以目标化合物定量离子的响应值与内标物定量离子的响应值的比值为纵坐标,绘制标准曲线。

7.2.2 计算相对响应因子

用式(1)和式(2)分别获得各质量浓度点目标化合物相对于提取内标物的相对响应因子 RRF_a 和各质量浓度点提取内标物相对于进样内标物的相对响应因子 RRF_{es}。

$$RRF_a = \frac{Q_{es}}{Q_a} \times \frac{A_a}{A_{es}} \tag{1}$$

式中:Q_{es}——标准溶液中提取内标物的质量,ng;
Q_a——标准溶液中目标化合物的质量,ng;
A_a——标准溶液中目标化合物的监测离子峰面积之和;
A_{es}——标准溶液中提取内标物的监测离子峰面积之和。

$$RRF_{es} = \frac{Q_{is}}{Q_{es}} \times \frac{A_{es}}{A_{is}} \tag{2}$$

式中:Q_{is}——标准溶液中进样内标物的质量,ng;
Q_{es}——标准溶液中提取内标物的质量,ng;
A_{es}——标准溶液中提取内标物的监测离子峰面积之和;
A_{is}——标准溶液中进样内标物的监测离子峰面积之和。

计算 RRF_a 和 RRF_{es} 的平均值和相对标准偏差,相对标准偏差应在 ±20% 以内,否则应重新建立标准曲线。

7.2.3 总离子流图

在仪器参考条件(7.1)下,多氯联苯的总离子流图见图1。

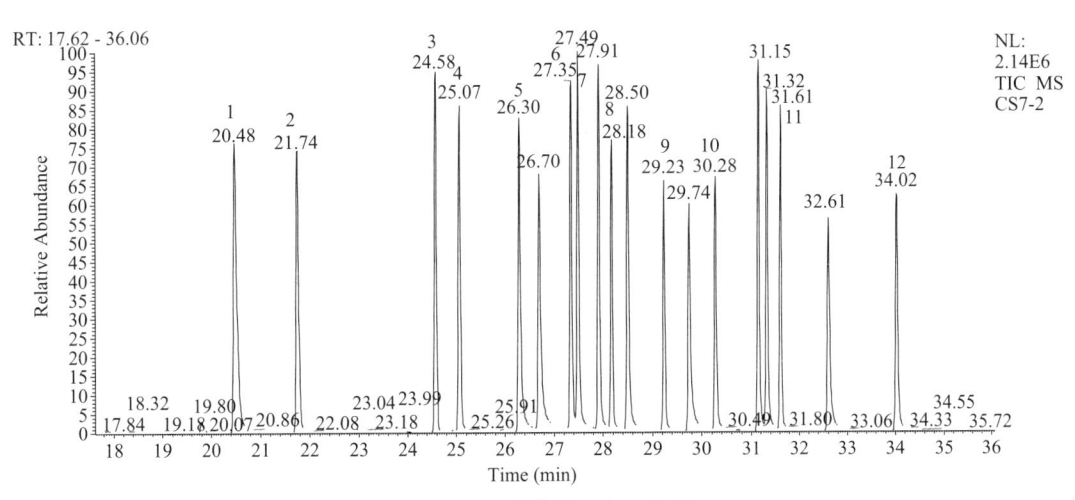

图 1 多氯联苯的总离子流图

1—CB28;2—CB52;3—CB155;4—CB101;5—$^{13}C_{12}$-CB81;6—$^{13}C_{12}$-CB123;
7—CB118;8—CB153;9—CB138;10—$^{13}C_{12}$-CB167;11—CB180;12—$^{13}C_{12}$-CB189

7.3 试样的测定

按照与建立标准曲线(7.2.1)相同的步骤进行试样的测定。

7.4 空白试样的测定

按照与试样的测定(7.3)相同的步骤进行空白试样的测定。

8. 结果计算与表示

8.1 定性分析

各化合物的2个监测离子应在指定的保留时间窗口内同时存在,且其离子丰度比与曲线中对应的监测离子丰度比一致,相对偏差小于15%。色谱峰的保留时间应与标准溶液一致(偏差在±3 s以内),同时内标物的相对保留时间也应与标准溶液一致(偏差在±0.5%以内)。

8.2 定量分析

采用同位素稀释法计算多氯联苯的浓度,按照式(3)计算。

$$Q_a = \frac{Q_{es}}{RRF_a} \times \frac{A_a}{A_{es}} \tag{3}$$

式中:Q_a——标准溶液中目标化合物的质量,ng;

Q_{es}——标准溶液中相应的^{13}C标记的提取内标物的质量,ng;

RRF_a——标准曲线中目标化合物相对于提取内标物的相对响应因子;

A_a——色谱图上目标化合物的监测离子峰面积之和;

A_{es}——色谱图上相应的^{13}C标记的提取内标物的监测离子峰面积之和。

样品中目标化合物的质量浓度ρ_s(ng/L)按照式(4)计算。

$$\rho_s = \frac{Q_a}{V_s} \times D \tag{4}$$

式中:ρ_s——样品中目标化合物的质量浓度,ng/L;

Q_a——标准溶液中目标化合物的质量,ng;

V_s——取样体积,L;

D——试样的稀释倍数。

8.3 结果表示

测定结果小数点后位数的保留与方法检出限一致,最多保留3位有效数字。

9. 准确度

9.1 精密度

在实验室对不同浓度水平的目标化合物水样进行测定,相对标准偏差为2.4%~6.1%。

9.2 正确度

在实验室对不同浓度水平的目标化合物水样进行测定,加标回收率为93.8%~114.0%。

10. 质量保证和质量控制

10.1 空白实验

每批样品(以20个样品为一批)应至少做一个实验室空白实验,结果中目标化合物的浓度应小于方法检出限,否则应及时查明原因,直至结果合格后才能进行样品的分析。

10.2 校准

标准曲线至少需 5 个浓度系列,目标化合物相对响应因子的 RSD 应不大于 20%。每 24 h 测定一个标准曲线中间点浓度的标准溶液,测定值与该点初始浓度的相对偏差应不大于 35%。

10.3 平行样

每批样品(≤20 个样品/批)都应分析平行样,对于测定结果在检出限 10 倍以上的目标化合物,平行样测定结果的相对偏差应不大于 30%。

10.4 提取内标物

样品中提取内标物的加标回收率应为 60%~130%。

10.5 进样内标物

样品中进样内标物特征离子的峰面积与标准曲线中相应的峰面积偏差应为 50%~200%,内标物在样品中的保留时间与在标准曲线中的保留时间偏差应在 20 s 以内。

11. 废物处理

在实验中产生的废弃物应分类收集,集中保管,并做好标识,依法委托有资质的单位进行处置。

12. 注意事项

12.1 在实验中会用到正己烷、二氯甲烷、甲醇等有机溶剂,使用时操作人员应做好防护。

12.2 气相色谱分流口及质谱机械泵废气应通过活性炭柱、含油或高沸点醇的吸收管过滤后排出。

12.3 多氯联苯在 800 ℃ 以上可以有效分解。口罩、橡胶手套和滤纸等低质量浓度水平的废物可委托具有资质的单位进行焚化处置。

4.8 水质 7种多溴二苯醚的测定 气相色谱-高分辨质谱法

1. 适用范围

本方法规定了测定水中7种多溴二苯醚的气相色谱-高分辨质谱法。

本方法适用于测定地表水、地下水、生活污水、工业废水和海水中的BDE28、BDE47、BDE100、BDE99、BDE154、BDE153、BDE183等7种多溴二苯醚。

当取样体积为1 L、定容体积为100 μL时,7种多溴二苯醚的方法检出限为0.01~0.03 ng/L,测定下限为0.04~0.12 ng/L。

7种多溴二苯醚的方法检出限和测定下限如表1所示。

表1 7种多溴二苯醚的方法检出限和测定下限

IUPAC编号	名称	方法检出限/(ng/L)	测定下限/(ng/L)
BDE28	2,4,4'-三溴二苯醚(2,4,4'-T$_3$BDE)	0.01	0.04
BDE47	2,2',4,4'-四溴二苯醚(2,2',4,4'-T$_4$BDE)	0.02	0.08
BDE99	2,2',4,4',5-五溴二苯醚(2,2',4,4',5-P$_5$BDE)	0.02	0.08
BDE100	2,2',4,4',6-五溴二苯醚(2,2',4,4',6-P$_5$BDE)	0.02	0.08
BDE153	2,2',4,4',5,5'-六溴二苯醚(2,2',4,4',5,5'-H$_6$BDE)	0.03	0.12
BDE154	2,2',4,4',5,6'-六溴二苯醚(2,2',4,4',5,6'-H$_6$BDE)	0.03	0.12
BDE183	2,2',3,4,4',5',6-七溴二苯醚(2,2',3,4,4',5',6-H$_7$BDE)	0.01	0.04

2. 规范性引用文件

本方法引用了下列文件或其中的条款。凡是注明日期的引用文件,仅注日期的版本适用于本方法。凡是未注日期的引用文件,其最新版本(包括所有的修改单)适用于本方法。

GB 17378.3《海洋监测规范 第3部分:样品采集、贮存与运输》

HJ 91.1《污水监测技术规范》

HJ 91.2《地表水环境质量监测技术规范》

HJ 164《地下水环境监测技术规范》

HJ 442.3《近岸海域环境监测技术规范 第三部分 近岸海域水质监测》

3. 方法原理

采用液液萃取法萃取样品中的多溴二苯醚,提取液经净化、浓缩、定容后,用气相色谱-高分辨质谱法分离和测定。根据保留时间、碎片离子精确质量数和不同离子的丰度比定性,用同位素稀释内标物法定量。

4. 试剂和材料

除非另有说明,分析时均使用符合国家标准的优级纯试剂,实验用水为新制备的不含目标化合物的纯水。

4.1 二氯甲烷:农残级。

4.2 正己烷:农残级。

4.3 壬烷:农残级。

4.4 甲醇:农残级。

4.5 硫酸:ρ = 1.84 g/mL。

4.6 氢氧化钠:优级纯。

4.7 无水硫酸钠:优级纯。

将无水硫酸钠置于马弗炉中在 450 ℃下灼烧 4 h,冷却至室温后装入磨口玻璃瓶中,置于干燥器中保存。

4.8 石英棉:使用前在马弗炉中于 350 ℃下灼烧 2 h,密封保存。

4.9 硅胶:75~180 μm(200~80 目)。

将一定量的硅胶置于烧杯中,加入适量甲醇使其液面高于硅胶层 1~2 cm,用玻璃棒搅拌 1~2 min 后弃去甲醇,重复该步骤 2 次;用二氯甲烷继续清洗 2 次,弃去二氯甲烷。将硅胶在蒸发皿中摊开,厚度小于 10 mm。待二氯甲烷挥发完全后,将硅胶置于干燥箱中,在 130 ℃下干燥 16 h,再在干燥器中冷却 30 min,装入试剂瓶中密封,置于干燥器中保存。

4.10 硅藻土:850~1 200 μm(20~15 目)。

将硅藻土置于马弗炉中在 450 ℃下灼烧 4 h,冷却至室温后装入磨口玻璃瓶中,置于干燥器中保存。

4.11 2% 氢氧化钠硅胶。

取 98 g 硅胶放至玻璃分液漏斗中,逐滴加入 40 mL 氢氧化钠溶液(ρ=0.05 g/mL),充分振摇后通过减压旋转蒸发、真空干燥等方式除去碱性硅胶中的大部分水分,使硅胶变成粉末状。将制成的硅胶装入试剂瓶密封,保存在干燥器中。

4.12 44% 硫酸硅胶。

取 56 g 硅胶放至玻璃分液漏斗中,逐滴加入 44 g 硫酸,充分振摇使硅胶变成粉末状。将制成的硅胶装入试剂瓶密封,保存在干燥器中。

4.13 铜(Cu)粉:99.5%。

使用前将铜粉浸泡于硝酸溶液中 10 min,去除表面的氧化层,用水洗涤至中性后依次用甲醇和正己烷洗涤 3 次,加正己烷密封保存。

4.14 复合硅胶柱。

在层析柱底部垫一小团石英棉,加入 40 mL 正己烷。依次装填 1 g 无水硫酸钠、1 g 硅胶、2 g 弗罗里硅土、1 g 硅胶、3 g 2% 氢氧化钠硅胶、1 g 硅胶、8 g 44% 硫酸硅胶、1 g 硅胶、1 g 无水硫酸钠。排出正己烷,使液面刚好与硅胶柱上层的无水硫酸钠齐平,待用。市售商品硅胶柱经验证也可替代手填柱使用。

4.15 多溴二苯醚标准溶液:包含 BDE28、BDE47、BDE100、BDE99、BDE154、BDE153、BDE183,ρ=1.0 μg/mL,溶剂为正己烷。

可直接购买市售有证标准溶液,在 4 ℃以下密封、避光保存,或参考生产商推荐的保存条件。

4.16 提取内标物(IS)溶液:碳 13 取代多溴二苯醚(包含 $^{13}C_{12}$-BDE28、$^{13}C_{12}$-BDE47、$^{13}C_{12}$-BDE100、$^{13}C_{12}$-BDE99、$^{13}C_{12}$-BDE154、$^{13}C_{12}$-BDE153、$^{13}C_{12}$-BDE183),ρ=1.0 μg/mL,溶剂为正己烷。

可直接购买市售有证标准溶液,也可用标准物质制备,用正己烷稀释。在 4 ℃以下密封、避光保存,或参考生产商推荐的保存条件。

4.17 进样内标物溶液:碳 13 取代 PCB209,ρ=1.0 μg/mL,溶剂为正己烷。

可直接购买市售有证标准溶液,也可用标准物质制备,用正己烷稀释。在 4 ℃以下密封、避光保存,或参考生产商推荐的保存条件。也可使用其他同位素标记替代物。

4.18 氮气:99.999%,用于样品浓缩。

4.19 氦气:99.999%。

5. 仪器和设备

5.1 采样瓶:广口棕色玻璃瓶或带聚四氟乙烯衬垫瓶盖的螺口棕色玻璃瓶。

5.2 高分辨质谱仪:双聚焦磁质谱,EI 源。

5.3 色谱柱:石英毛细管柱,15 m × 0.25 mm × 0.1 μm,固定相为 5% 苯基/95% 甲基聚硅氧烷,或其他等效色谱柱。

5.4 提取装置:分液漏斗振荡器。

5.5 浓缩装置:氮吹仪或其他等效仪器。

5.6 层析柱:内径 8 mm、长 200 mm 的玻璃管柱。

5.7 一般实验室常用仪器和设备。

6. 样品

6.1 样品的采集和保存

按照 HJ 91 和 HJ 164 的相关规定进行样品的采集。样品应收集在棕色玻璃样品瓶中,水样充满样品瓶。在 4 ℃以下避光保存,14 d 内完成萃取。

6.2 试样的制备

6.2.1 平衡样品温度

样品送回实验室后应尽快取出,在室温下平衡样品温度。

6.2.2 提取

摇匀并准确量取 1 L 水样置于 2 L 分液漏斗中,添加 20 μL 100 μg/L 的提取内标物溶液,混匀,加入 100 mL 二氯甲烷,振摇 30 s 排气,振荡 5 min 后静置分层。重复萃取 2 次,合并 3 次的萃取液,经干燥柱脱水,用 6 mL 正己烷淋洗干燥柱,合并萃取液和淋洗液,浓缩至约 2 mL。

注:排气应在通风橱中进行,以防止交叉污染;当萃取过程出现乳化现象时,可采用搅动、离心、冷冻或用玻璃棉过滤等方法破乳。

第4章 水质中典型新污染物分析测试方法

6.2.3 净化

用约 100 mL 二氯甲烷 - 正己烷混合溶液（体积比 1∶4）淋洗复合硅胶柱，弃去淋洗液，将萃取液转移到复合硅胶柱上，并与分液漏斗连接，用 120 mL 二氯甲烷 - 正己烷混合溶液洗脱，调节洗脱速度为约 2.5 mL/min（大约 1滴/s），收集洗脱液。

6.2.4 浓缩和定容

将淋洗液浓缩至近干，加入 10 μL 100 μg/L 的进样内标物溶液，定容至 100 μL，待测。

6.3 空白试样的制备

用高纯水代替样品，按照与试样的制备（6.2）相同的步骤进行空白试样的制备。

7. 分析步骤

7.1 仪器参考条件

7.1.1 气相色谱仪参考条件

进样方式：不分流进样。进样口温度：280 ℃。进样量：1.0 μL。柱流量：1.0 mL/min。传输线温度：280 ℃。程序升温：初始温度 110 ℃，保持 1 min，以 20 ℃/min 的速率升温至 210 ℃，保持 1 min，以 10 ℃/min 的速率升温至 275 ℃，保持 12 min。

7.1.2 质谱仪参考条件

导入质量校准物质（PFK）得到稳定的响应后，调谐 PFK m/z 330.978 7 质量数分辨率大于 8 000（10% 峰谷定义）并至少稳定 24 h。

离子源温度：260 ℃。电离能：45 eV。灯丝电流：900 μA。加速电压：4 800 V。溶剂延迟时间：6 min。

采用 SIM 模式选择待测化合物的 2 个监测离子进行监测，监测离子信息见表 2。

表 2　多溴二苯醚在气相色谱 - 高分辨质谱法中的时间窗口划分、m/z 及监测物质信息

分段采集时间/min	多溴二苯醚	校正离子 锁峰质量数	校正离子 校准质量数	定量离子 监测离子 质荷比（m/z）	定量离子 内标物监测离子 质荷比（m/z）
6.5~9.5	三溴二苯醚	404.975 5	492.969 1	（m+2）/（m+4）	405.802 4/ 407.800 4	417.843 2/ 419.841 2
6.5~9.5	四溴二苯醚	404.975 5	492.969 1	（m+2）/（m+4）	483.712 9/ 485.710 9	495.753 7/ 497.751 7
9.5~13.0	五溴二苯醚	392.975 5	492.969 1	（m+2）-2Br/（m+4）-2Br	403.786 5/ 405.784 5	415.826 7/ 417.824 7
9.5~13.0	六溴二苯醚	392.975 5	492.969 1	（m+2）-2Br/（m+4）-2Br	481.697 0/ 483.695 0	477.742 9/ 479.740 9
13.0~25.0	七溴二苯醚	554.966 4	580.962 7	（m+2）-2Br/（m+4）-2Br	561.605 5/ 563.603 5	573.645 7/ 575.643 7

7.2 校准

7.2.1 建立标准曲线

分别移取不同体积的多溴二苯醚标准溶液,配制成浓度为 0.5 μg/L、2.0 μg/L、5.0 μg/L、10.0 μg/L、50.0 μg/L、100.0 μg/L、200.0 μg/L 的标准系列溶液,加入 20 μL 100 μg/L 的提取内标物溶液、10 μL 100 μg/L 的进样内标物溶液,用正己烷稀释至 1.0 mL,密封,混匀。

多溴二苯醚与内标物的对应关系如表 3 所示。

表 3 多溴二苯醚与内标物的对应关系

化合物类型	化合物名称	定量内标物	保留时间/min
目标化合物	BDE28	$^{13}C_{12}$-BDE28	7.03
	BDE47	$^{13}C_{12}$-BDE47	8.80
	BDE99	$^{13}C_{12}$-BDE99	10.66
	BDE100	$^{13}C_{12}$-BDE100	10.18
	BDE153	$^{13}C_{12}$-BDE153	12.39
	BDE154	$^{13}C_{12}$-BDE154	11.76
	BDE183	$^{13}C_{12}$-BDE183	14.06
提取内标物	$^{13}C_{12}$-BDE28	$^{13}C_{12}$-PCB209	7.02
	$^{13}C_{12}$-BDE47	$^{13}C_{12}$-PCB209	8.80
	$^{13}C_{12}$-BDE99	$^{13}C_{12}$-PCB209	10.65
	$^{13}C_{12}$-BDE100	$^{13}C_{12}$-PCB209	10.17
	$^{13}C_{12}$-BDE153	$^{13}C_{12}$-PCB209	12.38
	$^{13}C_{12}$-BDE154	$^{13}C_{12}$-PCB209	11.75
	$^{13}C_{12}$-BDE183	$^{13}C_{12}$-PCB209	14.05
进样内标物	$^{13}C_{12}$-PCB209	—	11.14

按照仪器参考条件进行分析,得到不同目标化合物的质谱图。以目标化合物浓度与内标物浓度的比值为横坐标,以目标化合物定量离子的响应值与内标物定量离子的响应值的比值为纵坐标,绘制标准曲线。

7.2.2 计算相对响应因子

用式(1)和式(2)分别获得各质量浓度点目标化合物相对于提取内标物的相对响应因子 RRF_a 和各质量浓度点提取内标物相对于进样内标物的相对响应因子 RRF_{es}。

$$RRF_a = \frac{Q_{es}}{Q_a} \times \frac{A_a}{A_{es}} \tag{1}$$

式中:Q_{es}——标准溶液中提取内标物的质量,ng;

Q_a——标准溶液中目标化合物的质量,ng;

A_a——标准溶液中目标化合物的监测离子峰面积之和;

A_{es}——标准溶液中提取内标物的监测离子峰面积之和。

$$RRF_{es} = \frac{Q_{is}}{Q_{es}} \times \frac{A_{es}}{A_{is}} \qquad (2)$$

式中：Q_{is}——标准溶液中进样内标物的质量,ng;

Q_{es}——标准溶液中提取内标物的质量,ng;

A_{es}——标准溶液中提取内标物的监测离子峰面积之和;

A_{is}——标准溶液中进样内标物的监测离子峰面积之和。

计算 RRF_a 和 RRF_{es} 的平均值和相对标准偏差,相对标准偏差应在 ±20% 以内,否则应重新建立标准曲线。

7.2.3 总离子流图

在仪器参考条件(7.1)下,多溴二苯醚的总离子流图见图1。

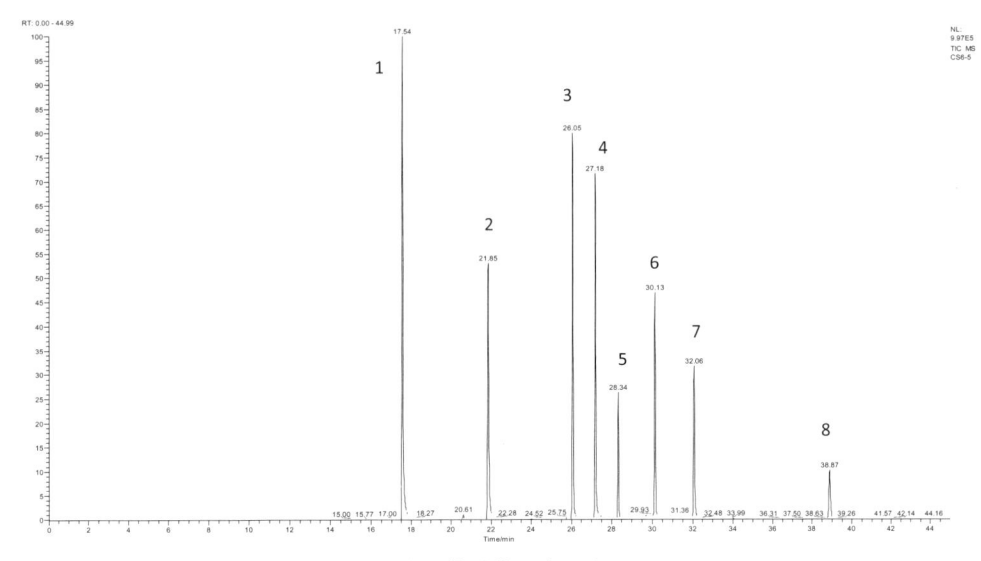

图1 多溴二苯醚的总离子流图

1—BDE28；2—BDE47；3—BDE99；4—BDE100；5—$^{13}C_{12}$-PCB209；6—BDE153；7—BDE154；8—BDE183

7.3 试样的测定

按照与建立标准曲线(7.2.1)相同的步骤进行试样的测定。

7.4 空白试样的测定

按照与试样的测定(7.3)相同的步骤进行空白试样的测定。

8. 结果计算与表示

8.1 定性分析

各化合物的2个监测离子应在指定的保留时间窗口内同时存在,且其离子丰度比与曲线中对应的监测离子丰度比一致,相对偏差小于15%。色谱峰的保留时间应与标准溶液一致(偏差在 ±3 s 以内),同时内标物的相对保留时间也应与标准溶液一致(偏差在 ±0.5% 以内)。

8.2 定量分析

采用同位素稀释法计算多溴二苯醚的质量,按照式(3)计算。

$$Q_{\mathrm{a}} = \frac{Q_{\mathrm{es}}}{RRF_{\mathrm{a}}} \times \frac{A_{\mathrm{a}}}{A_{\mathrm{es}}} \tag{3}$$

式中：Q_{a}——标准溶液中目标化合物的质量，ng；

Q_{es}——标准溶液中相应的 ^{13}C 标记的提取内标物的质量，ng；

RRF_{a}——标准曲线中目标化合物相对于提取内标物的平均相对响应因子；

A_{a}——色谱图上目标化合物的监测离子峰面积之和；

A_{es}——色谱图上相应的 ^{13}C 标记的提取内标物的监测离子峰面积之和。

样品中目标化合物的质量浓度 C_{s} (ng/L) 按照式 (4) 计算。

$$C_{\mathrm{s}} = \frac{Q_{\mathrm{a}}}{V_{\mathrm{s}}} \times D \tag{4}$$

式中：C_{s}——样品中目标化合物的质量浓度，ng/L；

Q_{a}——标准溶液中目标化合物的质量，ng；

V_{s}——取样体积，L；

D——试样的稀释倍数。

8.3 结果表示

测定结果小数点后位数的保留与方法检出限一致，最多保留 3 位有效数字。

9. 准确度

9.1 精密度

在实验室对不同浓度水平的目标化合物水样进行测定，相对标准偏差为 2.8%~11.4%。

9.2 正确度

在实验室对不同浓度水平的目标化合物水样进行测定，加标回收率为 91.7%~128.0%。

10. 质量保证和质量控制

10.1 空白实验

每批样品（以 20 个样品为一批）应至少做一个实验室空白实验，结果中目标化合物的浓度应小于方法检出限，否则应及时查明原因，直至合格后才能进行样品的分析。

10.2 校准

标准曲线至少需 5 个浓度系列，目标化合物相对响应因子的 RSD 应不大于 20%。每 24 h 测定一个标准曲线中间点浓度的标准溶液，测定值与该点初始浓度的相对偏差应不大于 35%。

10.3 平行样

每批样品（≤20 个样品/批）都应分析平行样，对于检出限 10 倍以上的目标化合物，平行样测定结果的相对偏差应不大于 30%。

10.4 提取内标物

样品中提取内标物的加标回收率应为 60%~130%。

10.5 进样内标物

样品中进样内标物特征离子的峰面积与标准曲线中相应的峰面积偏差应为 30%~300%，内标物在样品中的保留时间与在标准曲线中的保留时间偏差应在 20 s 以内。

11. 废物处理

在实验中产生的废弃物应分类收集,集中保管,并做好标识,依法委托有资质的单位进行处置。

12. 注意事项

12.1 在实验中会用到正己烷、二氯甲烷、甲醇等有机溶剂,使用时操作人员应做好防护。

11.2 测定七氯代多溴二苯醚时,必须选用柱长不大于 15 m、膜厚为 0.1 μm 的毛细管色谱柱。高溴代多溴二苯醚易分解,应注意保持气相色谱进样口清洁,需要时可更换气相系统的衬管和进样隔垫,并截除进样口端 10~30 cm 的毛细管色谱柱。

11.3 样品应全程注意避光,净化前需先建立实验室流出曲线。

4.9　水质　六溴环十二烷的测定　高效液相色谱－三重四极杆质谱法

1. 适用范围

本方法规定了测定水中六溴环十二烷的高效液相色谱－三重四极杆质谱法。

本方法适用于测定地表水、地下水、海水、生活污水和工业废水中的 α-六溴环十二烷、β-六溴环十二烷和 γ-六溴环十二烷。

当取样体积为 500 mL、进样体积为 10 μL 时，六溴环十二烷的方法检出限为 0.02~0.03 μg/L，测定下限为 0.08~0.12 μg/L，详见附录 A。

2. 规范性引用文件

本方法引用了下列文件或其中的条款。凡是注明日期的引用文件，仅注日期的版本适用于本方法。凡是未注日期的引用文件，其最新版本（包括所有的修改单）适用于本方法。

GB 17378.3《海洋监测规范 第 3 部分：样品采集、贮存与运输》

HJ 91.1《污水监测技术规范》

HJ 91.2《地表水环境质量监测技术规范》

HJ 164《地下水环境监测技术规范》

HJ 442.3《近岸海域环境监测技术规范 第三部分 近岸海域水质监测》

3. 方法原理

样品中的六溴环十二烷用正己烷萃取，萃取液经无水硫酸钠脱水、硅胶柱净化浓缩后，用高效液相色谱串联三重四极杆质谱仪进行分离和检测。根据保留时间和特征离子定性，用内标物法定量。

4. 试剂和材料

除非另有说明，分析时均使用符合国家标准的优级纯试剂，实验用水为新制备的不含目标化合物的纯水。

4.1　甲醇：农残级。

4.2　正己烷：农残级。

4.3　无水硫酸钠：优级纯。

4.4　二氯甲烷：农残级。

4.5　甲酸：质谱级。

4.6　乙腈：质谱级。

4.7　氨水：优级纯，质量分数为 25%。

4.8　甲醇－乙腈溶液（4：6，体积比）：量取 400 mL 甲醇和 600 mL 乙腈，混匀后待用。

4.9　六溴环十二烷混合标准贮备溶液：具体见表 1。

表 1　六溴环十二烷混合标准贮备溶液的成分和含量

简写名称	中文名称	含量/(mg/L)
α-HBCD	α-六溴环十二烷	10
β-HBCD	β-六溴环十二烷	10
γ-HBCD	γ-六溴环十二烷	10

4.10　3 种六溴环十二烷标准使用液。

吸取适量六溴环十二烷标准贮备溶液(4.9)，用甲醇(4.1)稀释，配制六溴环十二烷浓度为 1.0 mg/L 的混合标准使用液，在 4 ℃以下冷藏、避光保存，可保存 6 个月。

4.11　^{13}C 标记的六溴环十二烷内标物贮备溶液：具体见表 2。

表 2　^{13}C 标记的六溴环十二烷内标物贮备溶液的成分和含量

简写名称	中文名称	含量/(mg/L)
^{13}C-α-HBCD	^{13}C-α-六溴环十二烷	10
^{13}C-β-HBCD	^{13}C-β-六溴环十二烷	10
^{13}C-γ-HBCD	^{13}C-γ-六溴环十二烷	10

4.12　^{13}C 标记的六溴环十二烷内标物使用液。

吸取适量六溴环十二烷内标物贮备溶液(4.11)，用甲醇(4.1)稀释，配制浓度为 50 μg/L 的 3 种六溴环十二烷内标物使用液，在 4 ℃以下冷藏、避光保存，可保存 6 个月。

4.13　微孔滤膜：玻璃纤维材质，孔径为 0.22 μm。

4.14　硅胶固相萃取小柱(1 000 mg/6 mL)或其他等效固相萃取柱。

4.15　样品瓶：500 mL。

4.16　棕色进样瓶：1.5 mL。

5. 仪器和设备

5.1　高效液相色谱-三重四极杆质谱仪：配有电喷雾离子(ESI)源，具备梯度洗脱功能和多反应监测(MRM)功能。

5.2　色谱柱：填料为十八烷基硅氧烷键合硅胶，填料粒径 1.7 μm，柱长 100 mm，内径 2.1 mm。也可使用满足分析要求的其他等效色谱柱。

5.3　分析天平：精度为 0.01 mg。

5.4　固相萃取装置。

5.5　浓缩装置：氮吹仪或其他等效仪器。

5.6　超声振荡器。

5.7　涡旋混匀器：转速 ≥500 r/min。

5.8　一般实验室常用仪器和设备。

6. 样品

6.1　样品的采集和保存

按照 HJ 91 和 HJ 164 的相关规定进行样品的采集。样品应充满样品瓶，不留空隙，采集完毕后拧紧瓶盖。若采集后样品的 pH 值不在 6~8，用甲酸（4.1）或氨水（4.7）调节其 pH 值至 6~8。

样品采集后应在 10 ℃以下运输和存储，样品到达实验室后应确保温度在 10 ℃以下，实验室存储样品的温度应在 4 ℃以下，但避免冷冻至 0 ℃以下。样品应在 14 d 内进行提取，提取后的样品可以在室温下存储 28 d。

6.2 平衡样品温度

样品送回实验室后应尽快取出，在室温下平衡样品温度。

6.3 试样的制备

6.3.1 提取

量取 500 mL 水样置于锥形分液漏斗中，加入 10 μL 混合内标物使用液和 20 mL 正己烷，剧烈振荡 2 min，静置分层后取上层的正己烷，通过装有无水硫酸钠的漏斗脱水，脱水后将萃取液收集于旋转蒸发瓶中。萃余水相再加入 20 mL 正己烷，重复上述操作，合并 2 次的萃取液，于 40 ℃的水浴中旋转蒸发浓缩至近干，加入 5 mL 正己烷溶解，振荡 1 min，备用。

6.3.2 净化

用 5 mL 正己烷活化硅胶固相萃取柱，保持柱头浸润，移取提取液至活化后的固相萃取柱，用 2 mL 正己烷进行淋洗，弃去淋洗液，用 5 mL 二氯甲烷洗脱，洗脱流速为 1.0 mL/min，用 15 mL 离心管收集洗脱液。

6.3.3 浓缩和定容

将洗脱液于 40 ℃下用氮气吹干，加 1.00 mL 甲醇，旋涡振荡 1 min，经 0.22 μm 微孔滤膜过滤后得到试样，待分析。

6.4 空白试样的制备

用高纯水代替样品，按照与试样的制备相同的步骤进行空白试样的制备。

7. 分析步骤

7.1 仪器参考条件

7.1.1 液相色谱仪参考条件

流动相：A，水；B，甲醇 - 乙腈溶液（甲醇：乙腈 =4∶6，体积比）。流动相流速：0.3 mL/min。进样量：10 μL。柱温：40 ℃。梯度洗脱程序见表 3。

表 3　梯度洗脱程序

时间/min	A 的体积分数 /%	B 的体积分数 /%
0	40	60
6.0	5	95
8.0	5	95
8.5	40	60
10.0	40	60

7.1.2 质谱仪参考条件

离子源:ESI 源,负离子模式。干燥气流量:800 L/h。干燥气温度:380 ℃。毛细管电压:3.5 kV。监测方式:多反应监测。

用标准溶液对质谱仪进行优化,参数包括锥孔电压、碰撞能,最终优化结果见表4。

表 4 目标化合物的多反应监测优化结果

化合物名称	母离子质荷比(m/z)	子离子质荷比(m/z)	锥孔电压/V	碰撞能/eV
α-HBCD	640.5	78.8	20	12
		80.8	20	12
β-HBCD	640.5	78.8	20	12
		80.8	20	12
γ-HBCD	640.5	78.8	20	12
		80.8	20	12
^{13}C-α-HBCD	652.3	78.9	20	12
^{13}C-β-HBCD	652.3	78.9	20	12
^{13}C-γ-HBCD	652.3	78.9	20	12

7.2 校准

7.2.1 建立标准曲线

移取适量六溴环十二烷混合标准使用液(4.10),用甲醇(4.1)稀释,配制至少 5 个浓度点的标准系列溶液。标准系列溶液中六溴环十二烷的质量浓度分别为 0.05 μg/L、0.2 μg/L、0.5 μg/L、2.0 μg/L、5.0 μg/L、20.0 μg/L、50.0 μg/L。移取 1.0 mL 标准系列溶液置于棕色进样瓶中,加入 10.0 μL 内标物使用液,使内标物的质量浓度为 0.5 μg/L,配制成六溴环十二烷标准系列溶液。该标准系列溶液在 4 ℃ 以下冷藏、避光保存。

按照仪器参考条件(7.1),从低浓度到高浓度分析标准系列溶液,以被测组分和进样内标物峰面积的比值为纵坐标,以浓度比为横坐标,绘制标准曲线,建立回归方程并计算相关系数。

7.2.2 计算平均相对响应因子

标准系列溶液中第 i 点目标化合物的相对响应因子(RRF_i)按照式(1)计算。

$$RRF_i = \frac{A_i}{A_{ISi}} \times \frac{C_{ISi}}{C_i} \tag{1}$$

式中:RRF_i——标准系列溶液中第 i 点目标化合物的相对响应因子;

A_i——标准系列溶液中第 i 点目标化合物定量离子的峰面积;

A_{ISi}——标准系列中第 i 点与目标化合物相对应的内标物定量离子的峰面积;

C_{ISi}——标准系列中第 i 点与目标化合物相对应的内标物的质量浓度,ng/mL;

C_i——标准系列溶液中第 i 点目标化合物的质量浓度,ng/mL。

标准系列中目标化合物的平均相对响应因子 $\overline{RRF}$ 按照式(2)计算。

$$\overline{RRF} = \frac{\sum_{i=1}^{n} RRF_i}{n} \tag{2}$$

式中：$\overline{RRF}$——标准系列中目标化合物的平均相对响应因子；

RRF_i——标准系列溶液中第 i 点目标化合物的相对响应因子；

n——标准曲线的浓度点数。

RRF 的标准偏差（SD）按照式（3）计算。

$$SD = \sqrt{\frac{\sum_{i=1}^{n}\left(RRF_i - \overline{RRF}\right)^2}{n-1}} \tag{3}$$

RRF 的相对标准偏差（RSD）按照式（4）计算。

$$RSD = \frac{SD}{\overline{RRF}} \times 100\% \tag{4}$$

标准系列溶液中目标化合物的相对响应因子的相对标准偏差 RSD 应不大于20%。

7.2.3 总离子色谱图

提取总离子流（TIC）数据，得到六溴环十二烷的总离子色谱图，见图1。

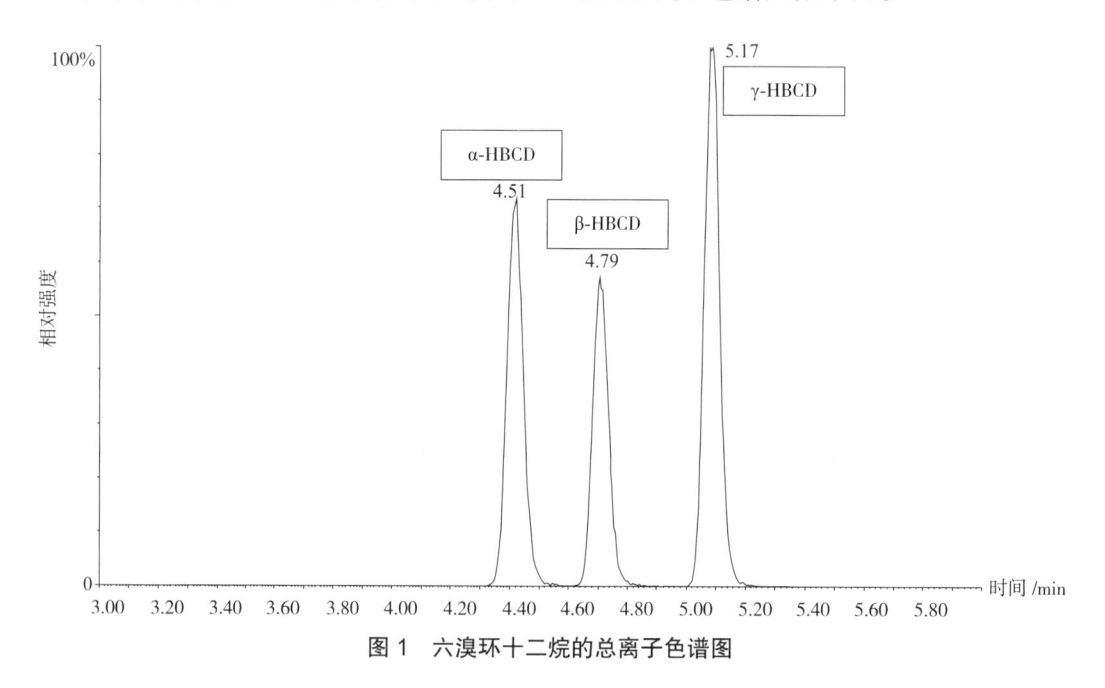

图1 六溴环十二烷的总离子色谱图

7.3 试样的测定

按照与建立标准曲线（7.2.1）相同的仪器条件进行试样的测定。

7.4 空白试样的测定

按照与试样的测定（7.3）相同的步骤进行空白试样的测定。

8. 结果计算与表示

8.1 定性分析

根据保留时间与离子丰度比定性分析,目标化合物的保留时间应与样品中对应内标物的保留时间一致。对样品中某目标化合物定性离子的相对丰度 K_{sam} 与浓度接近的标准溶液中该目标化合物定性离子的相对丰度 K_{std} 进行比较,偏差 ≤30% 即可判定样品中存在目标化合物。

样品中某目标化合物定性离子对的相对丰度 K_{sam} 按照式(5)计算。

$$K_{sam} = \frac{A_2}{A_1} \times 100\% \tag{5}$$

式中:K_{sam}——样品中某目标化合物定性离子的相对丰度;

A_2——样品中该目标化合物定性离子的峰面积;

A_1——样品中该目标化合物定量离子的峰面积。

标准溶液中某目标化合物定性离子的相对丰度 K_{std} 按照式(6)计算。

$$K_{std} = \frac{A_{std2}}{A_{std1}} \times 100\% \tag{6}$$

式中:K_{std}——标准溶液中某目标化合物定性离子的相对丰度;

A_{std2}——标准溶液中该目标化合物定性离子的峰面积;

A_{std1}——标准溶液中该目标化合物定量离子的峰面积。

8.2 定量分析

8.2.1 试样中目标化合物浓度的计算

$$\rho_{ts} = \frac{A_{ts} \times \rho_{IS}}{A_{IS} \times \overline{RRF}} \tag{7}$$

式中:ρ_{ts}——试样中目标化合物的浓度,μg/L;

A_{ts}——目标化合物的峰面积;

A_{IS}——内标物的峰面积;

ρ_{IS}——内标物的浓度,0.5 μg/L;

$\overline{RRF}$——目标化合物的平均相对响应因子。

8.2.2 样品中目标化合物浓度的计算

$$\rho_s = \rho_{ts} \times \frac{V_{ts}}{V_s} \tag{8}$$

式中:ρ_s——样品中目标化合物的浓度,μg/L;

ρ_{ts}——试样中目标化合物的浓度,μg/L;

V_{ts}——试样的定容体积,mL;

V_s——样品的体积,mL。

8.3 结果表示

结果以阴离子计。测定结果小数点后位数的保留与方法检出限一致,最多保留3位有效数字。

9. 准确度

9.1 精密度
在实验室对不同浓度水平的目标化合物水样进行测定,相对标准偏差为1.4%~19.2%。

9.2 正确度
在实验室对不同浓度水平的目标化合物水样进行测定,加标回收率为75.2%~116.0%。

10. 质量保证和质量控制

10.1 空白实验
每20个样品或每批样品(≤20个样品/批)应至少测定1个实验室空白样品,测定结果应低于方法检出限。若空白实验不满足以上要求,应采取措施排除污染后重新分析同批样品。

10.2 校准
标准曲线至少需5个浓度系列,目标化合物相对响应因子的 RSD 应不大于20%,或者标准曲线的相关系数应不小于0.995,否则应查找原因,重新建立标准曲线。

选择标准曲线的中间浓度点进行连续校准,每分析20个样品或一批样品(≤20个样品/批)进行1次连续校准,测定结果的相对误差应不大于±20%,否则应查找原因,重新建立标准曲线。

10.3 平行样
每20个样品或每批样品(≤20个样品/批)应至少测定1个平行样,当测定结果大于定量下限时,相对偏差≤30%。

10.4 基体加标
每20个样品或每批样品(≤20个样品/批)应至少测定1个基体加标样品,加标回收率应在60%~130%。

11. 废物处理
在实验中产生的废弃物应分类收集,集中保管,并做好标识,依法委托有资质的单位进行处置。

12. 注意事项
在实验中会用到正己烷、二氯甲烷、甲醇、乙腈等有机溶剂,使用时应做好防护。

附 录 A
(规范性附录)
方法检出限和测定下限

表A.1给出了本方法中目标化合物的方法检出限和测定下限。

表A.1 方法检出限和测定下限

序号	化合物名称	方法检出限/(μg/L)	测定下限/(μg/L)
1	α-HBCD	0.03	0.12
2	β-HBCD	0.02	0.08
3	γ-HBCD	0.02	0.08

4.10 水质 22种全氟化合物的测定 高效液相色谱－三重四极杆质谱法

1. 适用范围

本方法规定了测定水中22种全氟化合物(表1)的高效液相色谱-三重四极杆质谱法。本方法适用于测定地下水、地表水、海水、生活污水和工业废水中的22种全氟化合物。

当取样体积为100 mL(富集100倍)、定容体积为1.0 mL、进样体积为5 μL时,22种全氟化合物的方法检出限为0.1~0.3 ng/L,测定下限为0.4~1.2 ng/L。

2. 规范性引用文件

本方法引用了下列文件中的条款。凡是未注明日期的引用文件,其有效版本适用于本方法。

GB 17378.3《海洋监测规范 第3部分:样品采集、贮存与运输》

HJ 91.1《污水监测技术规范》

HJ 91.2《地表水环境质量监测技术规范》

HJ 164《地下水环境监测技术规范》

HJ 442.3《近岸海域环境监测技术规范 第三部分 近岸海域水质监测》

3. 方法原理

样品中的全氟化合物经弱阴离子交换固相萃取柱富集和净化、氮吹浓缩和定容后进样,用高效液相色谱仪分离,用三重四极杆质谱仪检测。根据保留时间和特征离子定性,用内标物法定量。

4. 干扰及其消除

4.1 当样品中存在基质干扰时,可通过优化色谱条件、稀释样品、减小进样体积以及对样品进行预处理等方式减小或消除干扰。

4.2 当空白样品有检出时,可从仪器、试剂和实验耗材等方面分别进行空白实验排查问题,再通过清洗仪器、更换试剂和实验耗材加以消除。

5. 试剂和材料

除非另有说明,分析时均使用符合国家标准的分析纯试剂,实验用水为新制备的不含目标化合物的纯水。

5.1 甲醇:质谱级。

5.2 甲酸:质谱级。

5.3 乙酸铵:质谱级。

5.4 氨水:ρ=0.91 g/mL,优级纯。

5.5 氨水-甲醇溶液:w=1%。

量取10 mL氨水(5.4)加入1 000 mL甲醇(5.1)中,混匀。

5.6 乙酸铵水溶液:5 mmol/L。

准确称取0.193 g乙酸铵(5.3)溶于适量水中,溶解后转移至500 mL容量瓶中,用水稀释定容,混匀。

5.7 22种全氟化合物混合标准贮备溶液浓度为20 mg/L,具体见表1。

表1 22种全氟化合物混合标准贮备溶液的成分和浓度

简写名称	中文名称	浓度/(mg/L)
N-MeFOSAA	N-甲基全氟辛基磺酰胺乙酸	20
N-EtFOSAA	N-乙基全氟辛基磺酰胺乙酸	20
PFBS	全氟丁烷磺酸	20
PFPeS	全氟戊烷磺酸	20
PFHxS	全氟己烷磺酸	20
PFHpS	全氟庚烷磺酸	20
PFOS	全氟辛烷磺酸	20
PFNS	全氟壬烷磺酸	20
PFDS	全氟癸烷磺酸	20
PFBA	全氟丁酸	20
PFPeA	全氟戊酸	20
PFHxA	全氟己酸	20
PFHpA	全氟庚酸	20
PFOA	全氟辛酸	20
PFNA	全氟壬酸	20
PFDA	全氟癸酸	20
PFUnA	全氟十一酸	20
PFDoA	全氟十二酸	20
PFTrDA	全氟十三酸	20
PFTeDA	全氟十四酸	20
PFHxDA	全氟十六酸	20
PFODA	全氟十八酸	20

5.8 22种全氟化合物混合标准使用液:ρ=1.00 mg/L。

吸取适量全氟化合物标准贮备溶液(5.7),用甲醇(5.1)稀释,配制浓度为1.00 mg/L的22种全氟化合物混合标准使用液,在4 ℃以下冷藏、避光保存,可保存6个月。

5.9 15种碳13标记的全氟内标物贮备溶液:浓度为1 mg/L,具体见表2。

第4章 水质中典型新污染物分析测试方法

表2 15种碳13标记的全氟内标物贮备溶液的成分和浓度

简写名称	中文名称	浓度/(mg/L)
M_3PFBS	碳13标记的全氟丁烷磺酸	1
M_3PFHxS	碳13标记的全氟己烷磺酸	1
M_8PFOS	碳13标记的全氟辛烷磺酸	1
MPFBA	碳13标记的全氟丁酸	1
M_5PFPeA	碳13标记的全氟戊酸	1
M_5PFHxA	碳13标记的全氟己酸	1
M_4PFHpA	碳13标记的全氟庚酸	1
M_8PFOA	碳13标记的全氟辛酸	1
M_9PFNA	碳13标记的全氟壬酸	1
M_6PFDA	碳13标记的全氟癸酸	1
M_7PFUnA	碳13标记的全氟十一酸	1
MPFDoA	碳13标记的全氟十二酸	1
M_2PFTeDA	碳13标记的全氟十四酸	1
d_3-N-MeFOSAA	氘代N-甲基全氟辛基磺酰胺乙酸	1
d_5-N-EtFOSAA	氘代N-乙基全氟辛基磺酰胺乙酸	1

5.10 15种碳13标记的全氟内标物使用液:ρ=50 μg/L。

吸取适量全氟内标物贮备溶液(5.9),用甲醇(5.1)稀释,配制浓度为50 μg/L的15种全氟内标物使用液,在4 ℃以下冷藏、避光保存,可保存6个月。

5.11 微孔滤膜:玻璃纤维材质,孔径为0.22 μm。

5.12 固相萃取柱:弱阴离子交换固相萃取小柱(200 mg/6 mL)或其他等效固相萃取柱。

5.13 高纯氮气:纯度≥99.999%。

6. 仪器和设备

6.1 采样瓶:500 mL聚丙烯材质样品瓶。

6.2 高效液相色谱-三重四极杆质谱仪:配有电喷雾离子(ESI)源,具备梯度洗脱功能和多反应监测功能。

6.3 色谱柱:柱长100 mm、内径为2.1 mm、填料粒径1.8 μm的C18反相液相色谱柱或其他性能相近、可等效替换的色谱柱。

6.4 固相萃取装置:手动或自动。

6.5 浓缩装置:氮吹仪或其他等效仪器。

6.6 超声振荡器:40 kHz,功率≥100 W。

6.7 涡旋混合器:转速≥1 000 r/min。

6.8 高速离心机:转速≥6 000 r/min。

6.9 微量注射器或移液器:10 μL、50 μL、100 μL、500 μL、1 000 μL。

6.10 一般实验室常用仪器和设备。

7. 样品

7.1 样品的采集和保存

按照 GB 17378.3、HJ 91.1、HJ 91.2、HJ 164 和 HJ 442.3 的相关规定进行样品的采集。样品应充满采样瓶(6.1),不留空隙,采集完毕后拧紧瓶盖。若采集后样品的 pH 值不在 6~8,用甲酸(5.2)或氨水(5.4)调节其 pH 值至 6~8。

样品采集后应在 10 ℃ 以下运输和存储,样品到达实验室后应确保温度在 10 ℃ 以下,实验室存储样品的温度应在 4 ℃ 以下,但避免冷冻至 0 ℃ 以下。样品应在 14 d 内进行提取,提取后的样品可以在室温下保存 28 d。

7.2 试样的制备

7.2.1 过滤

样品送回实验室后应尽快取出,在室温下平衡样品温度。若样品清澈、无明显的杂质可不经过滤,量取 100 mL 样品,加入 10 μL 全氟内标物使用液(5.10)后直接进行固相萃取。如果样品混浊导致无法进行固相萃取,应用布氏漏斗过滤,用量筒量取 100 mL 过滤后的样品,加入 10 μL 全氟内标物使用液(5.10)后待萃取。

7.2.2 萃取

将固相萃取柱安装在固相萃取装置上,依次加入 5 mL 氨水-甲醇溶液(5.5)、10 mL 甲醇(5.1)和 10 mL 纯水,在添加溶剂的过程中始终保持柱头湿润。用滴管手动加入水样或通过聚乙烯接头连接 50 mL 注射器注入水样,流速控制在 1~2 滴/s。依次用 5 mL 25 mmol/L 的乙酸铵水溶液(用乙酸调节 pH 值至 4.0)和 2 mL 甲醇(5.1)淋洗固相萃取柱。将固相萃取柱真空抽干 5 min,用 5 mL 氨水-甲醇溶液(5.5)洗脱,收集洗脱液置于 15 mL 聚丙烯离心管中。

7.2.3 浓缩

将收集到的洗脱液用氮吹仪浓缩至近干,用甲醇(5.1)定容至 1 mL,用涡旋混匀器涡旋 3 min,超声 5 min 后用高速离心机处理 5 min,将上清液转移至 1.5 mL 棕色进样瓶中,在 4 ℃ 以下保存,待测。

7.3 空白试样的制备

用实验用水代替样品,按照与试样的制备(7.2)相同的步骤进行空白试样的制备。

8. 分析步骤

8.1 仪器参考条件

8.1.1 液相色谱仪参考条件

流动相:A,乙酸铵水溶液(5.6);B,甲醇(5.1)。流动相流速:0.3 mL/min。进样量:5 μL。柱温:40 ℃。梯度洗脱程序见表 3。

表3 梯度洗脱程序

时间/min	A 的体积分数/%	B 的体积分数/%
0	70	30
0.5	70	30
7.5	0	100
9.5	0	100
10.0	70	30
12.0	70	30

8.1.2 质谱仪参考条件

离子源：ESI 源，负离子模式。干燥气流量：900 L/h。干燥气温度：500 ℃。毛细管电压：1.6 kV。监测方式：多反应监测。

用标准溶液对质谱仪进行优化，参数包括锥孔电压、碰撞能。目标化合物和内标物的多反应监测条件见表4。

表4 目标化合物和内标物的多反应监测优化结果

化合物名称	母离子质荷比（m/z）	子离子质荷比（m/z）	锥孔电压/V	碰撞能/eV
N-MeFOSAA	569.8	419.0	25	20
		482.9	25	14
N-EtFOSAA	583.8	419.0	25	20
		482.9	25	16
PFBS	298.8	79.8	24	32
		98.9	24	26
PFPeS	348.9	79.8	20	35
		98.9	20	35
PFHxS	398.8	79.8	24	34
		98.8	24	34
PFHpS	448.9	79.8	20	35
		98.8	20	35
PFOS	498.8	80.0	40	40
		98.8	40	40
PFNS	549.0	79.8	30	40
		98.8	30	40
PFDS	599.0	79.8	30	48
		98.8	30	48
PFBA	212.8	168.8	20	9

续表

化合物名称	母离子质荷比(m/z)	子离子质荷比(m/z)	锥孔电压/V	碰撞能/eV
PFPeA	262.8	68.8	20	32
		218.8	20	9
PFHxA	312.8	118.9	15	22
		269.0	15	10
PFHpA	362.8	168.9	12	18
		319.0	12	10
PFOA	412.8	168.9	15	18
		369.0	15	10
PFNA	462.8	218.9	12	18
		419.0	12	10
PFDA	512.8	218.9	20	18
		469.0	20	10
PFUnA	562.8	268.9	18	18
		519.0	18	12
PFDoA	612.8	318.9	15	20
		569.0	15	10
PFTrDA	662.8	168.9	15	26
		619.0	15	10
PFTeDA	712.8	168.9	15	28
		669.0	15	10
PFHxDA	813.0	168.8	30	32
		769.0	30	14
PFODA	913.0	168.8	35	35
		869.0	35	16
M_3PFBS	301.8	79.8	24	32
		98.9	24	26
M_3PFHxS	401.8	79.9	24	34
		98.8	24	34
M_8PFOS	506.8	80.0	40	40
		98.8	40	40
MPFBA	216.8	171.8	20	9
M_5PFPeA	267.8	69.8	20	32
		222.8	20	9
M_5PFHxA	317.8	120.0	15	22
		272.8	15	10

续表

化合物名称	母离子质荷比(m/z)	子离子质荷比(m/z)	锥孔电压/V	碰撞能/eV
M$_4$PFHpA	366.8	168.9	12	18
		321.8	12	10
M$_8$PFOA	420.8	171.9	15	18
		375.8	15	10
M$_9$PFNA	471.8	223.0	12	18
		426.8	12	10
M$_6$PFDA	518.9	219.0	20	18
		473.9	20	18
M$_7$PFUnA	569.9	270.0	18	20
		524.9	18	12
MPFDoA	614.9	318.9	15	22
		570.0	15	12
M$_2$PFTeDA	714.9	168.9	15	29
		670.0	15	12
d$_3$-N-MeFOSAA	572.8	419.0	25	20
		482.9	25	16
d$_5$-N-EtFOSAA	589.0	219.0	25	25
		419.0	25	20

8.2 校准

8.2.1 建立标准曲线

移取适量 22 种全氟化合物混合标准使用液(5.8),用甲醇(5.1)稀释,配制标准系列溶液。标准系列溶液中 22 种全氟化合物的质量浓度分别为 0.05 μg/L、0.20 μg/L、0.50 μg/L、2.00 μg/L、5.00 μg/L、20.0 μg/L、50.0 μg/L。移取 1.0 mL 标准系列溶液置于棕色进样瓶中,加入 10.0 μL 内标物使用液,使内标物的质量浓度为 0.5 μg/L,配制成全氟化合物标准系列溶液。该标准系列溶液 4 ℃以下冷藏、避光保存。

按照仪器参考条件(8.1),由低浓度到高浓度依次对标准系列溶液进行测定。以标准系列溶液中目标组分的质量浓度为横坐标,以目标组分的峰面积与对应的内标物的峰面积的比值和内标物的质量浓度的乘积为纵坐标,建立标准曲线。

8.2.2 计算平均相对响应因子计算

目标化合物经定性鉴别后,根据定量离子的峰面积(或峰高)用内标物法定量。

标准系列中第 i 点目标化合物的相对响应因子 RRF_{csi} 按照式(1)计算。

$$RRF_{csi} = \frac{A_{si}}{A_{csi}} \times \frac{Q_{csi}}{Q_{si}} \tag{1}$$

式中:RRF_{csi}——标准系列溶液中第 i 点目标化合物的相对响应因子;

A_{csi}——标准系列溶液中第 i 点内标物定量离子的峰面积;

A_{si}——标准系列溶液中第 i 点目标化合物定量离子的峰面积;

Q_{csi}——标准系列溶液中第 i 点内标物的质量,ng;

Q_{si}——标准系列溶液中第 i 点目标化合物的质量,ng。

标准系列中目标化合物的平均相对响应因子 $\overline{RRF_{cs}}$ 按照式(2)计算。

$$\overline{RRF_{cs}} = \frac{\sum_{i=1}^{n} RRF_{csi}}{n} \quad (2)$$

式中:$\overline{RRF_{cs}}$——标准系列中目标化合物的平均相对响应因子;

RRF_{csi}——标准系列溶液中第 i 点目标化合物的相对响应因子;

n——标准曲线的浓度点数。

8.2.3 总离子色谱图

22 种全氟化合物的总离子流图见图 1。

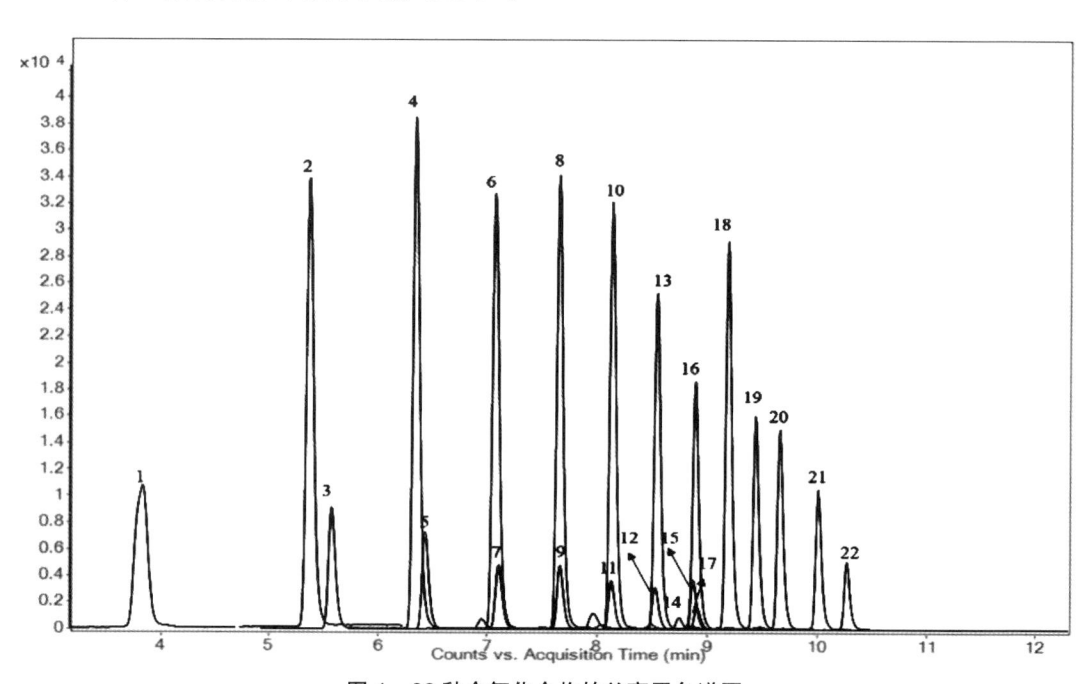

图 1 22 种全氟化合物的总离子色谱图

1—PFBA;2—PFPeA;3—PFBS;4—PFHxA;5—PFPeS;6—PFHpA;7—PFHxS;8—PFOA;9—PFHpS;10—PFNA;11—PFOS;12—PFNS;13—PFDA;14—N-MeFOSAA;15—PFDS;16—PFUnA;17—N-EtFOSAA;18—PFDoA;19—PFTrDA;20—PFTeDA;21—PFHxDA;22—PFODA

8.3 试样的测定

按照与建立标准曲线(8.2.1)相同的测量条件进行试样(7.2)的测定。当试样的浓度超出标准曲线的线性范围时,应将水样稀释,重新制备材料并测定。

8.4 空白试样的测定

按照与试样的测定(8.3)相同的步骤进行空白试样(7.3)的测定。

9. 结果计算与表示

9.1 定性分析

通过目标化合物的保留时间和离子对进行定性分析。

在相同的实验条件下,试样中目标化合物的保留时间和内标物的保留时间的比值与标准样品中该目标化合物的保留时间和内标物的保留时间的比值相比较,相对偏差应在 ±2.5% 以内;且对待测样品中某目标化合物定性离子的相对丰度 K_{sam} 与浓度接近的标准溶液中该目标化合物定性离子的相对丰度 K_{std} 进行比较,偏差不超过表5规定的范围,则可判定样品中存在对应的目标化合物。

样品中某目标化合物定性离子的相对丰度 K_{sam} 按照式(3)计算。

$$K_{sam} = \frac{A_2}{A_1} \times 100\% \tag{3}$$

式中:K_{sam}——样品中某目标化合物定性离子的相对丰度;
　　　A_2——样品中该目标化合物定性离子的峰面积;
　　　A_1——样品中该目标化合物定量离子的峰面积。

标准溶液中某目标化合物定性离子的相对丰度 K_{std} 按照式(4)计算。

$$K_{std} = \frac{A_{std2}}{A_{std1}} \times 100\% \tag{4}$$

式中:K_{std}——标准溶液中某目标化合物定性离子的相对丰度;
　　　A_{std2}——标准溶液中该目标化合物定性离子的峰面积;
　　　A_{std1}——标准溶液中该目标化合物定量离子的峰面积。

表5　定性确认时相对离子丰度的最大允许偏差

K_{std}/%	K_{sam} 最大允许偏差/%
$K_{std} > 50$	±20
$20 < K_{std} \leq 50$	±25
$10 < K_{std} \leq 20$	±30
$K_{std} \leq 10$	±50

9.2 定量分析

样品中全氟化合物的质量浓度按照式(5)计算。

$$\rho_i = \rho_t \times \frac{1000 \times V_t}{V_s} \times D \tag{5}$$

式中:ρ_i——样品中目标化合物 i 的质量浓度,ng/L;
　　　ρ_t——试样中目标化合物 i 的质量浓度,μg/L;
　　　V_t——试样的定容体积,mL;
　　　V_s——样品的体积,mL;
　　　D——试样的稀释倍数。

9.3 结果表示

测定结果小数点后位数的保留与方法检出限一致,最多保留 3 位有效数字。

10. 准确度

10.1 精密度

在实验室分别对加标浓度为 2.0 ng/L、20.0 ng/L 和 200.0 ng/L 的样品进行 6 次重复测定,相对标准偏差分别为 1.9%~12.0%、1.5%~11.0% 和 0.7%~8.2%。

10.2 正确度

在实验室分别对加标浓度为 2.0 ng/L、20.0 ng/L 和 200.0 ng/L 的样品进行 6 次重复测定,加标回收率分别为 75.0%~125.0%、70.5%~128.0% 和 70.0%~121.0%。

11. 质量保证和质量控制

11.1 空白实验

每 20 个样品或每批样品(≤20 个样品/批)应至少测定 1 个实验室空白样品,测定结果应低于方法检出限。

11.2 校准

标准系列溶液至少配制 5 个浓度点,目标化合物相对响应因子(RRF)的相对标准偏差(RSD)≤30%。

每 20 个样品或每批样品(≤20 个样品/批)应至少测定 1 个标准曲线中间浓度点,其测定结果与该点浓度的相对偏差应在 ±20% 以内,否则应重新建立标准曲线。

11.3 平行样

每 20 个样品或每批样品(≤20 个样品/批)应至少测定 1 个平行样,当含量高于方法检出限时,相对偏差应不大于 25%。

11.4 基体加标

每 20 个样品或每批样品(≤20 个样品/批)应至少测定 1 个基体加标样品,目标化合物回收率应在 60%~130%。

12. 废物处理

在实验中产生的废弃物应分类收集,集中保管,并做好标识,依法委托有资质的单位进行处置。

13. 注意事项

13.1 液相色谱管路有全氟化合物溶出,该类物质经色谱柱富集后会对分析产生干扰,所以须在液相色谱进样器前安装捕集柱,对干扰物质进行捕集分离。

13.2 在前处理过程中,接触水样的容器对目标化合物有不同程度的吸附作用,在水样固相萃取上样结束后,须用甲醇对接触过水样的容器进行洗涤,并将洗涤液用于洗脱过程。

附 录 A
（规范性附录）
方法检出限和测定下限

表 A.1 给出了本方法中目标化合物的方法检出限和测定下限。

表 A.1　方法检出限和测定下限

序号	化合物名称	方法检出限/(ng/L)	测定下限/(ng/L)
1	NMeFOSAA	0.2	0.8
2	NEtFOSAA	0.1	0.4
3	PFBS	0.2	0.8
4	PFPeS	0.2	0.8
5	PFHxS	0.2	0.8
6	PFHpS	0.2	0.8
7	PFOS	0.2	0.8
8	PFNS	0.3	1.2
9	PFDS	0.2	0.8
10	PFBA	0.2	0.8
11	PFPeA	0.2	0.8
12	PFHxA	0.2	0.8
13	PFHpA	0.2	0.8
14	PFOA	0.2	0.8
15	PFNA	0.2	0.8
16	PFDA	0.2	0.8
17	PFUnA	0.2	0.8
18	PFDoA	0.3	0.8
19	PFTrDA	0.2	0.8
20	PFTeDA	0.2	0.8
21	PFHxDA	0.2	0.8
22	PFODA	0.2	0.8

4.11 水质 10种有机磷酸酯类化合物的测定 高效液相色谱－三重四极杆质谱法

1. 适用范围

本方法规定了测定水中10种有机磷酸酯类化合物的高效液相色谱－三重四极杆质谱法。

本方法适用于测定地表水、地下水、生活污水、工业废水和海水中的磷酸三乙酯（TEP）、磷酸三丙酯（TPrP）、磷酸三异丁酯（TiBP）、磷酸三正丁酯（TnBP）、磷酸三丁氧乙酯（TBEP）、磷酸三（2-氯乙基）酯（TCEP）、磷酸三（2-氯异丙基）酯（TCPP）、磷酸三（1,3-二氯-2-丙基）酯（TDCP）、磷酸三苯基酯（TPhP）、磷酸三（2,3-二溴丙基）酯（TDBPP）等10种有机磷酸酯类化合物。

直接进样法：当取样体积为0.5 mL、定容体积为1 mL、进样体积为5 μL时，10种有机磷酸酯的方法检出限为0.1~0.3 μg/L，测定下限为0.4~1.2 μg/L，详见附录A。

液液萃取法：当取样体积为200 mL、定容体积为1 mL、进样体积为5 μL时，10种有机磷酸酯的方法检出限为1.0~3.0 ng/L，测定下限为4.0~12.0 ng/L，详见附录A。

2. 规范性引用文件

下列文件对于本方法的应用是必不可少的。凡是注日期的引用文件，仅注日期的版本适用于本方法。凡是不注日期的引用文件，其最新版本（包括所有的修改单）适用于本方法。

GB/T 6682《分析实验室用水规格和试验方法》

HJ 494《水质 采样技术指导》

HJ 164《地下水环境监测技术规范》

HJ 91.1《污水监测技术规范》

GB 17378.3《海洋监测规范 第3部分：样品采集、贮存与运输》

HJ 442.3《近岸海域环境监测技术规范 第三部分 近岸海域水质监测》

HJ 91.2《地表水环境质量监测技术规范》

3. 方法原理

样品中的有机磷酸酯经加入等体积的甲醇混匀、离心后直接进样，或经液液萃取、氮吹浓缩和定容后进样，用高效液相色谱－三重四极杆质谱（HPLC-MS/MS）仪进行分离和检测。根据保留时间和特征离子定性，用内标物法定量。

4. 干扰及其消除

4.1 当样品中存在基质干扰时，可通过优化色谱条件、稀释样品、减小进样体积以及对样品进行预处理等方式减小或消除干扰。

4.2 当空白样品有检出时，可从仪器、试剂和实验耗材等方面分别进行空白实验排查问题，再通过清洗仪器、更换试剂和实验耗材加以消除。

5. 试剂和材料

除非另有说明，分析时均使用符合国家标准的分析纯试剂，实验用水为新制备的不含目标化合物的纯水。

5.1 甲醇：质谱级。

5.2 二氯甲烷：农残级。

5.3 甲酸：质谱级。

5.4 氨水：$\rho(NH_3 \cdot H_2O)$=0.91 g/mL，优级纯。

5.5 甲酸水溶液：0.02%。

取 100 μL 甲酸(5.3)加入 500 mL 水中，混匀。

5.6 有机磷酸酯标准贮备溶液：ρ=100 mg/L。

可购买市售有证标准溶液，目标化合物包括磷酸三乙酯（TEP）、磷酸三丙酯（TPrP）、磷酸三异丁酯（TiBP）、磷酸三正丁酯（TnBP）、磷酸三丁氧乙酯（TBEP）、磷酸三(2-氯乙基)酯（TCEP）、磷酸三(2-氯异丙基)酯（TCPP）、磷酸三(1,3-二氯-2-丙基)酯（TDCP）、磷酸三苯基酯（TPhP）、磷酸三(2,3-二溴丙基)酯（TDBPP），贮备溶液参照产品说明书保存。也可购买固体单标，经甲醇(5.1)溶解后，配制所需浓度的标准贮备溶液。

5.7 有机磷酸酯混合标准使用液：ρ=1.00 mg/L。

取适量有机磷酸酯标准贮备溶液(5.6)用甲醇(5.1)稀释，在 4 ℃以下冷藏、密封、避光保存，保存期为 6 个月。

5.8 内标物贮备溶液：ρ=1.00 mg/L。

推荐内标物为 TCPP-d$_{18}$、TnBP-d$_{27}$、TPhP-d$_{15}$，也可使用其他同位素物质。用标准物质配制，用甲醇(5.1)溶解，在 4 ℃以下冷藏、避光保存。也可直接购买市售有证标准溶液，参照产品说明书保存。

5.9 内标物使用液：ρ=50.0 μg/L。

取适量内标物贮备溶液(5.8)用甲醇(5.1)稀释，在 4 ℃以下冷藏、密封、避光保存，保存期为 6 个月。

5.10 氮气：纯度 ≥99.999%。

6. 仪器和设备

6.1 采样瓶：1 000 mL 玻璃瓶。

6.2 高效液相色谱-三重四极杆质谱仪：配有电喷雾离子(ESI)源，具备梯度洗脱功能和多反应监测功能。

6.3 色谱柱：柱长 100 mm、内径 2.1 mm、填料粒径 1.7 μm 的 C18 反相色谱柱或其他性能相近、可等效替换的色谱柱。

6.4 捕集柱：柱长 50 mm、内径 2.1 mm、填料粒径 3~5 μm 的 C18 反相色谱柱或其他性能相近、可等效替换的色谱柱。

6.5 浓缩装置：氮吹仪或其他等效仪器。

6.6 超声振荡器：40 kHz，功率 ≥100 W。

6.7 涡旋混合器:转速 0~3 000 r/min。

6.8 高速离心机:转速 ≥6 000 r/min。

6.9 微量注射器或移液器:10 μL、50 μL、100 μL、500 μL、1 000 μL。

6.10 聚丙烯离心管:50 mL。

6.11 一般实验室常用仪器和设备。

7. 样品

7.1 样品的采集和保存

按照 HJ 164、HJ 91.1、GB 17378.3、HJ 442.3 和 HJ 91.2 的相关规定进行样品的采集。样品应充满采样瓶(6.1),不留空隙。若采集后样品的 pH 值不在 6~8,用甲酸(5.3)或氨水(5.4)调节其 pH 值至 6~8,拧紧瓶盖,在 4 ℃以下冷藏、避光保存,7 d 内须完成分析。

7.2 试样的制备

7.2.1 直接进样法

分别移取 500 μL 水样和甲醇(5.1)置于进样瓶中,加入内标物使用液(5.9),用涡旋混合器(6.7)涡旋混合 1 min 后,用高速离心机(6.8)在 6 000 r/min 下离心 5 min,取上清液进样分析。

7.2.2 液液萃取法

将 200 mL 水样加入提前用二氯甲烷清洗过的 500 mL 分液漏斗中,加入内标物使用液(5.9),混匀。加入 20 mL 二氯甲烷,充分振荡 3 min 后静置,分出有机相置于 50 mL 聚乙烯离心管(6.10)中,重复以上操作 1 次,合并有机相,在 40 ℃下氮吹浓缩至约 5 mL 后,加入 1∶1 的(体积比)甲醇水溶液,继续氮吹浓缩至 0.5 mL,加入 0.5 mL 甲醇,混匀后置于进样瓶中,待测。

7.3 空白试样的制备

用实验用水代替样品,按照与试样的制备(7.2)相同的步骤进行空白试样的制备。

8. 分析步骤

8.1 仪器参考条件

8.1.1 液相色谱仪参考条件

流动相:A,甲酸水溶液(5.5);B,甲醇(5.1)。流动相流速:0.3 mL/min。进样量:5 μL。柱温:40 ℃。梯度洗脱程序见表 1。

表 1 梯度洗脱程序

时间/min	A 的体积分数 /%	B 的体积分数 /%
0	60	40
2.5	30	70
7.5	15	85
8.0	0	100
12.0	0	100
12.1	60	40
14.5	60	40

8.1.2 质谱仪参考条件

离子源：ESI 源，正离子模式。离子源温度：100 ℃。干燥气流量：11 L/min。干燥气温度：360 ℃。毛细管电压：3.0 kV。监测方式：多反应监测。目标化合物的多反应离子监测条件详见附录 B。

8.1.3 仪器调谐

按照仪器使用说明书在规定时间和频次内校正高效液相色谱 - 三重四极杆质谱仪的质量数和分辨率，以确保仪器处于最佳测定状态。

8.2 校准

8.2.1 建立标准曲线

用微量注射器或移液器（6.9）移取一定量的有机磷酸酯混合标准使用液（5.7）和内标物使用液（5.9），用甲醇（5.1）稀释，配制至少 5 个浓度点的标准系列溶液溶液。标准系列溶液中目标化合物的质量浓度分别为 0.2 μg/L、0.5 μg/L、2.0 μg/L、5.0 μg/L、20.0 μg/L（此为参考浓度），内标物的质量浓度均为 1.0 μg/L。取适量制备好的标准系列溶液贮存在进样瓶中，待测。

按照从低浓度到高浓度的顺序测定标准系列溶液，以目标化合物的质量浓度为横坐标，以目标化合物响应值与内标物响应值的比值和内标物质量浓度的乘积为纵坐标，建立标准曲线。

注：可根据被测样品中有机磷酸酯的浓度水平确定合适的标准系列溶液浓度范围。

8.2.2 总离子色谱图

在仪器参考条件（8.1）下，10 种有机磷酸酯的总离子流图见图 1。

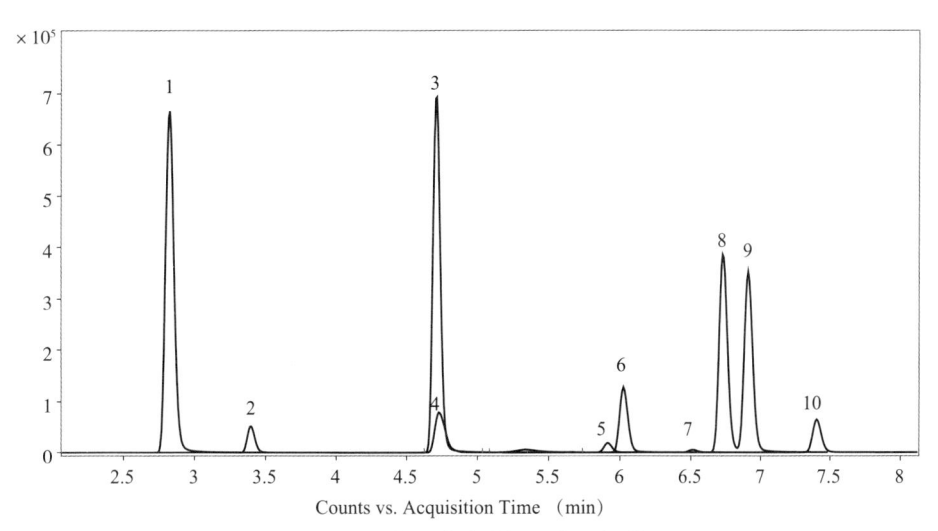

图 1　10 种有机磷酸酯提取离子色谱图

1—磷酸三乙酯；2—磷酸三（2-氯乙基）酯；3—磷酸三丙酯；4—磷酸三（2-氯异丙基）酯；
5—磷酸三（1,3-二氯-2-丙基）酯；6—磷酸三苯基酯；7—磷酸三（2,3-二溴丙基）酯；
8—磷酸三异丁酯；9—磷酸三正丁酯；10—磷酸三丁氧乙酯

8.3 试样的测定

按照与建立标准曲线相同的仪器参考条件(8.1)进行试样(7.2)的测定。当试样的浓度超出标准曲线的线性范围时,应将水样稀释,重新制备试样并测定,同时记录试样的稀释倍数 D。

8.4 空白试样的测定

按照与试样的测定相同的仪器参考条件(8.1)和步骤进行空白试样(7.3)的测定。

9. 结果计算与表示

9.1 定性分析

按照质谱仪参考条件(8.1.2)中确定的母离子与子离子进行监测,试样中目标化合物的保留时间与标准样品中该目标化合物的保留时间的相对偏差的绝对值应小于2.5%;且对待测样品中各目标化合物定性离子的相对丰度 K_{sam} 与浓度接近的标准溶液中该目标化合物定性离子的相对丰度 K_{std} 进行比较,偏差在表2规定的最大允许偏差范围内,则可判定样品中存在对应的目标化合物。通过目标化合物的保留时间和离子进行定性分析。

样品中某目标化合物定性离子的相对丰度 K_{sam} 按照式(1)计算。

$$K_{sam} = \frac{A_2}{A_1} \times 100\% \tag{1}$$

式中:K_{sam} ——样品中某目标化合物定性离子的相对丰度;
A_2 ——样品中该目标化合物定性离子的峰面积;
A_1 ——样品中该目标化合物定量离子的峰面积。

标准溶液中某目标化合物定性离子的相对丰度 K_{std} 按照式(2)计算。

$$K_{std} = \frac{A_{std2}}{A_{std1}} \times 100\% \tag{2}$$

式中:K_{std} ——标准溶液中某目标化合物定性离子的相对丰度;
A_{std2} ——标准溶液中该目标化合物定性离子的峰面积;
A_{std1} ——标准溶液中该目标化合物定量离子的峰面积。

表2 定性确认时相对离子丰度的最大允许偏差

K_{std}/%	K_{sam} 最大允许偏差/%
$K_{std}>50$	±20
$20<K_{std}\leq50$	±25
$10<K_{std}\leq20$	±30
$K_{std}\leq10$	±50

9.2 定量分析

样品中目标化合物的质量浓度按照式(3)计算。

$$\rho_i = \rho_t \times \frac{1000 \times V_t}{V_s} \times D \tag{3}$$

式中：ρ_i——样品中目标化合物 i 的质量浓度，ng/L；

ρ_t——试样中目标化合物 i 的质量浓度，μg/L；

V_t——试样的定容体积，mL；

V_s——样品的体积，mL；

D——试样的稀释倍数。

9.3 结果表示

测定结果小数点后位数的保留与方法检出限一致，最多保留 3 位有效数字。

10. 准确度

10.1 精密度

在实验室分别测定直接进样法加标浓度分别为 0.8 μg/L、4.0 μg/L、0.8 μg/L、4.0 μg/L、40.0 μg/L 的地下水、地表水、海水、生活污水和工业废水，测定结果的相对标准偏差分别为 0%~7.9%、1.7%~4.6%、0%~21.0%、1.0%~3.5% 和 1.9%~3.7%；测定液液萃取法加标浓度分别为 10.0 ng/L、50.0 ng/L、100.0 ng/L、200.0 ng/L 的地下水、地表水、海水、生活污水和工业废水，测定结果的相对标准偏差分别为 1.1%~6.3%、3.2%~12.0%、1.1%~5.2%、1.6%~12.0% 和 2.0%~4.0%。

10.2 正确度

在实验室分别测定直接进样法加标浓度分别为 0.8 μg/L、4.0 μg/L、0.8 μg/L、4.0 μg/L、40.0 μg/L 的地下水、地表水、海水、生活污水和工业废水，加标回收率分别为 87.5%~125.0%、95.0%~122.0%、75.0%~125.0%、97.5%~118.0% 和 89.8%~119.0%；测定液液萃取法加标浓度分别为 10.0 ng/L、50.0 ng/L、50.0 ng/L、100.0 ng/L、200 ng/L 的地下水、地表水、海水、生活污水和工业废水，加标回收率分别为 71.0%~135.0%、90.0%~133.0%、85.0%~128.0%、85.5%~140.0% 和 85.5%~119.0%。

11. 质量保证和质量控制

11.1 空白实验

每 20 个样品或每批样品（≤20 个样品/批）应至少测定 1 个实验室空白样品，测定结果应低于方法测定下限。

11.2 校准

每批样品都应建立标准曲线，相关系数应不小于 0.995，否则需重新绘制标准曲线。

每 20 个样品或每批样品（≤20 个样品/批）应至少测定 1 个标准曲线中间浓度点，其测定结果与该点浓度的相对偏差应在 ±20% 以内。

11.3 平行样

每 20 个样品或每批样品（≤20 个样品/批）应至少测定 1 个平行样，当含量高于方法检出限时，相对偏差应不大于 25%。

11.4 基体加标

每 20 个样品或每批样品（≤20 个样品/批）应至少测定 1 个基体加标样品，基体加标回收率直接进样法应在 70%~130%，液液萃取法应在 70%~140%。

12. 废物处理

在实验中产生的废弃物应分类收集,集中保管,并做好标识,依法委托有资质的单位进行处置。

13. 注意事项

13.1 有的品牌的进样瓶可能含有有机磷酸酯的本底污染,使用前须进行空白检验,如有检出,须用甲醇对其进行清洗,再次检验合格后方可使用,或直接更换别的品牌的进样瓶。

13.2 流动相管路和水中含有微量的 TCPP,会对分析产生干扰,需要在液相流路混合器和进样器间加捕集柱,使干扰与测试峰分离。

附 录 A
（规范性附录）
方法检出限和测定下限

表 A.1 给出了本方法中目标化合物的方法检出限和测定下限。直接进样法:取样体积为 0.5 mL,进样体积为 5.0 μL。液液萃取法:取样体积为 200 mL,进样体积为 5.0 μL。

表 A.1 方法检出限和测定下限

序号	化合物名称	简称	CAS 编号	直接进样法 方法检出限 /(μg/L)	直接进样法 测定下限 /(μg/L)	液液萃取法 方法检出限 /(ng/L)	液液萃取法 测定下限 /(ng/L)
1	磷酸三乙酯	TEP	78-40-0	0.1	0.4	2.0	8.0
2	磷酸三丙酯	TPrP	513-08-6	0.1	0.4	2.0	8.0
3	磷酸三异丁酯	TiBP	126-71-6	0.1	0.4	1.0	4.0
4	磷酸三正丁酯	TnBP	126-73-8	0.1	0.4	1.0	4.0
5	磷酸三丁氧乙酯	TBEP	78-51-3	0.1	0.4	2.0	8.0
6	磷酸三(2-氯乙基)酯	TCEP	115-96-8	0.1	0.4	2.0	8.0
7	磷酸三(2-氯异丙基)酯	TCPP	13674-84-5	0.3	1.2	3.0	12.0
8	磷酸三(1,3-二氯-2-丙基)酯	TDCP	13674-87-8	0.1	0.4	1.0	4.0
9	磷酸三苯基酯	TPhP	115-86-8	0.1	0.4	1.0	4.0
10	磷酸三(2,3-二溴丙基)酯	TDBPP	126-72-7	0.3	1.2	2.0	8.0

附 录 B
（资料性附录）
多反应离子监测条件

表 B.1 给出了本方法中有机磷酸酯的多反应离子监测条件。

表 B.1 有机磷酸酯的多反应离子监测条件

化合物名称	母离子质荷比 (m/z)	子离子质荷比 (m/z)	碎裂电压/V	碰撞能/eV	对应内标物
TEP	183.0	99.0	88	20	TnBP-d$_{27}$
		81.1	88	44	
TPrP	225.0	99.0	88	20	TnBP-d$_{27}$
		81.1	88	60	
TiBP	267.0	99.0	88	16	TnBP-d$_{27}$
		81.1	88	60	
TnBP	348.9	99.0	88	20	TnBP-d$_{27}$
		81.1	88	60	
TBEP	399.2	199.1	144	16	TnBP-d$_{27}$
		57.2	144	36	
TCEP	285.0	63.2	116	32	TCPP-d$_{18}$
		99.0	116	32	
TCPP	327.0	99.0	88	24	TCPP-d$_{18}$
		81.1	88	60	
TDCP	431.0	99.1	116	36	TCPP-d$_{18}$
		208.9	116	16	
TPhP	327.1	77.1	172	56	TPhP-d$_{15}$
		152.1	172	48	
TDBPP	698.6	99.0	144	36	TCPP-d$_{18}$
		298.9	144	16	
TCPP-d$_{18}$	345.1	102.0	88	24	—
TnBP-d$_{27}$	294.3	102.0	116	24	—
TPhP-d$_{15}$	342.2	82.2	200	48	—

4.12 水质 双酚A和9种烷基酚的测定 高效液相色谱－三重四极杆质谱法

1. 适用范围

本方法规定了测定水中双酚A和9种烷基酚的高效液相色谱－三重四极杆质谱法。

本方法适用于测定地表水、地下水、生活污水、工业废水和海水中的双酚A和4-叔丁基苯酚、4-丁基苯酚、4-戊基苯酚、4-己基苯酚、4-庚基苯酚、4-辛基苯酚、4-支链壬基苯酚、4-叔辛基苯酚、4-壬基酚等9种烷基酚。

当取样体积为1 000 mL、定容体积为1.0 mL、进样体积为10.0 μL时，双酚A和9种烷基酚的方法检出限和测定下限详见附录A。

2. 规范性引用文件

本方法引用了下列文件或其中的条款。凡是注明日期的引用文件，仅注日期的版本适用于本方法。凡是未注明日期的引用文件，其最新版本（包括所有的修改章）适用于本方法。

GB 17378.3《海洋监测规范 第3部分：样品采集、贮存与运输》

HJ 91.2《地表水环境质量监测技术规范》

HJ 91.1《污水监测技术规范》

HJ 164《地下水环境监测技术规范》

HJ 442.3《近岸海域环境监测技术规范 第三部分 近岸海域水质监测》

3. 方法原理

样品中的双酚A和烷基酚经二氯甲烷－乙酸乙酯混合溶液萃取、浓缩后，用高效液相色谱－三重四极杆质谱仪进行分离和检测。根据保留时间和特征离子定性，用内标物法定量。

4. 干扰及其消除

4.1 当样品中存在基质干扰时，可通过优化色谱条件、稀释样品、减小进样体积以及对样品进行预处理等方式减小或消除干扰。

4.2 当空白样品有检出时，可从仪器、试剂和实验耗材等方面分别进行空白实验排查问题，再通过清洗仪器、更换试剂和实验耗材加以消除。

5. 试剂和材料

除非另有说明，分析时均使用符合国家标准的优级纯试剂，实验用水为新制备的不含目标化合物的纯水。

注：本方法中使用到的所有有机溶剂和材料在使用前都应进行空白实验。如本底值高于定量限，应对有机溶剂进行重蒸，更换实验材料，直至本底值低于定量限。

5.1 硫代硫酸钠：优级纯。

5.2 甲醇：质谱级。

5.3 正己烷：农残级。

第4章 水质中典型新污染物分析测试方法

5.4 二氯甲烷:农残级。

5.5 乙酸乙酯:农残级。

5.6 氨水:w=25%,优级纯。

5.7 甲酸:质谱级。

5.8 盐酸:ρ=1.19 g/mL。

5.9 盐酸溶液:50%。

量取100 mL盐酸(5.8),缓慢加入100 mL实验用水中,混匀。

5.10 9种烷基酚和双酚A混合标准贮备溶液:1 000 mg/L,含量见表1。

表1 9种烷基酚和双酚A混合标准贮备溶液的成分和含量

化合物名称	简称	含量/(mg/L)
4-叔丁基苯酚	4-tBP	1 000
4-丁基苯酚	4-nBP	1 000
4-戊基苯酚	4-nPP	1 000
4-己基苯酚	4-nHexP	1 000
4-庚基苯酚	4-nHepP	1 000
4-辛基苯酚	4-nOP	1 000
4-支链壬基酚	4-nBranP	1 000
4-叔辛基苯酚	4-tOP	1 000
4-壬基酚	4-nNP	1 000
双酚A	BPA	1 000

5.11 9种烷基酚和双酚A混合标准使用液。

吸取适量标准贮备溶液(5.10),用甲醇稀释,配制9种烷基酚和双酚A浓度为1.0 mg/L的混合标准使用液,在4 ℃以下冷藏、避光保存,保存期为6个月。

5.12 9种烷基酚和双酚A内标物贮备溶液:双酚A-d_{16},100 mg/L;4-壬基酚-d_4,100 mg/L。

5.13 9种烷基酚和双酚A内标物使用液。

吸取适量双酚A-d_{16}和4-壬基酚-d_4内标物贮备溶液(5.12),用甲醇稀释,配制2种浓度为50 μg/L的混合内标物使用液,在4 ℃以下冷藏、避光保存,可保存6个月。

5.14 石英滤膜:孔径为0.45 μm,使用前在400 ℃的马弗炉中烘烤2 h。

5.15 亲水亲油固相萃取小柱(HLB,200 mg/6 mL)或其他等效固相萃取柱。

5.16 针式过滤器:聚四氟乙烯,0.22 μm。

5.17 棕色进样瓶:1.5 mL。

5.18 采样瓶:250 mL。

6. 仪器和设备

6.1 液相色谱-串联质谱仪:配有电喷雾离子源(ESI),具备梯度洗脱功能和多反应监测（MRM）功能。

6.2 色谱柱：填料为十八烷基硅氧烷键合硅胶，柱长 100 mm，内径 2.1 mm，填料粒径 1.7 μm。也可使用满足分析要求的其他等效色谱柱。

6.3 分析天平：精度为 0.01 mg。

6.4 浓缩装置：氮吹仪或其他性能相当的设备。

6.5 超声振荡器。

6.6 涡旋混匀器：转速 ≥500 r/min。

6.7 一般实验室常用仪器和设备。

7. 样品

7.1 样品的采集和保存

按照 HJ 91.1、HJ 91.2、HJ 164 的相关规定进行样品的采集和保存。用采样瓶（5.18）采集样品，如样品中含有余氯，应向样品中加入硫代硫酸钠（5.1），使样品中硫代硫酸钠的浓度为 80 mg/L，加盐酸溶液（5.8）调节样品的 pH 值为 1~2。样品应充满采样瓶并加盖密封，于 4 ℃以下冷藏、避光保存，7 d 内完成分析。

每批样品应至少采集 1 个全程序空白样品，将 1 份实验用水放入样品瓶中密封，并带到采样现场，与采样瓶同时开盖和密封，之后一起运回实验室。

7.2 试样的制备

7.2.1 液液萃取

量取 1 L 水样，全部转移至分液漏斗中，向水样中加入 20 g 氯化钠，振荡至完全溶解后，再加入 50 mL 二氯甲烷 - 乙酸乙酯（4∶1）混合溶液，振摇 5 min，静置 10 min 分层，收集下层萃取液。在玻璃漏斗上垫一层玻璃棉，加入适量无水硫酸钠，将萃取液过滤到浓缩器皿中。

7.2.2 浓缩和定容

将收集到的洗脱液在氮气吹干仪上用氮气浓缩，开启氮气至溶剂表面有气流波动（避免形成气涡），将过滤和脱水后的提取液浓缩至近干。向浓缩液中加入 950 μL 乙腈，加入 50 μL 内标物使用液（1.00 mg/L），用玻璃滴管将浓缩液转移至样品瓶中，待测。

7.3 空白试样的制备

用实验用水代替样品，按照与试样的制备（7.2）相同的步骤进行空白试样的制备。

8. 分析步骤

8.1 仪器参考条件

8.1.1 液相色谱仪参考条件

流动相：A，0.005% 氨水溶液；B，甲醇。流动相流速：0.3 mL/min。进样量：10 μL。柱温：40 ℃。梯度洗脱程序见表 2。

第4章 水质中典型新污染物分析测试方法

表2 梯度洗脱程序

时间/min	0.005%氨水水溶液/%	甲醇/%
0	70	30
0.5	70	30
1.5	20	80
5.0	0	100
7.0	0	100
7.5	70	30
9.5	70	30

8.1.2 质谱仪参考条件

离子源：ESI源，负离子模式。干燥气流量：500 L/h。干燥气温度：300 ℃。毛细管电压：3.0 kV。监测方式：多反应监测。

用标准溶液对质谱仪进行优化，参数包括锥孔电压、碰撞能，最终优化结果见表3。

表3 目标化合物的多反应监测优化结果

化合物名称	母离子质荷比（m/z）	子离子质荷比（m/z）	锥孔电压/V	碰撞能/eV
4-nBP	149.1	105.9	30	15
4-tBP	149.1	132.9	30	19
		133.9	30	16
4-nPP	163.0	105.9	30	16
4-nHexP	177.0	105.9	30	17
4-nHepP	191.0	105.9	30	19
4-nOP	205.1	105.9	30	19
4-tOP	205.1	132.9	30	23
		133.9	30	19
4-nNP	219.1	105.9	30	20
4-nBranP	219.1	132.9	30	30
		146.9	30	25
BPA	227.1	133.0	20	25
		212.0	20	17
4-nNP-d$_4$	223.1	109.9	30	21
BPA-d$_{16}$	241.1	142.0	20	25
		223.0	20	20

8.2 校准

8.2.1 建立标准曲线

移取适量的 9 种烷基酚和双酚 A 混合标准使用液(5.11),用甲醇(5.2)稀释,配制至少 5 个浓度点的标准系列溶液,标准系列溶液中 9 种烷基酚和双酚 A 的质量浓度分别为 0.2 μg/L、0.5 μg/L、2.0 μg/L、5.0 μg/L、20.0 μg/L、50.0 μg/L。移取 1.0 mL 标准系列溶液置于棕色进样瓶中,加入 10.0 μL 内标物使用液,使内标物的质量浓度为 1.0 μg/L,配制成 9 种烷基酚和双酚 A 标准系列溶液。在 4 ℃ 以下冷藏、避光保存。

按照仪器参考条件(8.1),由低浓度到高浓度依次对标准系列溶液进行测定。以标准系列溶液中目标组分的质量浓度为横坐标,以目标组分的峰面积与对应的内标物的峰面积的比值和内标物质量浓度的乘积为纵坐标,建立标准曲线。

8.2.2 计算平均相对响应因子

目标化合物经定性鉴别后,根据定量离子的峰面积(或峰高)用内标物法定量。

标准曲线中第 i 点目标化合物的相对响应因子 RRF_{csi} 按照式(1)计算。

$$RRF_{csi} = \frac{A_{si}}{A_{csi}} \times \frac{\rho_{csi}}{\rho_{si}} \tag{1}$$

式中:RRF_{csi}——标准系列溶液中第 i 点目标化合物的相对响应因子;

A_{csi}——标准系列溶液中第 i 点内标物定量离子的峰面积;

A_{si}——标准系列溶液中第 i 点目标化合物定量离子的峰面积;

ρ_{csi}——标准曲线中第 i 点内标物的质量浓度,μg/L;

ρ_{si}——标准曲线中第 i 点目标化合物的质量浓度,μg/L。

标准曲线中目标化合物的平均相对响应因子 $\overline{RRF_{cs}}$ 按照式(2)计算。

$$\overline{RRF_{cs}} = \frac{\sum_{i=1}^{n} RRF_{csi}}{n} \tag{2}$$

式中:$\overline{RRF_{cs}}$——标准曲线中目标化合物的平均相对响应因子;

RRF_{csi}——标准系列溶液中第 i 点目标化合物的相对响应因子;

n——标准曲线的浓度点数。

8.2.3 标准样品的色谱图

图 1 为在本方法推荐的仪器参考条件下,目标化合物的提取离子色谱图。

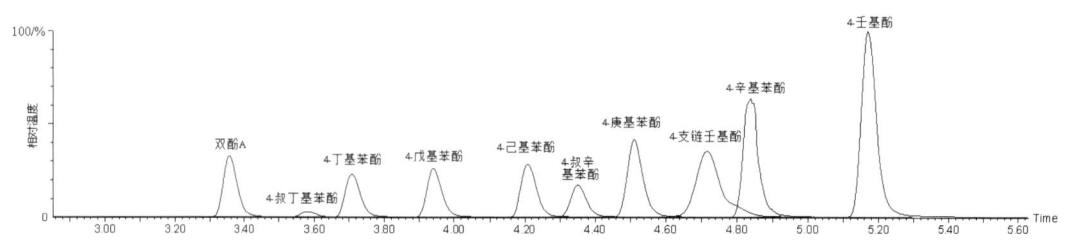

图 1 双酚 A 和 9 种烷基酚的提取离子色谱图(目标化合物浓度为 20.0 μg/L,内标物浓度为 5.0 μg/L)

8.3 试样的测定

按照与建立标准曲线相同的仪器条件进行试样(7.2)的测定。当试样的浓度超出标准曲线的线性范围时,应将水样稀释,重新制备试样测定。

8.4 空白试样的测定

按照与试样的测定(8.3)相同的仪器条件进行空白试样(7.3)的测定。

9. 结果计算与表示

9.1 定性分析

通过目标化合物的保留时间和离子对进行定性分析。

在相同的实验条件下,试样中目标化合物的保留时间和内标物的保留时间的比值与标准样品中该目标化合物的保留时间和内标物的保留时间的比值相比较,相对偏差应在±2.5%以内;且对待测样品中某目标化合物定性离子的相对丰度 K_{sam} 与浓度接近的标准溶液中该目标化合物定性离子的相对丰度 K_{std} 进行比较,偏差不超过表4规定的范围,则可判定样品中存在对应的目标化合物。

样品中某目标化合物定性离子的相对丰度 K_{sam} 按照式(3)计算。

$$K_{sam} = \frac{A_2}{A_1} \times 100\% \tag{3}$$

式中:K_{sam}——样品中某目标化合物定性离子的相对丰度;
A_2——样品中该目标化合物定性离子的峰面积;
A_1——样品中该目标化合物定量离子的峰面积。

标准溶液中某目标化合物定性离子的相对丰度 K_{std} 按照式(4)计算。

$$K_{std} = \frac{A_{std2}}{A_{std1}} \times 100\% \tag{4}$$

式中:K_{std}——标准溶液中某目标化合物定性离子的相对丰度;
A_{std2}——标准溶液中该目标化合物定性离子的峰面积;
A_{std1}——标准溶液中该目标化合物定量离子的峰面积。

表4　定性确认时相对离子丰度的最大允许偏差

K_{std}/%	K_{sam} 最大允许偏差/%
$K_{std} > 50$	±20
$20 < K_{std} \leq 50$	±25
$10 < K_{std} \leq 20$	±30
$K_{std} \leq 10$	±50

9.2 定量分析

样品中烷基酚和双酚A的质量浓度按照式(5)计算。

$$\rho_i = \rho_t \times \frac{1\,000 \times V_t}{V_s} \times D \tag{5}$$

式中：ρ_i——样品中目标化合物 i 的质量浓度，ng/L；

ρ_t——试样中目标化合物 i 的质量浓度，μg/L；

V_t——试样的定容体积，mL；

V_s——样品的体积，mL；

D——试样的稀释倍数。

9.3 结果表示

测定结果小数点后位数的保留与方法检出限一致，最多保留 3 位有效数字。

10. 准确度

10.1 精密度

在实验室对不同浓度水平的目标化合物水样进行测定，相对标准偏差为 1.2%~17.5%。

10.2 正确度

在实验室对不同浓度水平的目标化合物水样进行测定，加标回收率为 67.8%~129.0%。

11. 质量保证和质量控制

11.1 空白实验

每 20 个样品或每批样品（≤20 个样品/批）应至少测定 1 个实验室空白样品，测定结果应低于方法检出限。

11.2 校准

标准系列溶液至少配制 5 个浓度点，目标化合物相对响应因子（RRF_{csi}）的相对标准偏差（RSD）≤30%。

每 20 个样品或每批样品（≤20 个样品/批）应测定 1 个标准曲线中间浓度点，其测定结果与该点浓度的相对偏差应在 ±20% 以内，否则应重新建立标准曲线。

11.3 平行样

每 20 个样品或每批样品（≤20 个样品/批）应至少测定 1 个平行样，当含量高于方法检出限时，相对偏差应不大于 25%。

11.4 基体加标

每 20 个样品或每批样品（≤20 个样品/批）应至少测定 1 个基体加标样品，目标化合物回收率应在 60%~130%。

12. 废物处理

在实验中产生的废弃物应分类收集，集中保管，并做好标识，依法委托有资质的单位进行处置。

13. 注意事项

13.1 液相色谱管路有烷基酚和双酚 A 溶出，该类物质经色谱柱富集后会对分析产生干扰，所以须在液相色谱进样器前安装捕集柱，对干扰物质进行捕集分离。

13.2 前处理过程在固相萃取柱活化时，由于填料中有部分化合物的本底，需要对填料进行充分的洗涤，以消除干扰。

附 录 A
(规范性附录)
方法检出限和测定下限

表 A.1 给出了本方法中目标化合物的方法检出限和测定下限。液液萃取法:取样体积为 1 000 mL,进样体积为 10.0 μL。

表 A.1 方法检出限和测定下限

序号	化合物名称	方法检出限/(ng/L)	测定下限/(ng/L)
1	双酚 A	0.07	0.28
2	4-叔丁基苯酚	0.15	0.60
3	4-丁基苯酚	0.12	0.48
4	4-戊基苯酚	0.07	0.28
5	4-己基苯酚	0.10	0.40
6	4-叔辛基苯酚	0.12	0.48
7	4-辛基苯酚	0.09	0.36
8	4-庚基苯酚	0.07	0.28
9	4-支链壬基酚	0.09	0.36
10	4-壬基酚	0.09	0.36

4.13 水质 55种抗生素的测定 高效液相色谱-三重四极杆质谱法

1. 适用范围

本方法规定了测定水中抗生素的高效液相色谱-三重四极杆质谱法。

本方法适用于测定地表水、地下水、海水、生活污水和工业废水中的磺胺类、喹诺酮类、四环素类、大环内酯类、β-内酰胺类、林可霉素类及氯霉素等55种抗生素。

当取样体积为200 mL、定容体积为1.0 mL、进样体积为5 μL时，55种抗生素的方法检出限和测定下限详见附录A。

2. 规范性引用文件

本方法引用了下列文件中的条款。凡是注明日期的引用文件，仅注明日期的版本适用于本方法。凡是未注明日期的引用文件，其最新版本（包括所有的修改单）适用于本方法。

GB 17378.3《海洋监测规范 第3部分：样品采集、贮存与运输》

HJ 91.1《污水监测技术规范》

HJ 91.2《地表水环境质量监测技术规范》

HJ 164《地下水环境监测技术规范》

HJ 442.3《近岸海域环境监测技术规范 第三部分 近岸海域水质监测》

HJ 493《水质 样品的保存和管理技术规定》

3. 方法原理

样品用玻璃纤维滤膜过滤后，调节pH值至酸性或中性，经固相萃取柱富集、净化和洗脱，浓缩定容后，用高效液相色谱-三重四极杆质谱仪测定。根据保留时间和特征离子定性，用内标物法定量。

4. 干扰及其消除

四环素类化合物在水溶液中能够与金属离子结合形成络合物，干扰固相萃取过程，降低此类化合物的提取效率，应向水样中加入乙二胺四乙酸四钠（或者乙二胺四乙酸二钠），可抑制金属离子的干扰。仪器分析时若色谱图出现干扰峰，可通过冲洗或更换色谱柱去除干扰，对于难以去除的干扰峰，通过质控样中目标化合物的保留时间确定试样中目标化合物的色谱峰。

5. 试剂和材料

除非另有说明，分析时均使用符合国家标准的分析纯试剂，实验用水为新制备的不含目标化合物的纯水。

5.1 甲醇：优级纯。

5.2 乙腈：HPLC优级纯。

5.3 丙酮：优级纯。

5.4 乙酸：优级纯。

第 4 章 水质中典型新污染物分析测试方法

5.5 乙酸铵：优级纯。

5.6 甲酸：优级纯。

5.7 乙二胺四乙酸二钠：优级纯。

5.8 盐酸：ρ=1.19 g/mL，分析纯。

5.9 盐酸溶液：盐酸：水 =1∶1（体积比）。

量取 50 mL 盐酸（5.8），缓慢加入实验用水中，待温度降至室温后，用实验用水定容至 100 mL。

5.10 0.1% 甲酸水溶液。

量取 1 mL 甲酸（5.6），用实验用水稀释至 1 000 mL。

5.11 乙腈 - 甲醇溶液：1∶1（体积比）。

量取 500 mL 乙腈（5.2）和 500 mL 甲醇（5.1），混匀。

5.12 0.1% 甲酸乙腈 - 甲醇溶液。

量取 1 mL 甲酸（5.6），用乙腈 - 甲醇溶液（5.11）稀释至 1 000 mL。

5.13 0.1% 甲酸水 - 乙腈溶液。

量取 0.1 mL 甲酸（5.6）、10 mL 乙腈（5.2）和 90 mL 实验用水，混匀。

5.14 抗生素标准物质：磺胺类、喹诺酮类、四环素类、大环内酯类、β- 酰胺类、林可霉素类及氯霉素等 55 种抗生素，纯度 ≥97.0%，也可购买商品化混合标准溶液。具体目标化合物清单见附录 A。

5.15 抗生素内标物：磺胺醋酰 -d_4、磺胺嘧啶 -d_4、头孢氨苄 -d_5、林可霉素 -d_3、磺胺甲嘧啶 -$^{13}C_6$、金霉素 -^{13}C-d_3、氯霉素 -d_5、诺氟沙星 -d_5、氧氟沙星 -d_3、环丙沙星 -d_8、恩诺沙星 -d_5、磺胺甲恶唑 -$^{13}C_6$、磺胺苯酰 -d_4、阿奇霉素 -d_3、克林霉素 -d_3、磺胺间二甲氧嘧啶 -d_6、红霉素 -^{13}C-d_3、罗红霉素 -d_7，纯度 ≥97.0%。

5.16 抗生素标准贮备溶液：ρ=1.00 mg/mL。

分别称取适量抗生素标准物质（5.14），用甲醇（5.1）溶解并定容至 10.00 mL，使各种抗生素的浓度均为 1.00 mg/mL，在 -18 ℃以下避光保存，有效期为 6 个月。

5.17 内标物标准贮备溶液：ρ=1.00 mg/mL。

分别称取适量内标物（5.15），用甲醇（5.1）溶解并定容至 10.00 mL，使各种内标物的浓度均为 1.00 mg/mL，在 -18 ℃以下避光保存，有效期为 6 个月。

5.18 抗生素混合标准中间液：ρ=100 mg/L。

分别量取适量内标物标准贮备溶液（5.16）置于 10.00 mL 棕色容量瓶中，用甲醇（5.1）稀释，配制成浓度为 100 mg/L 的抗生素混合标准中间液，在 -18 ℃以下避光保存，有效期为 6 个月。或直接购买市售有证标准溶液，并按照说明书的要求进行保存。

注：四环素类和 β- 内酰胺类保存时间短，如果一周内响应下降 30%，须重新配制标准溶液。

5.19 内标物混合标准中间液：ρ=100 mg/L。

分别量取适量内标物标准贮备溶液（5.17）置于 10.00 mL 棕色容量瓶中，用甲醇（5.1）

稀释，配制成浓度为 100 mg/L 的内标物混合标准中间液，在 -18 ℃以下避光保存，有效期为 6 个月。或直接购买市售有证标准溶液，并按照说明书的要求进行保存。

5.20 抗生素混合标准使用液：ρ=0.100 mg/L。

根据需要用 0.1% 甲酸水 - 乙腈溶液（5.13）将抗生素混合标准中间液（5.18）稀释成合适的抗生素混合标准使用液，现配现用。

5.21 内标物混合标准使用液：ρ=0.100 mg/L。

根据需要用 0.1% 甲酸水 - 乙腈溶液（5.13）将内标物混合标准中间液（5.19）稀释成合适的内标物混合标准使用液，现配现用。

5.22 固相萃取柱：填料为二乙烯苯和 N- 乙烯基吡咯烷酮共聚物，规格为 200 mg/6 mL，或采用其他等效萃取柱。

5.23 水相过滤膜：0.45 μm。

5.24 水系滤膜：孔径为 0.22 μm 水系特氟龙滤膜、有机相尼龙滤膜或性能相当的滤膜。

5.25 氮气：纯度 ≥99.99%。

6. 仪器和设备

6.1 高效液相色谱仪：具备梯度洗脱功能。

6.2 质谱仪：三重四极杆质谱，配有电喷雾离子（ESI）源，具备多反应监测（MRM）功能。

6.3 色谱柱：填料为十八烷基硅氧烷键合硅胶，柱长 100 mm，内径 2.1 mm，填料粒径 1.8 μm。也可使用满足分析要求的其他等效色谱柱。

6.4 浓缩装置：氮吹仪、旋转蒸发仪或其他性能相当的设备，温度可控。

6.5 天平：精度 0.01 g。

6.6 分析天平：精度 0.000 01 g。

6.7 涡旋混匀器：转速 ≥500 r/min。

6.8 自动或手动固相萃取装置。

6.9 水样过滤装置。

6.10 样品瓶：1 L 具塞磨口棕色玻璃细口瓶或具聚四氟乙烯（PTFE）衬垫螺旋盖的棕色玻璃瓶。

6.11 一般实验室常用仪器和设备。

7. 样品

7.1 样品的采集和保存

按照 GB 17378.3、HJ 91.1、HJ 91.2、HJ 164 和 HJ 442.3 的相关规定进行样品的采集和保存。样品应充满样品瓶（6.10），不留空隙。在 4 ℃以下冷藏、密封保存，保存时间为 72 h，在冷冻条件下保存时间为 7 d。

7.2 试样的制备

量取 200 mL 水样（根据样品的浓度和仪器的灵敏度调整取样量），经水相过滤膜（5.23）过滤，加入 0.20 g 乙二胺四乙酸二钠（5.7）和盐酸溶液（5.9），将水样的 pH 值调节为

3.0 左右,加入 5.0 ng 内标物混合标准使用液(5.21)。

将固相萃取柱(5.22)固定在固相萃取装置(6.8)上,依次用 10 mL 甲醇和 10 mL 实验用水活化萃取柱,以 5~10 mL/min 的流速上样,在添加溶剂的过程中始终保持小柱柱头浸润。用 20 mL 实验用水洗涤样品瓶,洗涤液一并转入萃取柱。富集完毕后,用 10 mL 实验用水淋洗萃取柱,用氮气吹扫或用固相萃取装置的真空泵抽真空干燥小柱 10 min。用 6 mL 甲醇分 2 次洗脱。用浓缩装置(6.4)将洗脱液在 40 ℃以下浓缩至近干,用 0.1% 甲酸水 - 乙腈溶液(5.13)定容至 1 mL,过水系滤膜(5.24)后上机分析。

7.3 空白试样的制备

用实验用水代替样品,按照与试样的制备(7.2)相同的步骤进行空白试样的制备。

8. 分析步骤

8.1 仪器参考条件

8.1.1 液相色谱仪参考条件

色谱柱:碳十八柱(2.1 mm × 100 mm,1.8 μm)或性能相当的色谱柱。柱温:40 ℃。进样量:5 μL。流动相:水相 A,0.1% 甲酸水溶液(5.10);有机相 B,0.1% 甲酸乙腈 - 甲醇溶液(5.12)。梯度洗脱程序见表 1。

表 1 梯度洗脱程序

时间/min	流速/(mL/min)	流动相 A/%	流动相 B/%
0	0.3	90	10
4.0	0.3	90	10
15.0	0.3	25	75
15.1	0.3	5	95
17.0	0.3	5	95
17.1	0.3	90	10
19.0	0.3	90	10

8.1.2 质谱仪参考条件

正模式的离子源为 ESI+,负离子模式的离子源为 ESI-,其他参考条件如下。

监测方式:多反应监测(MRM)。

毛细管电压:正模式 2.0 kV,负离子模式 1.0 kV。

离子源温度:正模式 150 ℃,负离子模式 150 ℃。

脱溶剂气温度:正模式 500 ℃,负离子模式 500 ℃。

脱溶剂气流速:正模式 900 L/h,负离子模式 900 L/h。

8.2 校准

8.2.1 建立标准曲线

量取适量抗生素混合标准中间液(5.18),用 0.1% 甲酸水 - 乙腈溶液(5.13)配制成抗生素浓度为 0.050 ng/mL、0.100 ng/mL、0.200 ng/mL、0.500 ng/mL、1.00 ng/mL、2.00 ng/mL、

5.00 ng/mL、10.0 ng/mL、20.0 ng/mL 的标准系列溶液,分别加入 5.0 ng 内标物。根据仪器灵敏度、线性范围和实际样品检测需求配制至少 5 个质量浓度点的标准系列溶液。

按照仪器参考条件(8.1),从低浓度到高浓度测定并记录标准系列溶液目标化合物及相对应的内标物的保留时间、目标离子和定性离子的峰面积。

可用标准曲线法或平均响应因子法进行标准曲线的绘制。

8.2.2 标准曲线法

以被测组分和进样内标物的峰面积比为纵坐标,质量浓度比为横坐标,建立标准曲线。

8.2.3 平均响应因子法

目标化合物经定性鉴别后,根据定量离子的峰面积(或峰高),用内标物法定量。

标准曲线中溶液第 i 点目标化合物的相对响应因子(RRF_i)按照式(1)计算。

$$RRF_i = \frac{A_i}{A_{ISi}} \times \frac{\rho_{ISi}}{\rho_i} \tag{1}$$

式中:RRF_i——标准曲线溶液中第 i 点目标化合物的相对响应因子;
A_i——标准曲线溶液中第 i 点目标化合物定量离子的响应值;
A_{ISi}——标准曲线溶液中第 i 点对应的内标物定量离子的响应值;
ρ_{ISi}——标准曲线溶液中第 i 点对应的内标物的质量浓度,μg/L;
ρ_i——标准曲线溶液中第 i 点目标化合物的质量浓度,μg/L。

标准曲线中目标化合物的平均相对响应因子($\overline{RRF}$)按照式(2)计算。

$$\overline{RRF} = \frac{\sum_{i=1}^{n} RRF_i}{n} \tag{2}$$

式中:$\overline{RRF}$——标准曲线中目标化合物的平均相对响应因子;
RRF_i——标准曲线溶液中第 i 点目标化合物的相对响应因子;
n——标准曲线的浓度点数。

RRF 的标准偏差(SD)按照式(3)计算。

$$SD = \sqrt{\frac{\sum_{i=1}^{n}\left(RRF_i - \overline{RRF}\right)^2}{n-1}} \tag{3}$$

式中:SD——目标化合物的相对响应因子的标准偏差;
RRF_i——标准曲线溶液中第 i 点目标化合物的相对响应因子;
n——标准曲线溶液浓度的点数。

RRF 的相对标准偏差(RSD)按照式(4)计算。

$$RSD = \frac{SD}{\overline{RRF}} \times 100\% \tag{4}$$

式中:RSD——RRF 的相对标准偏差;
SD——RRF 的标准偏差;
$\overline{RRF}$——标准曲线中目标化合物的平均相对响应因子。

8.2.4 标准样品的色谱图

目标化合物的总离子流图见图1。

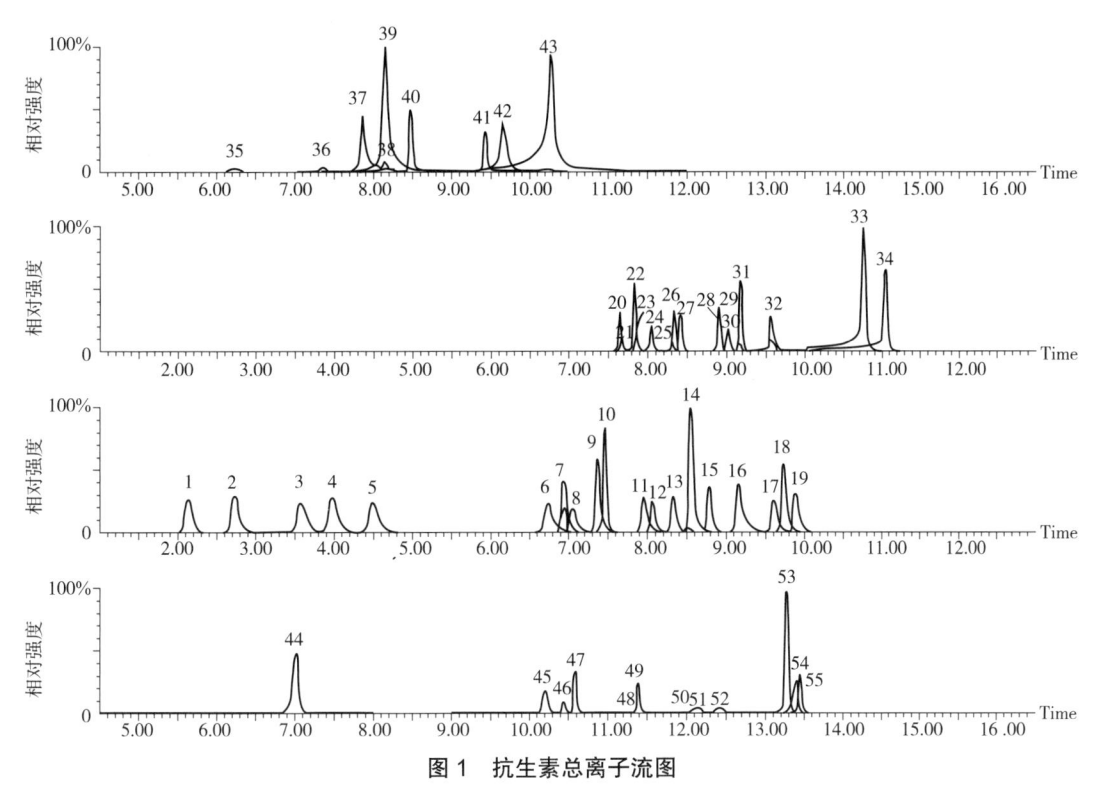

图1 抗生素总离子流图

1—磺胺醋酰;2—磺胺嘧啶;3—磺胺噻唑;4—磺胺吡啶;5—磺胺甲基嘧啶;6—磺胺对甲氧嘧啶;7—磺胺二甲嘧啶;
8—磺胺甲噻二唑;9—磺胺甲氧哒嗪;10—甲氧苄啶;11—磺胺氯哒嗪;12—磺胺间甲氧嘧啶;13—磺胺甲噁唑;
14—磺胺邻二甲氧嘧啶;15—磺胺异噁唑;16—磺胺苯酰;17—磺胺苯吡唑;18—磺胺间二甲氧嘧啶;19—磺胺喹噁啉;
20—氟罗沙星;21—依诺沙星;22—氧氟沙星;23—诺氟沙星;24—环丙沙星;25—单诺沙星;26—洛美沙星;
27—恩诺沙星;28—双氟沙星;29—沙拉沙星;30—西诺沙星;31—司帕沙星;32—奥索利酸;33—萘啶酸;
34—氟甲喹;35—甲砜霉素;36—头孢噻肟;37—土霉素;38—四环素;39—头孢唑啉;40—氟苯尼考;
41—氯霉素;42—金霉素;43—多西环素;44—林可霉素;45—螺旋霉素;46—阿奇霉素;47—克林霉素;
48—替米考星;49—竹桃霉素;50—红霉素;51—泰乐菌素;52—白霉素;53—克拉霉素;
54—交沙霉素;55—罗红霉素

8.3 试样的测定
按照与建立标准曲线(8.2.1)相同的仪器条件进行试样(7.2)的测定。

8.4 空白试样的测定
按照与试样的测定(8.3)相同的步骤进行空白试样(7.3)的测定。

9. 结果计算与表示

9.1 定性分析
通过目标化合物的保留时间和离子对进行定性分析。

在相同的实验条件下,试样中目标化合物的保留时间和标准溶液中目标化合物的保留时间相比较,偏差应不大于0.2 min。目标化合物色谱峰的 S/N(目标化合物在仪器中的信号/仪器的噪声)应不小于3。对样品中某组分定性离子的相对丰度 K_{sam} 与浓度接近的标准溶液中该组合定性离子的相对丰度 K_{std} 进行比较,偏差符合表2的规定,即可判定样品中存在目标化合物。

样品中某组分定性离子的相对丰度 K_{sam} 按照式(5)计算。

$$K_{sam} = \frac{A_2}{A_1} \times 100\% \qquad (5)$$

式中:K_{sam}——样品中某组分定性离子的相对丰度;
  A_2——样品中该组分定性离子的峰面积(或峰高);
  A_1——样品中该组分定量离子的峰面积(或峰高)。

标准溶液中某组分定性离子的相对丰度 K_{std} 按照式(6)计算。

$$K_{std} = \frac{A_{std2}}{A_{std1}} \times 100\% \qquad (6)$$

式中:K_{std}——标准溶液中某组分定性离子的相对丰度;
  A_{std2}——标准溶液中该组分定性离子对的峰面积(或峰高);
  A_{std1}——标准溶液中该组分定量离子对的峰面积(或峰高)。

表2 定性确认时相对离子丰度的最大允许偏差

K_{std}/%	K_{std} 最大允许偏差/%
K_{std}>50	±20
20<K_{std}≤50	±25
10<K_{std}≤20	±30
K_{std}≤10	±50

9.2 定量分析

9.2.1 用平均响应因子法计算

当目标化合物采用平均响应因子法计算时,试样中目标化合物的质量浓度按照式(7)计算。

$$\rho = \frac{A_{xD} \times \rho_{IS} \times V}{A_{IS} \times \overline{RRF} \times V_x} \times D \qquad (7)$$

式中:ρ——试样中目标化合物的质量浓度,μg/L;
  A_x——试样中目标化合物定量离子的峰面积;
  ρ_{IS}——试样中内标物的质量浓度,μg/L;
  V——定容体积,mL;
  A_{IS}——试样中对应的进样内标物定量离子的峰面积;
  $\overline{RRF}$——标准曲线中目标化合物的平均相对响应因子;
  V_x——取样体积,L;
  D——稀释倍数。

9.2.2 用标准曲线法计算

当目标化合物采用标准曲线法计算时,由标准曲线得到试样中目标化合物的质量浓度 ρ_i,样品中目标化合物的质量浓度 ρ 按照式(8)计算。

$$\rho = \frac{\rho_i \times V_1}{V} \times D \tag{8}$$

式中:ρ——样品中目标化合物 i 的质量浓度,ng/L;

ρ_i——由标准曲线得到的试样中目标化合物 i 的质量浓度,μg/L;

V_1——试样的定容体积,mL;

V——取样体积,L;

D——样品稀释倍数。

9.3 结果表示

测定结果小数点后位数的保留与方法检出限一致,最多保留 3 位有效数字。

10. 准确度

10.1 精密度

在实验室分别对加标浓度为 1.0 ng/L、10.0 ng/L 和 50.0 ng/L 的实际样品进行 6 次重复测定,相对标准偏差分别为 0~24%、0~35% 和 0.55%~35%。

10.2 正确度

在实验室分别对加标浓度为 1.0 ng/L、10.0 ng/L 和 50.0 ng/L 的实际样品进行 3 次重复测定,加标回收率分别为 40.0%~150.0%、42.4%~150.0% 和 41.0%~150.0%。

11. 质量保证和质量控制

11.1 空白实验

每 20 个样品或每批样品(≤20 个样品/批)应至少测定 1 个实验室空白样品,测定结果应低于方法检出限。若空白实验不满足以上要求,应采取措施排除污染后重新分析同批样品。

11.2 校准

标准曲线至少需 5 个浓度系列,目标化合物相对响应因子的 RSD 应不大于 30%,或者标准曲线的相关系数应不小于 0.995,否则应查找原因,重新建立标准曲线。

选择标准曲线的中间浓度点进行连续校准,每分析 20 个样品或一批样品(≤20 个样品/批)进行 1 次连续校准,测定结果的相对误差应不大于 ±30%,否则应查找原因,重新建立标准曲线。

11.3 平行样

每 20 个样品或每批样品(≤20 个样品/批)应至少测定 1 个平行样,当测定结果大于定量下限时,相对偏差 ≤40%。

11.4 基体加标

每 20 个样品或每批样品(≤20 个样品/批)应至少测定 1 个基体加标样品,加标回收率应在 40%~150%。

12. 废物处理

在实验中产生的废弃物应分类收集,集中保管,并做好标识,依法委托有资质的单位进行处置。

附 录 A
(规范性附录)
方法检出限和测定下限

表 A.1 给出了本方法中目标化合物的中英文名称、CAS 编号、分子式、方法检出限、测定下限和定量内标物。

表 A.1 方法检出限和测定下限

序号	英文名称	中文名称	CAS 编号	分子式	方法检出限/(ng/L)	测定下限/(ng/L)	定量内标物
1	Oxytetracycline（OTC）	土霉素	79-57-2	$C_{22}H_{24}N_2O_9$	0.5	2	CTC-^{13}C-d_3
2	Tetracycline（TC）	四环素	60-54-8	$C_{22}H_{24}N_2O_8$	1	4	CTC-^{13}C-d_3
3	Chlortetracycline（CTC）	金霉素	57-62-5	$C_{22}H_{23}ClN_2O_8$	0.5	2	CTC-^{13}C-d_3
4	Doxytetracycline（DTC）	强力霉素（多西环素）	564-25-0	$C_{22}H_{24}N_2O_8$	0.2	0.8	CTC-^{13}C-d_3
5	Spiramycin	螺旋霉素	8025-81-8	$C_{43}H_{74}N_2O_{14}$	0.1	0.4	Roxithromycin-d_7
6	Azithromycin	阿奇霉素	83905-1-5	$C_{38}H_{72}N_2O_{12}$	0.05	0.2	Azithromycin-d_3
7	Tilmicosin	替米考星	108050-54-0	$C_{46}H_{80}N_2O_{13}$	0.1	0.4	Roxithromycin-d_7
8	Oleandomycin	竹桃霉素	3922-90-5	$C_{35}H_{61}NO_{12}$	0.2	0.8	Roxithromycin-d_7
9	Erythromycin	红霉素	114-07-8	$C_{37}H_{67}NO_{13}$	2.5	10	Erythromycin-^{13}C-d_3
10	Tylosin	泰乐菌素	1401-69-0	$C_{46}H_{77}NO_{17}$	0.1	0.4	Roxithromycin-d_7
11	Sineptina	白霉素（吉他霉素）	1392-21-8	$C_{35}H_{59}NO_{13}$	0.1	0.4	Clindamycin-d_3
12	Clarithromycin	克拉霉素	81103-11-9	$C_{38}H_{69}NO_{13}$	0.05	0.2	Roxithromycin-d_7
13	Josamycin	交沙霉素	16846-24-5	$C_{42}H_{69}NO_{15}$	0.1	0.4	Roxithromycin-d_7
14	Roxithromycin	罗红霉素	80214-83-1	$C_{41}H_{76}N_2O_{15}$	0.1	0.4	Roxithromycin-d_7
15	Sulfacetamide	磺胺醋酰	144-80-9	$C_8H_{10}N_2O_3S$	0.05	0.2	Sulfacetamide-d_4
16	Sulfamethazine	磺胺二甲嘧啶	57-68-1	$C_{12}H_{14}N_4O_2S$	0.05	0.2	Sulfacetamide-d_4
17	Sulfadiazine	磺胺嘧啶	68-35-9	$C_{10}H_{10}N_4O_2S$	0.05	0.2	Sulfadiazine-d_4
18	Sulfathiazole	磺胺噻唑	72-14-0	$C_9H_9N_3O_2S_2$	0.05	0.2	Sulfadiazine-d_4
19	Sulfapyridine	磺胺吡啶	144-83-2	$C_{11}H_{11}N_3O_2S$	0.05	0.2	Sulfadiazine-d_4
20	Sulfamerazine	磺胺甲基嘧啶	127-79-7	$C_{11}H_{12}N_4O_2S$	0.05	0.2	Sulfamerazine-$^{13}C_6$

续表

序号	英文名称	中文名称	CAS 编号	分子式	方法检出限 /(ng/L)	测定下限 /(ng/L)	定量内标物
21	Sulfamonomethoxine	磺胺间甲氧嘧啶	1220-83-3	$C_{11}H_{12}N_4O_3S$	0.05	0.2	Sulfamethoxazole-$^{13}C_6$
22	Sulfamethizole	磺胺甲噻二唑	144-82-1	$C_9H_{10}N_4O_2S_2$	0.05	0.2	Sulfamerazine-$^{13}C_6$
23	Sulfamonomethoxine	磺胺间甲氧嘧啶	1220-83-3	$C_{11}H_{12}N_4O_3S$	0.05	0.2	Sulfamethoxazole-$^{13}C_6$
24	Sulfamethoxydiazine	磺胺对甲氧嘧啶	651-06-9	$C_{11}H_{12}N_4O_3S$	0.05	0.2	Sulfamethoxazole-$^{13}C_6$
25	Sulfachloropyri-dazine	磺胺氯哒嗪	80-32-0	$C_{10}H_9ClN_4O_2S$	0.05	0.2	Sulfamethoxazole-$^{13}C_6$
26	Sulfamethoxazole	磺胺甲基异恶唑（磺胺甲恶唑）	723-46-6	$C_{10}H_{11}N_3O_3S$	0.05	0.2	Sulfamethoxazole-$^{13}C_6$
27	Sulfadoxine	磺胺邻二甲氧嘧啶	2447-576	$C_{12}H_{14}N_4O_4S$	0.2	0.8	Sulfamerazine-$^{13}C_6$
28	Sulfisoxazole	磺胺二甲基异恶唑（磺胺异恶唑）	127-69-5	$C_{11}H_{13}N_3O_3S$	0.05	0.2	Sulfamethoxazole-$^{13}C_6$
29	Sulfadimethoxine	磺胺间二甲氧嘧啶（磺胺地索辛）	122-11-2	$C_{12}H_{14}N_4O_4S$	0.1	0.4	Sulfadimethoxine-d_6
30	Sulfaphenazole	磺胺苯吡唑	526-08-9	$C_{15}H_{14}N_4O_2S$	0.05	0.2	Sulfadimethoxine-d_6
31	Trimethoprim	甲氧苄氨嘧啶（甲氧苄啶）	738-70-5	$C_{14}H_{18}N_4O_3$	0.05	0.2	Sulfamerazine-$^{13}C_6$
32	Sulfabenzamide	磺胺苯酰	127-71-9	$C_{13}H_{12}N_2O_3S$	0.1	0.4	Sulfabenzamide-d_4
33	Sulfaquinoxaline	磺胺喹恶啉	59-40-5	$C_{14}H_{12}N_4O_2S$	0.05	0.2	Sulfadimethoxine-d_6
34	Enoxacin	依诺沙星	74011-58-8	$C_{30}H_{40}F_2N_8O_9$	0.5	2	Norfloxacin-d_5
35	Fleroxacin (Flerofloxacin)	氟罗沙星	79660-72-3	$C_{17}H_{18}F_3N_3O_3$	0.2	0.8	Norfloxacin-d_5
36	Norfloxacin	诺氟沙星	70458-96-7	$C_{16}H_{18}FN_3O_3$	0.6	2.4	Norfloxacin-d_5
37	Ofloxacin	氧氟沙星	82419-36-1	$C_{18}H_{20}FN_3O_4$	0.5	2	Ofloxacin-d_3
38	Ciprofloxacin	环丙沙星	85721-33-1	$C_{17}H_{18}FN_3O_3$	0.5	2	Ciprofloxacin-d_8
39	Lomefloxacin	洛美沙星	98079-51-7	$C_{17}H_{19}F_2N_3O_3$	0.2	0.8	Ofloxacin-d_3
40	Danofloxacin	单诺沙星（达氟沙星）	112398-08-0	$C_{19}H_{20}FN_3O_3$	0.6	2.4	Enrofloxacin-d_5
41	Enrofloxacin	恩诺沙星	93106-60-6	$C_{19}H_{22}FN_3O_3$	0.1	0.4	Enrofloxacin-d_5

续表

序号	英文名称	中文名称	CAS 编号	分子式	方法检出限/(ng/L)	测定下限/(ng/L)	定量内标物
42	Sarafloxacin	沙拉沙星	98105-99-8	$C_{20}H_{17}F_2N_3O_3$	0.1	0.4	Ofloxacin-d_3
43	Cinoxacin	西诺沙星	28657-80-9	$C_{12}H_{10}N_2O_5$	0.2	0.8	Ofloxacin-d_3
44	Difloxacin	双氟沙星	98106-17-3	$C_{21}H_{19}F_2N_3O_3$	0.2	0.8	Enrofloxacin-d_5
45	Sparfloxacin	司帕沙星	110871-86-8	$C_{19}H_{22}F_2N_4O_3$	0.5	2	Ofloxacin-d_3
46	Oxolinic acid	奥索利酸（恶喹酸）	14698-29-4	$C_{13}H_{11}NO_5$	0.1	0.4	Ofloxacin-d_3
47	Nalidixic acid	萘啶酸	389-08-2	$C_{12}H_{12}N_2O_3$	0.1	0.4	Ofloxacin-d_3
48	Flumequine	氟甲喹	42835-25-6	$C_{14}H_{12}FNO_3$	0.2	0.8	Ofloxacin-d_3
49	Cefotaxime	头孢噻肟	63527-52-6	$C_{16}H_{17}N_5O_7S_2$	0.2	0.8	Cefalexin-d_5
50	Cefazolin	头孢唑啉	25953-19-9	$C_{14}H_{14}N_8O_4S_3$	5	20	Cefalexin-d_5
51	Lincomycin	林可霉素	154-21-2	$C_{18}H_{34}N_2O_6S$	0.1	0.4	Lincomycin-d_3
52	Clindamycin	克林霉素	18323-44-9	$C_{18}H_{33}ClN_2O_5S$	0.05	0.2	Clindamycin-d_3
53	Thiamphenicol	甲砜霉素	15318-45-3	$C_{12}H_{15}Cl_2NO_5S$	0.5	2	Chloramphenicol-d_5
54	Florfenicol	氟甲砜霉素（氟苯尼考）	76639-94-6；73231-34-2	$C_{12}H_{14}Cl_2F-NO_4S$	0.1	0.4	Chloramphenicol-d_5
55	Chloramphenicol	氯霉素	56-75-7	$C_{11}H_{12}Cl_2N_2O_5$	0.1	0.4	Chloramphenicol-d_5

4.14　水质　12种精神活性物质及代谢物的测定　高效液相色谱-三重四极杆质谱法

1. 适用范围

本方法规定了测定水中12种精神活性物质及代谢物的高效液相色谱-三重四极杆质谱法。本方法适用于测定地表水和生活污水中的12种精神活性物质及代谢物。

当取样体积为20 mL、定容体积为1.0 mL、进样体积为5 μL时，12种精神活性物质及代谢物的方法检出限为0.03~0.16 ng/L，测定下限为0.12~0.64 ng/L，详见附录A。

2. 规范性引用文件

本方法引用了下列文件中的条款。凡注明日期的引用文件，仅注日期的版本适用于本方法。凡是未注明日期的引用文件，其最新版本（包括所有的修改单）适用于本方法。

HJ 91.1《污水监测技术规范》

HJ 91.2《地表水环境质量监测技术规范》

3. 方法原理

在酸性条件下过滤后的水样经固相萃取柱富集、净化、洗脱和浓缩后，用高效液相色谱-三重四极杆质谱仪测定。根据保留时间和特征离子定性，用内标物法定量。

4. 试剂和材料

除非另有说明，分析时均使用符合国家标准的分析纯试剂，实验用水为新制备的不含目标化合物的纯水。

4.1　甲醇：质谱级。

4.2　乙腈：质谱级。

4.3　甲酸：质谱级。

4.4　氨水：ρ=0.91 g/mL。

4.5　0.1%甲酸-水溶液：$w(\text{HCOOH})$=0.1%。

量取1 mL甲酸（4.3），用实验用水稀释至1 000 mL。

4.6　0.1%甲酸-乙腈溶液：$w(\text{HCOOH})$=0.1%。

量取1 mL甲酸（4.3），用乙腈（4.2）稀释至1 000 mL。

4.7　5%氨水-甲醇溶液：$w(\text{NH}_3 \cdot \text{H}_2\text{O})$=5%。

量取10 mL氨水（4.4），用甲醇（4.1）稀释至200 mL。

4.8　精神活性物质及代谢物单一目标化合物贮备溶液：ρ=100 mg/L。

购买商品化标准溶液：吗啡、O_6-单乙酰吗啡、可待因、甲基苯丙胺、苯丙胺、氯胺酮、去甲氯胺酮、3,4-亚甲二氧基甲基苯丙胺、3,4-亚甲二氧基苯丙胺、可卡因、苯甲酰爱康宁、可替宁。

4.9　精神活性物质及代谢物单一内标物贮备溶液：ρ=100 mg/L。

购买商品化标准溶液：吗啡-d_3、O_6-单乙酰吗啡-d_3、可待因-d_6、甲基苯丙胺-d_5、苯丙胺-d_5、氯胺酮-d_4、3,4-亚甲二氧基甲基苯丙胺-d_5、3,4-亚甲二氧基苯丙胺-d_5、可卡因-d_3、苯甲酰爱康宁-d$_8$、可替宁-d$_3$。

4.10 精神活性物质及代谢物混合使用液：ρ=100 μg/L。

分别准确移取 10.0 μL 单一目标化合物贮备溶液（4.8）置于 10.00 mL 棕色容量瓶中，用乙腈 10.0 mL（4.2）稀释至容量瓶标线。

4.11 精神活性物质及代谢物混合内标物使用液：ρ=50 μg/L。

分别准确移取 5.0 μL 单一内标物贮备溶液（4.9）置于 10.00 mL 棕色容量瓶中，用乙腈（4.2）稀释至容量瓶标线。

4.12 固相萃取柱：混合型阳离子交换反相吸附剂（MCX 固相萃取柱），60 mg/3 mL。

4.13 玻璃纤维滤膜：0.45 μm。

4.14 针式过滤器：0.22 μm 亲水 PTFE（聚四氟乙烯）膜。

4.15 氮气：纯度 ≥99.999%。

5. 仪器和设备

5.1 样品瓶：1 L 具塞磨口棕色玻璃细口瓶或具聚四氟乙烯（PTFE）衬垫螺旋盖的棕色玻璃瓶。

5.2 高效液相色谱-三重四极杆质谱仪：配有电喷雾离子（ESI）源，具备梯度洗脱和质谱多反应监测（MRM）功能。

5.3 色谱柱：填料为十八烷基硅氧烷键合硅胶，柱长 50 mm，内径 2.1 mm，填料粒径 1.8 μm。也可使用满足分析要求的其他等效色谱柱。

5.4 浓缩装置：氮吹仪、旋转蒸发仪或其他性能相当的设备，温度可控。

5.5 固相萃取装置：自动或手动，流速可控。

5.6 一般实验室常用仪器和设备。

6. 样品

6.1 样品的采集和保存

按照 HJ 91.1 和 HJ 91.2 的相关规定进行样品的采集和保存。样品应充满样品瓶（5.1），不留空隙，冷冻保存。

6.2 试样的制备

6.2.1 过滤

量取 20 mL 水样，经 0.45 μm 玻璃纤维滤膜（4.13）过滤后，加入适量甲酸（4.3），调节水样的 pH 值至小于 2.0，加入 20.0 μL 内标物使用液（4.11）。

6.2.2 固相萃取

将固相萃取柱（4.12）固定在固相萃取装置（5.5）上，依次用 5 mL 甲醇（4.1）和 5 mL 实验用水活化萃取柱。使过滤后的样品（6.2.1）以 3~4 mL/min 的流速通过固相萃取柱，用 2 mL 实验用水洗涤样品瓶，使洗涤液一并通过萃取柱，弃去流出液。用 5 mL 甲醇（4.1）淋洗固相萃取柱，用氮气吹扫或用固相萃取装置的真空泵抽真空干燥小柱 10 min，去除萃取柱中残留的水分。最后分 2 次用 3.0 mL 5% 氨水-甲醇溶液（4.7）以 2~3 mL/min 的流速洗脱固相萃取柱，收集洗脱液至浓缩瓶中。

6.2.3 浓缩

用浓缩装置(5.4)将洗脱液(6.2.2)在40 ℃以下浓缩至近干,用0.1%甲酸-水溶液(4.5)定容至1 mL,用0.22 μm针式过滤器(4.14)过滤后上机分析。

6.3 空白试样的制备

用实验用水代替样品,按照与试样的制备(6.2)相同的步骤进行空白试样的制备。

7. 分析步骤

7.1 仪器参考条件

7.1.1 液相色谱仪参考条件

色谱柱:C_{18}柱(2.1 mm×50 mm,1.8 μm)或性能相当的等效色谱柱。柱温:40 ℃。进样量:10 μL。流动相A:0.1%甲酸-水溶液(4.5);流动相B:0.1%甲酸-乙腈溶液(4.6)。梯度洗脱程序见表1。

表1 梯度洗脱程序

时间/min	流速/(mL/min)	流动相A/%	流动相B/%
0	0.3	95	5
0.5	0.3	95	5
6.0	0.3	50	50
6.1	0.3	0	100
8.0	0.3	95	5
10.0	0.3	95	5

7.1.2 质谱仪参考条件

离子源模式:ESI。脱溶剂气流速:750 L/min。脱溶剂气温度:400 ℃。毛细管电压:3.0 kV。监测方式:MRM(多反应监测)。

通过优化质谱参数得到目标化合物的多反应监测条件,具体见表2。

表2 目标化合物的多反应监测条件

化合物	简称	母离子质荷比	子离子质荷比	锥孔电压/V	碰撞电压/eV	内标物
吗啡	MOR	286	153.1	51	40	MOR-d_3
			165.1		36	
O_6-单乙酰吗啡	O_6-ACM	328	165.1	52	39	O_6-ACM-d_3
			211.1		26	
可待因	COD	300	152.1	49	57	COD-d_6
			215.1		25	
甲基苯丙胺	METH	150	91.1	30	17	METH-d_5
			119.2		11	

续表

化合物	简称	母离子质荷比	子离子质荷比	锥孔电压/V	碰撞电压/eV	内标物
苯丙胺	AMP	136	91	10	15	AMP-d$_5$
			119		8	
氯胺酮	KET	238	125.1	30	26	KET-d$_4$
			220.2		15	
去甲氯胺酮	Nor-KET	224	125	10	35	KET-d$_4$
			207.1		18	
3,4-亚甲二氧基甲基苯丙胺	MDMA	194	77.1	15	40	MDMA-d$_5$
			105.1		25	
3,4-亚甲二氧基苯丙胺	MDA	180	105.1	10	20	MDA-d$_5$
			133.1		20	
可卡因	COC	304	82	25	25	COC-d$_3$
			182.1		15	
苯甲酰爱康宁	BEG	290	82	20	30	BEG-d$_8$
			105		30	
可替宁	COT	177	98	40	20	COT-d$_3$
			80		20	

7.2 校准

7.2.1 建立标准曲线

移取适量目标化合物混合使用液,加入 20 μL 混合内标物使用液,用 0.1% 甲酸 - 水溶液(4.5)稀释至 1.0 mL,混匀待测。标准溶液中可替宁的质量浓度为 0.25 μg/L、0.5 μg/L、1.0 μg/L、2.5 μg/L、5.0 μg/L、10.0 μg/L、50.0 μg/L,其他 11 种物质的质量浓度为 0.05 μg/L、0.1 μg/L、0.2 μg/L、0.5 μg/L、1.0 μg/L、2.0 μg/L、5.0 μg/L(参考浓度)。根据仪器灵敏度、线性范围和实际样品检测需求配制至少 5 个质量浓度点的标准系列溶液。

按照仪器参考条件(7.1),从低浓度到高浓度测定并记录标准系列溶液目标化合物及相对应的内标物的保留时间、目标离子和定性离子的峰面积。

可用标准曲线法或平均响应因子法进行标准曲线的绘制。

7.2.2 标准曲线法

以被测组分和进样内标物的峰面积比为纵坐标,质量浓度比为横坐标,建立标准曲线。

7.2.3 平均响应因子法

目标化合物经定性鉴别后,根据定量离子的峰面积(或峰高),用内标物法定量。

标准系列溶液中第 i 点目标化合物的相对响应因子(RRF_i)按照式(1)计算。

$$RRF_i = \frac{A_i}{A_{ISi}} \times \frac{\rho_{ISi}}{\rho_i} \tag{1}$$

式中：RRF_i——标准系列溶液中第 i 点目标化合物的相对响应因子；

A_i——标准曲线溶液中第 i 点目标化合物定量离子的响应值；

A_{ISi}——标准曲线溶液中第 i 点对应的进样内标物定量离子的响应值；

ρ_{ISi}——标准曲线溶液中第 i 点对应的进样内标物的质量浓度，µg/L；

ρ_i——标准曲线溶液中第 i 点目标化合物的质量浓度，µg/L。

标准曲线中目标化合物的平均相对响应因子（$\overline{RRF}$）按照式（2）计算。

$$\overline{RRF} = \frac{\sum_{i=1}^{n} RRF_i}{n} \tag{2}$$

式中：$\overline{RRF}$——标准曲线中目标化合物的平均相对响应因子；

RRF_i——标准系列溶液中第 i 点目标化合物的相对响应因子；

n——标准曲线的浓度点数。

RRF 的标准偏差（SD）按照式（3）计算。

$$SD = \sqrt{\frac{\sum_{i=1}^{n}\left(RRF_i - \overline{RRF}\right)^2}{n-1}} \tag{3}$$

式中：SD——目标化合物的相对响应因子的标准偏差；

RRF_i——标准曲线溶液中第 i 点目标化合物的相对响应因子；

n——标准曲线的浓度点数。

RRF 的相对标准偏差（RSD）按照式（4）计算。

$$RSD = \frac{SD}{\overline{RRF}} \times 100\% \tag{4}$$

式中：RSD——RRF 的相对标准偏差；

SD——RRF 的标准偏差；

$\overline{RRF}$——标准曲线中目标化合物的平均相对响应因子。

7.2.4 标准参考谱图

目标化合物的总离子色谱图见图 1。

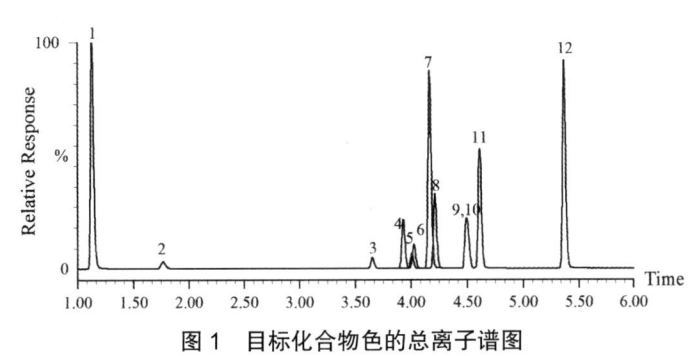

图 1　目标化合物色的总离子谱图

备注：1—可替宁；2—吗啡；3—可待因；4—苯丙胺；5—O_6-单乙酰吗啡；6—3,4-亚甲二氧基苯丙胺；7—甲基苯丙胺；8—3,4-亚甲二氧基甲基苯丙胺；9—去甲氯胺酮；10—苯甲酰爱康宁；11—氯胺酮；12—可卡因

7.3 试样的测定
按照与建立标准曲线(7.2.1)相同的仪器条件进行试样(6.2)的测定。

7.4 空白试样的测定
按照与试样的测定(7.3)相同的步骤进行空白试样(6.3)的测定。

8. 结果计算与表示

8.1 定性分析
通过目标化合物的保留时间和离子对进行定性分析。

在相同的实验条件下,试样中目标化合物的保留时间和标准溶液中目标化合物的保留时间相比较,偏差应不大于 0.2 min。目标化合物色谱峰的 S/N(目标化合物在仪器中的信号/仪器的噪声)应不小于 3。对样品中某组分定性离子的相对丰度 K_{sam} 与浓度接近的标准溶液中该组分定性离子的相对丰度 K_{std} 进行比较,偏差符合表3的规定,即可判定样品中存在目标化合物。

样品中某组分定性离子的相对丰度 K_{sam} 按照式(5)计算。

$$K_{sam} = \frac{A_2}{A_1} \times 100\% \tag{5}$$

式中:K_{sam}——样品中某组分定性离子的相对丰度;
A_2——样品中该组分定性离子对的峰面积(或峰高);
A_1——样品中该组分定量离子对的峰面积(或峰高)。

标准溶液中某组分定性离子的相对丰度 K_{std} 按照式(6)计算。

$$K_{std} = \frac{A_{std2}}{A_{std1}} \times 100\% \tag{6}$$

式中:K_{std}——标准溶液中某组分定性离子的相对丰度;
A_{std2}——标准溶液中该组分定性离子对的峰面积(或峰高);
A_{std1}——标准溶液中该组分定量离子对的峰面积(或峰高)。

表3 定性确认时相对离子丰度的最大允许偏差

指标	评价标准 /%			
K/%	$K_{std}>50$	$20<K_{std}\leq50$	$10<K_{std}\leq20$	$K_{std}\leq10$
K 最大允许偏差 /%	±20	±25	±30	±50

8.2 定量分析

8.2.1 用平均响应因子法计算
当目标化合物采用平均响应因子法计算时,试样中目标化合物的质量浓度按照式(7)计算。

$$\rho = \frac{A_x \times \rho_{IS} \times V}{A_{IS} \times \overline{RRF} \times V_x} \times d \tag{7}$$

式中:ρ——试样中目标化合物的质量浓度,ng/L;

A_x——试样中目标化合物定量离子的峰面积;

ρ_{IS}——试样中内标物的质量浓度,μg/L;

V——试样的定容体积,mL;

A_{IS}——试样中对应进样内标物定量离子的峰面积;

$\overline{RRF}$——标准曲线中目标化合物的平均相对响应因子;

V_x——取样体积,L;

D——试样的稀释倍数。

8.2.2 用标准曲线法计算

当目标化合物采用标准曲线法计算时,由标准曲线得到试样中目标化合物的质量浓度ρ_i,样品中目标化合物的质量浓度ρ按照式(8)计算。

$$\rho = \frac{\rho_i \times V_1}{V} \times D \tag{8}$$

式中:ρ——样品中目标化合物i的质量浓度,ng/L;

ρ_i——由标准曲线得到的试样中目标化合物i的质量浓度,μg/L;

V_1——试样的定容体积,mL;

V——取样体积,L;

D——样品稀释倍数。

8.3 结果表示

测定结果小数点后位数的保留与方法检出限一致,最多保留3位有效数字。

9. 准确度

9.1 精密度

在实验室对不同浓度水平的目标化合物水样进行测定,相对标准偏差为1.2%~17.5%。

9.2 正确度

在实验室对不同浓度水平的目标化合物水样进行测定,加标回收率为80.0%~120.0%。

10. 质量保证和质量控制

10.1 空白实验

每20个样品或每批样品(≤20个样品/批)应至少测定1个实验室空白样品,测定结果应低于方法检出限。若空白实验不满足以上要求,应采取措施排除污染后重新分析同批样品。

10.2 校准

标准曲线至少需5个浓度系列,目标化合物相对响应因子的RSD应不大于30%,或者标准曲线的相关系数应不小于0.995,否则应查找原因,重新建立标准曲线。

选择标准曲线的中间浓度点进行连续校准,每分析20个样品或一批样品(≤20个样品/批)进行1次连续校准,测定结果的相对误差应不大于±30%,否则应查找原因,重新建立标准曲线。

10.3 平行样

每20个样品或每批样品(≤20个样品/批)应至少测定1个平行样,当测定结果大于定量下限时,相对偏差≤20%。

11. 废物处理

在实验中产生的废弃物应分类收集,集中保管,并做好标识,依法委托有资质的单位进行处置。

附 录 A
（规范性附录）
方法检出限和测定下限

表 A.1 给出了本方法中目标化合物的方法检出限和测定下限,取样体积为 20 mL,进样体积为 10 μL。

表 A.1 方法检出限和测定下限

序号	化合物名称	方法检出限/(ng/L)	测定下限/(ng/L)
1	吗啡	0.04	0.16
2	O_6-单乙酰吗啡	0.16	0.64
3	可待因	0.15	0.6
4	甲基苯丙胺	0.05	0.2
5	苯丙胺	0.12	0.48
6	氯胺酮	0.04	0.16
7	去甲氯胺酮	0.05	0.2
8	3,4-亚甲二氧基甲基苯丙胺	0.05	0.21
9	3,4-亚甲二氧基苯丙胺	0.12	0.48
10	可卡因	0.03	0.12
11	苯甲酰爱康宁	0.05	0.2
12	可替宁	0.03	0.12

4.15 水质 短链氯化石蜡的测定 液相色谱-高分辨质谱法

1. 适用范围

本方法规定了测定水中短链氯化石蜡的液相色谱-高分辨质谱法。

本方法适用于测定地下水、地表水、生活污水、工业废水和海水中的短链氯化石蜡。

当取样体积为 1 L、定容体积为 1.0 mL、进样体积为 5.0 μL 时，短链氯化石蜡的方法检出限为 40 ng/L，测定下限为 160 ng/L。

2. 规范性引用文件

本方法引用了下列文件或其中的条款。凡是注明日期的引用文件，仅注日期的版本适用于本方法。凡是未注日期的引用文件，其最新版本（包括所有的修改单）适用于本方法。

GB 17378.3《海洋监测规范 第 3 部分：样品采集、贮存与运输》

HJ 91.1《污水监测技术规范》

HJ 91.2《地表水环境质量监测技术规范》

HJ 164《地下水环境监测技术规范》

HJ 442.3《近岸海域环境监测技术规范 第三部分 近岸海域水质监测》

HJ 493《水质 样品的保存和管理技术规定》

HJ/T 166《土壤环境监测技术规范》

HJ 494《水质 采样技术指导》

3. 方法原理

样品中的短链氯化石蜡经液液萃取、多层硅胶柱净化后，浓缩、定容、进样，用液相色谱-高分辨质谱仪进行检测。根据保留时间和特征离精确质量数定性，用内标物法定量。

4. 试剂和材料

除非另有说明，分析时均使用符合国家标准的优级纯试剂，实验用水为新制备的不含目标化合物的纯水。

4.1 二氯甲烷：农残级。

4.2 正己烷：农残级。

4.3 甲醇：优级纯。

4.4 二氯甲烷-正己烷混合溶液：1:4（体积比）。

4.5 短链氯化石蜡标准溶液：ρ=100 μg/mL。

氯含量分别为 51.5%、55.5%、63.0%，溶剂为环己烷。可直接购买市售有证标准溶液，在室温下密封、避光保存，或参考生产商推荐的保存条件。

4.6 内标物（IS）溶液：4-壬基酚-d_5，ρ=100 μg/mL，溶剂为甲醇。

可直接购买市售有证标准溶液，也可用标准物质制备，用甲醇稀释，在 4 ℃以下密封、避光保存，或参考生产商推荐的保存条件。

4.7 无水硫酸钠:优级纯。

在马弗炉中于 450 ℃下灼烧 4 h,冷却至室温后装入磨口玻璃瓶中,置于干燥器中保存。

4.8 硅胶:200~80 目。

将一定量的硅胶置于烧杯中,加入适量甲醇使其液面高于硅胶层 1~2 cm,用玻璃棒搅拌 1~2 min 后弃去甲醇,重复该步骤 2 次;用二氯甲烷继续清洗 2 次,弃去二氯甲烷。将硅胶在蒸发皿中摊开,厚度小于 10 mm。待二氯甲烷挥发完全后,将硅胶置于干燥箱中,在 130 ℃下干燥 16 h,再在干燥器中冷却 30 min,装入试剂瓶中密封,置于干燥器中保存。

4.9 弗罗里硅土:200~80 目。

在马弗炉中于 450 ℃下灼烧 4 h,冷却至室温后装入磨口玻璃瓶中,置于干燥器中保存。

4.10 2% 氢氧化钠硅胶。

取 98 g 硅胶放至玻璃分液漏斗中,逐滴加入 40 mL 氢氧化钠溶液,充分振摇后通过减压旋转蒸发、真空干燥等方式除去碱性硅胶中的大部分水分,使硅胶变成粉末状。将制成的硅胶装入试剂瓶密封,保存在干燥器中。

4.11 44% 硫酸硅胶。

取 56 g 硅胶放至玻璃分液漏斗中,逐滴加入 44 g 硫酸,充分振摇使硅胶变成粉末状。将制成的硅胶装入试剂瓶密封,保存在干燥器中。

4.12 铜(Cu)粉:99.5%。

使用前将铜粉浸泡于硝酸溶液中 10 min,去除表面的氧化层,用水洗涤至中性后依次用甲醇和正己烷洗涤 3 次,加正己烷密封保存。

4.13 石英丝或石英棉。

在马弗炉中于 450 ℃下灼烧 4 h,冷却至室温后密封保存。

4.14 氮气:99.999%。

5. 仪器和设备

5.1 样品瓶:1 L 棕色广口玻璃瓶。

5.2 分液漏斗:2 000 mL,具聚四氟乙烯塞。

5.3 浓缩装置:旋转蒸发仪、氮吹仪、平行浓缩仪或其他等效仪器。

5.4 微量注射器或移液器:10 μL、50 μL、100 μL、500 μL、1 mL。

5.5 液相色谱-高分辨质谱仪:配有电喷雾离子(ESI)源,具备梯度洗脱功能。

5.6 色谱柱:填料为十八烷基硅氧烷键合硅胶,填料粒径为 1.7 μm,柱长 100 mm,内径为 2.1 mm,也可使用满足分析要求的其他等效色谱柱。

5.7 一般实验室常用仪器和设备。

6. 样品

6.1 样品的采集和保存

按照 GB 17378.3、HJ/T 166 和 HJ 494 的相关规定进行样品的采集。样品采集后保存在洁净的样品瓶中,运输过程应避光、密封,在 4 ℃以下避光保存,14 d 内完成萃取。

6.2 试样的制备
6.2.1 萃取

摇匀并准确量取 1 L 水样置于 2 L 分液漏斗中,加入 80 mL 二氯甲烷,振摇 30 s 排气,振荡 5 min 后静置分层。重复萃取 2 次,合并 3 次的萃取液,经无水硫酸钠干燥柱脱水,用正己烷淋洗干燥柱,合并萃取液和淋洗液,浓缩至约 2 mL。

注:排气应在通风橱中进行,以防止交叉污染;当萃取过程出现乳化现象时,可采用搅动、离心、冷冻或用玻璃棉过滤等方法破乳。

6.2.2 净化

在层析柱底部垫一小团石英棉,加入 40 mL 正己烷。依次装填 1 g 无水硫酸钠,1 g 硅胶、2 g 弗罗里硅土、1 g 硅胶、3 g 2% 氢氧化钠硅胶、1 g 硅胶、8 g 44% 硫酸硅胶、1 g 硅胶、1 g 无水硫酸钠。复合硅胶柱的装填示意见图 1。排出正己烷溶液,使液面刚好与硅胶柱上层的无水硫酸钠齐平。用约 100 mL 二氯甲烷-正己烷混合溶液(1∶4)淋洗复合硅胶柱,弃去淋洗液。将萃取液转移到复合硅胶柱上,并与分液漏斗连接,用 100 mL 正己烷溶液淋洗,调节淋洗速度为约 2.5 mL/min(大约 1 滴/s),弃去淋洗液,再用二氯甲烷-正己烷混合溶液(1∶4)洗脱,收集洗脱液。将洗脱液浓缩至近干,加入 20.0 μL 浓度为 500 μg/L 的内标物溶液,用甲醇定容至 1 mL,待测。

注:若通过验证,也可使用市售成品复合硅胶柱进行净化。

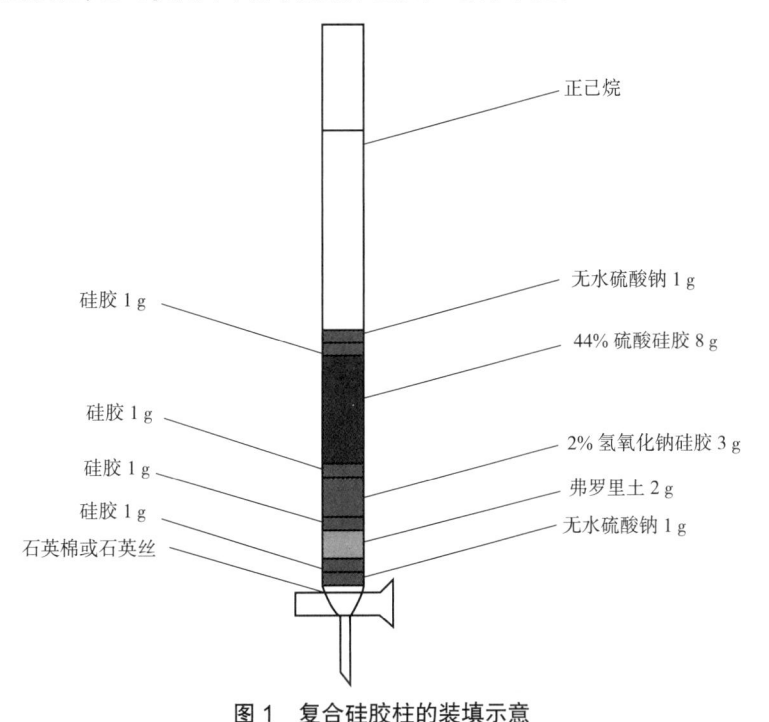

图 1 复合硅胶柱的装填示意

6.3 空白试样的制备

用实验用水代替样品,按照与试样的制备(6.2)相同的步骤进行空白试样的制备。

7. 分析步骤

7.1 仪器参考条件

7.1.1 液相色谱仪参考条件

流动相:由水(A)和甲醇(B)组成流动相。

梯度洗脱程序:B 相比例在前 0.5 min 内保持 50%,然后在 0.5~2 min 从 50% 升至 100%,然后用 B 相冲洗 2.5 min,再在 0.5 s 内降到 50% 并维持 2.5 min。

进样量:5 μL。流速:0.3 mL/min。柱温:40 ℃。

7.1.2 质谱仪参考条件

离子源:电喷雾电离离子源。喷雾电压:3.2 kV。鞘气:35 Psi。辅助气:10 Psi。辅助气温度:350 ℃。离子传输管温度:320 ℃。扫描方式:(全扫描)。分辨率:70 000。扫描范围:150~1 000。扫描模式:ESI(-)。

短链氯化石蜡(SCCPs)同类物和内标物的定量离子及定性离子如表 1 所示。

表 1 短链氯化石蜡(SCCPs)同类物和内标物的定量离子及定性离子

同类物	定量离子质荷比	定性离子质荷比	相对丰度比值
$C_{10}H_{17}Cl_5$	312.966 5	314.963 6	0.67
$C_{10}H_{16}Cl_6$	346.928 1	344.931 0	0.50
$C_{10}H_{15}Cl_7$	380.889 1	382.886 2	0.95
$C_{10}H_{14}Cl_8$	416.847 2	414.850 2	0.87
$C_{10}H_{13}Cl_9$	450.808 3	448.811 2	0.65
$C_{10}H_{12}Cl_{10}$	484.769 3	486.766 4	0.86
$C_{11}H_{19}Cl_5$	326.982 2	328.979 2	0.67
$C_{11}H_{18}Cl_6$	360.943 8	362.940 9	0.79
$C_{11}H_{17}Cl_7$	394.904 9	396.901 9	0.95
$C_{11}H_{16}Cl_8$	430.862 9	428.865 8	0.89
$C_{11}H_{15}Cl_9$	464.823 9	462.826 8	0.76
$C_{11}H_{14}Cl_{10}$	498.784 9	500.782 0	0.81
$C_{12}H_{21}Cl_5$	340.997 8	342.994 9	0.70
$C_{12}H_{20}Cl_6$	374.959 4	376.956 5	0.81
$C_{12}H_{19}Cl_7$	408.920 5	410.917 5	0.93
$C_{12}H_{18}Cl_8$	444.878 6	442.881 5	0.87
$C_{12}H_{17}Cl_9$	478.839 6	476.842 5	0.80
$C_{12}H_{16}Cl_{10}$	512.800 6	514.797 7	0.84
$C_{13}H_{23}Cl_5$	355.013 5	321.052 4	0.65
$C_{13}H_{22}Cl_6$	388.975 1	357.010 5	0.87
$C_{13}H_{21}Cl_7$	422.936 1	390.972 2	0.40
$C_{13}H_{20}Cl_8$	458.894 2	424.933 2	0.69

续表

同类物	定量离子质荷比	定性离子质荷比	相对丰度比值
$C_{13}H_{19}Cl_9$	492.855 2	456.897 1	0.73
$C_{13}H_{18}Cl_{10}$	526.816 3	490.858 2	0.86
$C_{15}H_{19}D_5O$	223.200 2	224.203 4	7.06

7.1.3 仪器性能检查

按照仪器说明书用校正液对仪器进行校准。

7.2 校准

7.2.1 建立标准曲线

用氯含量-总响应因子校正曲线法对样品中的短链氯化石蜡进行定量,将浓度相同、氯含量为51.5%、55.5%、63.0%的3种标准溶液前2种等体积混合,后2种等体积混合,配制出氯含量为53.5%和59%的2种标准溶液,即共获得5种氯含量的标准溶液。配制浓度为1 mg/L的5种氯含量的标准溶液并向其中加入10.0 μL内标物溶液,得到短链氯化石蜡标准溶液并测定。

7.2.2 计算相对响应因子

用式(1)至式(3)计算各标准溶液中短链氯化石蜡的总响应因子 TRF 和氯含量 $Cl\%$,并对二者进行线性回归分析,得到氯含量曲线。

$$RTA = \sum RA(i) \tag{1}$$

式中:RTA——短链氯化石蜡各同系物组分在谱图中的相对总峰面积;

$RA(i)$——短链氯化石蜡同系物组分 i 相对于内标物的峰面积。

$$TRF = \frac{RTA(\text{Std})}{Q(\text{Std})} \tag{2}$$

式中:TRF——短链氯化石蜡总响应因子;

$Q(\text{Std})$——标准溶液中短链氯化石蜡的总质量,ng;

$RTA(\text{Std})$——标准溶液中短链氯化石蜡各同系物组分的相对总峰面积。

$$Cl\% = \sum \frac{RA(i) \times f}{RTA} \tag{3}$$

式中:$Cl\%$——短链氯化石蜡的氯含量;

$RA(i)$——短链氯化石蜡同系物组分 i 相对于内标物的峰面积;

f——组分 i 通过分子式计算的氯含量。

7.2.3 总离子流图

在仪器参考条件(7.1)下,24种同类物的总离子色谱图如图2~图5所示。

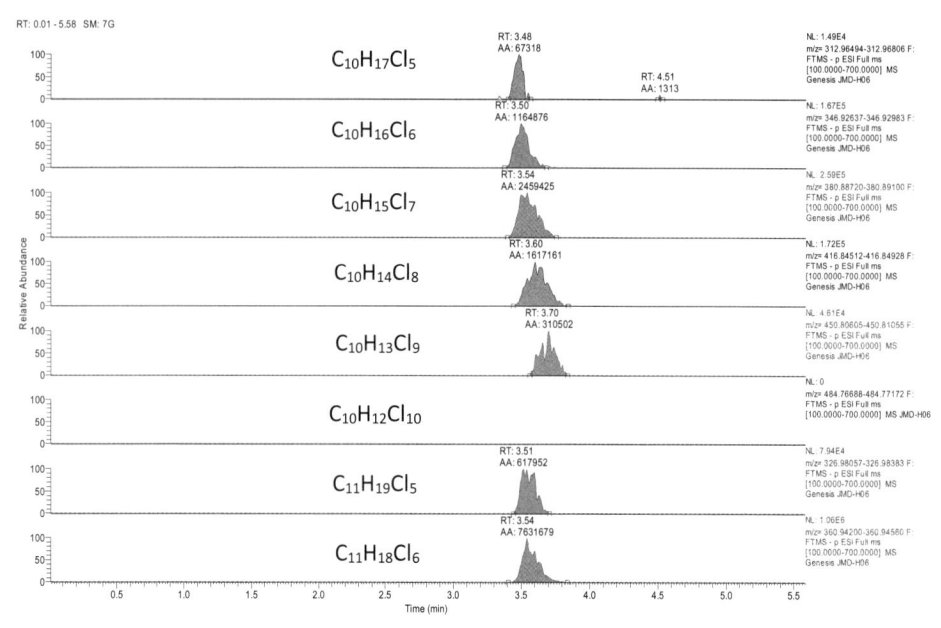

图 2　24 种同类物的总离子色谱图 1

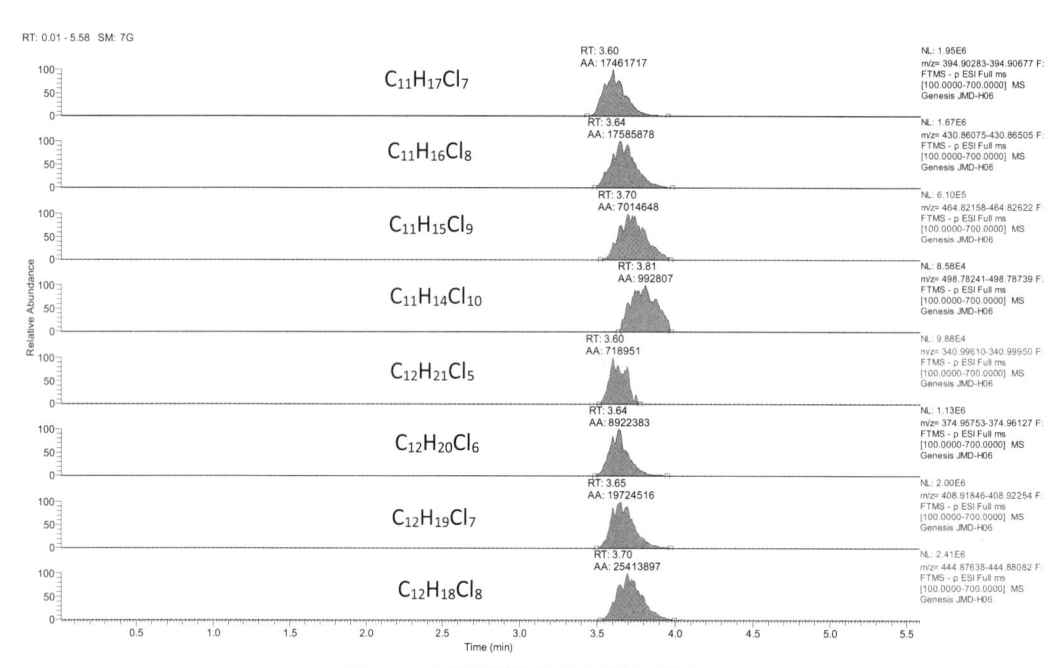

图 3　24 种同类物的总离子色谱图 2

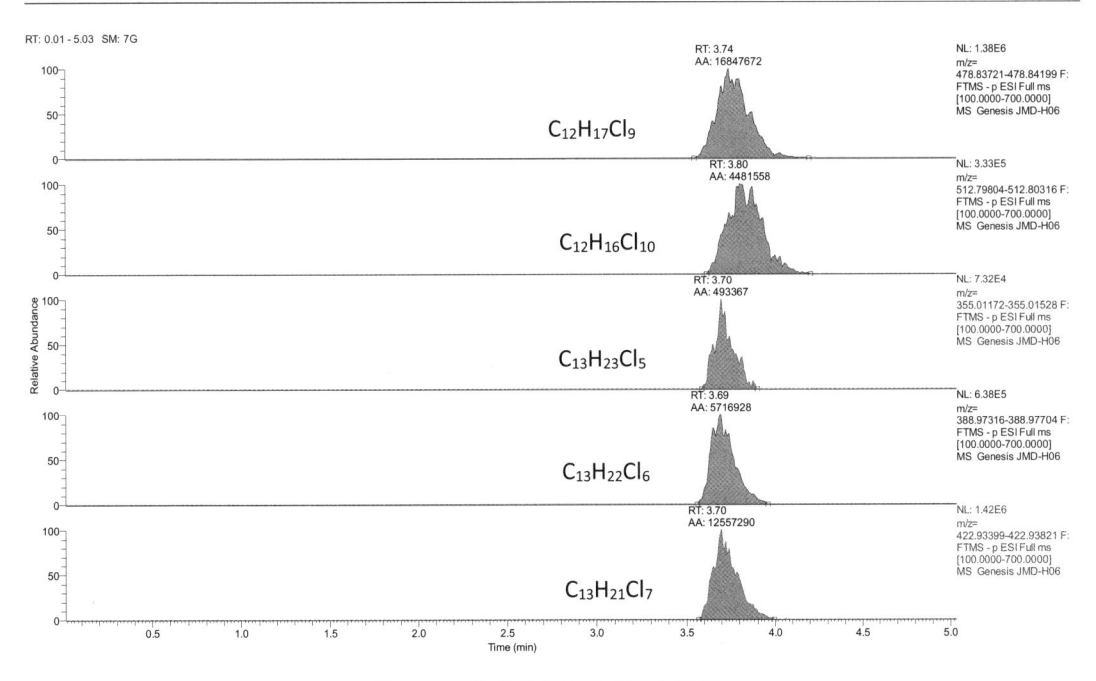

图4 24种同类物的总离子色谱图3

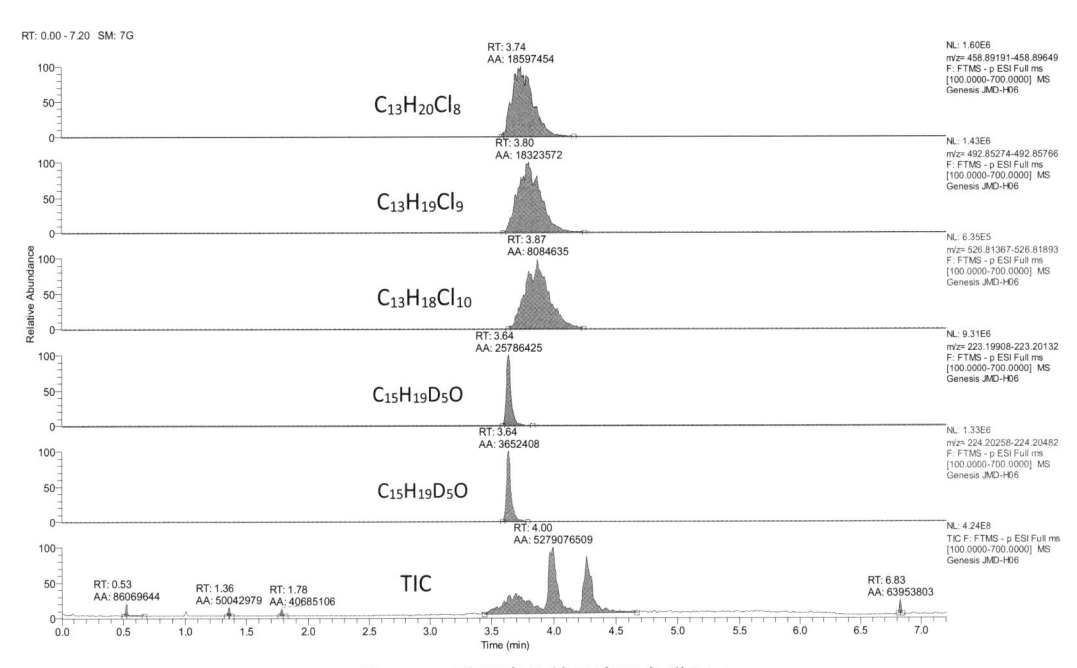

图5 24种同类物的总离子色谱图4

7.3 试样的测定
取待测试样,按照与建立标准曲线相同的仪器分析条件进行测定。

7.4 空白试样的测定
在分析样品的同时,对空白试样按照与建立标准曲线相同的仪器分析条件进行测定。

8. 结果计算与表示

8.1 定性分析

各同系物组分在指定的保留时间窗口内同时存在,且其离子丰度比与曲线中对应的监测离子丰度比一致,相对偏差小于15%。

8.2 定量分析

用式(4)至式(7)计算样品中短链氯化石蜡的浓度。

$$RTA = \sum RA(i) \tag{4}$$

式中:RTA——短链氯化石蜡各同系物组分在谱图中的相对总峰面积;

$RA(i)$——短链氯化石蜡同系物组分 i 相对于内标物的峰面积。

$$Cl\% = \sum \frac{RA(i) \times f}{RTA} \tag{5}$$

式中:$Cl\%$——短链氯化石蜡的氯含量;

$RA(i)$——短链氯化石蜡同系物组分 i 相对于内标物的峰面积;

f——组分 i 通过分子式计算的氯含量。

$$Q = \frac{RTA}{TRF} \tag{6}$$

式中:Q——短链氯化石蜡的质量,ng;

RTA——短链氯化石蜡各同系物组分在谱图中的相对总峰面积;

TRF——通过氯含量曲线计算得到的样品中短链氯化石蜡的总响应因子,ng^{-1}。

样品中目标化合物的质量浓度 C 按照式(7)计算。

$$C = \frac{Q}{V_s} \times D \tag{7}$$

式中:C——样品中目标化合物的质量浓度,ng/L;

Q——目标化合物的质量,ng;

V_s——取样量,L;

D——稀释倍数。

8.3 结果表示

测定结果小数点后位数的保留与方法检出限一致,最多保留3位有效数字。

9. 准确度

9.1 精密度

在实验室对不同浓度水平的目标化合物水样进行测定,相对标准偏差为4.7%~11.9%。

9.2 正确度

在实验室对不同浓度水平的目标化合物水样进行加标回收测定,正确度为50.0%~88.4%。

10. 质量保证和控制

10.1 空白实验

每批样品应至少做1个空白实验,即全程序空白实验,如果目标化合物有检出,应查明原因。

10.2 校准

确定氯含量曲线需 5 种不同氯含量的标准溶液,氯含量曲线的相关系数应不小于 0.95,否则应查找原因,重新建立标准曲线。每批样品都需绘制氯含量曲线。

10.3 平行样

每 20 个样品或每批样品(≤20 个样品/批)应至少测定 1 个平行样,平行样相对偏差应在 ±30% 以内。

10.4 基体加标

每 20 个样品或每批样品(≤20 个样品/批)应至少测定 1 个基体加标样品,目标化合物加标回收率应在 40%~150%。

11. 废物处理

在实验中产生的废弃物应分类收集,集中保管,并做好标识,依法委托有资质的单位进行处置。

12. 注意事项

短链氯化石蜡的测定应关注空白实验,当空白样品有检出时,可从仪器、试剂和实验耗材等方面进行空白实验排查问题,再通过清洗仪器、更换试剂和实验耗材加以消除。

4.16 水质 微塑料的测定 光学显微镜－傅立叶变换显微红外光谱法

1. 适用范围

本方法规定了测定水中微塑料的光学显微镜-傅立叶变换显微红外光谱法。

本方法适用于采集与分析海水和地表水中的微塑料,测定微塑料的尺寸范围为 20 μm~5 mm。

2. 规范性引用文件

本方法内容引用了下列文件中的条款。凡是未注明日期的引用文件,其有效版本适用于本方法。

HJ 91.2《地表水环境质量监测技术规范》

HJ 493《水质 样品的保存和管理技术规定》

GB 17378.3《海洋监测规范 第 3 部分:样品采集、贮存与运输》

GB/T 12763.2《海洋调查规范 第 2 部分:海洋水文观测》

GB/T 12763.3《海洋调查规范 第 3 部分:海洋气象观测》

GB/T 1844.1《塑料 符号和缩略语 第 1 部分:基础聚合物及其特征性能》

GB/T 15608《中国颜色体系》

《海洋微塑料监测技术规程(试行)》(海环字〔2016〕13 号)

《2022 年全国海洋生态环境监测工作实施方案》(附件 6 海洋微塑料监测技术规范(试行))

3. 术语和定义

下列术语和定义适用于本方法。

微塑料(micro plastic):指环境中尺寸小于 5 mm 的塑料。

4. 方法原理

将采集到的微塑料样品经筛选分离、氧化消解、密度浮选后转移到滤膜上,在光学显微镜下观察,记录疑似微塑料颗粒的形态、颜色、尺寸等物理特征。用傅立叶变换显微红外光谱仪采集颗粒的红外光谱图,根据样品的红外吸收光谱图与标准谱图的匹配程度,对比特征吸收峰的位置、相对强度和形状(峰宽)等参数,确定目标化合物的类型。最后,对微塑料的数量和形貌特征等参数进行统计计算,确定微塑料的丰度。

5. 试剂和材料

除非另有说明,分析时均使用符合国家标准的分析纯试剂,实验用水为不含微塑料的纯水。

5.1 硫酸:ρ=1.84 g/mL。

5.2 过氧化氢溶液:w=30%。

5.3 二价铁溶液:c=0.05 mol/L。

将 3 mL 硫酸(5.1)加入 500 mL 水中,称取 7.5 g 七水合硫酸亚铁($FeSO_4 \cdot 7H_2O$)溶于其中,混匀后溶液经玻璃纤维滤膜过滤,置于玻璃试剂瓶中。

5.4 碘化钠溶液:ρ=1.8 g/mL。

将 1 600 g 碘化钠加入 1 000 mL 纯水中,混匀后,溶液经玻璃纤维滤膜过滤,转入棕色试剂瓶保存。

5.5 氯化钠溶液:ρ=1.2 g/mL。

向 20 mL 水中加入 6 g 氯化钠,混匀后溶液经玻璃纤维滤膜过滤,置于玻璃试剂瓶中。

5.6 甲醛溶液:40%,市售。

5.7 玻璃纤维滤膜:孔径不大于 10 μm,直径为 47 mm。

5.8 金属滤膜:镀银或镀金材质(反射或衰减全反射)、氧化铝膜或硅膜(透射或衰减全反射)、不锈钢材质;孔径不大于 10 μm,直径与过滤器匹配。

5.9 不锈钢滤网:孔径为 20 μm、50 μm、100 μm、300 μm,直径与抽滤器匹配。

5.10 液氮。

5.11 微塑料标准物质:选取已知成分的塑料,制备成不同尺寸(0.1~5 mm)、形态、颜色的细小微粒;也可直接购买市售有证标准物质,参照制造商的产品说明书保存。

6. 仪器和设备

6.1 卫星导航仪。

6.2 绞车和吊杆。

6.3 网口流量计:安装于网具的网口中间位置,采样时浸没于水面下。

6.4 表层水体微塑料采样器:采样器为纽斯顿网(图 1(a))、曼塔网(图 1(b))或双体船采样网(图 1(c)),网口宽 0.5~1.0 m,高 0.5 m;网衣长度为 3~4 m,网衣孔径为 0.33 mm,网衣末端连接网底管,网底管外直径为 9 cm,内置的筛绢套孔径为 0.33 mm;网口流量计(6.3)安装在网口中央位置,并确保拖网时浸没于水面以下;根据实际情况配备重锤。

6.5 大体积采水器:体积不小于 5 L,玻璃或不锈钢材质,也可使用铁桶。

6.6 玻璃样品瓶:具磨口塞的广口玻璃瓶,500 mL 或 1 L。

6.7 金属镊子:用于现场或实验室挑拣样品。

6.8 傅立叶变换显微红外光谱仪:波数范围 4 000~700 cm^{-1},分辨率不低于 4 cm^{-1},有透射/反射/衰减全反射(ATR)模式。

6.9 体视显微镜:最大放大倍数不低于 40 倍,配备成像分析软件。

6.10 生物显微镜:最大放大倍数不低于 400 倍,配备成像分析软件。

6.11 超净工作台:用于样品前处理。

6.12 分析天平:精度为 0.01 g、0.001 g。

6.13 恒温干燥箱:精度为 ±0.1 ℃。

6.14 水浴锅:精度为 ±0.1 ℃。

6.15 不锈钢筛网:孔径为 20 μm、50 μm、100 μm、300 μm、5.0 mm。

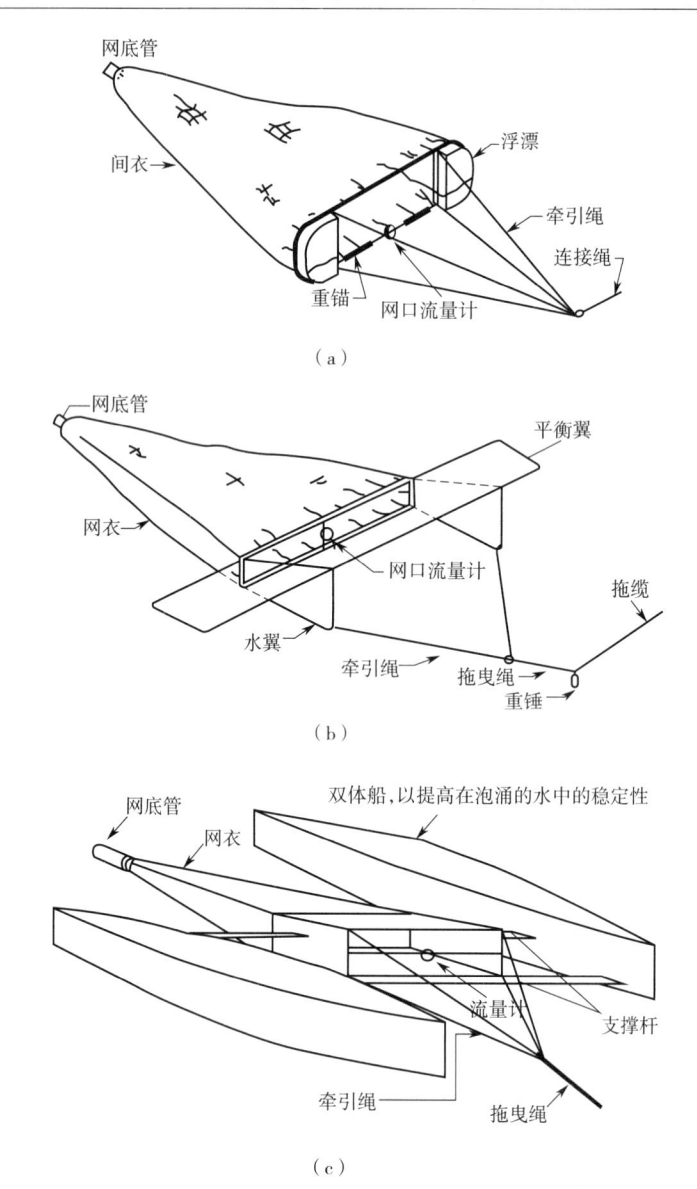

图 1　表层水体微塑料采样器示意图
（a）纽斯顿网　（b）曼塔网　（c）双体船采样网

6.16　浮选装置：将硅胶管连接至短颈玻璃漏斗底部，液体流速用止水夹控制，上覆铝箔或表面皿（图 2）。

6.17　抽滤装置：真空泵、玻璃过滤器等。

6.18　便携式抽滤仪：真空泵、抽滤器等。

6.19　直尺或游标卡尺：测量微塑料的尺寸。

6.20　玻璃培养皿：保存微塑料样品，直径为 6 cm。

6.21　解剖工具：解剖刀、解剖针或解剖剪子等。

6.22　潜水泵：一般流量不低于 10 L/min，扬程不低于 15 m。

图 2　浮选装置示意

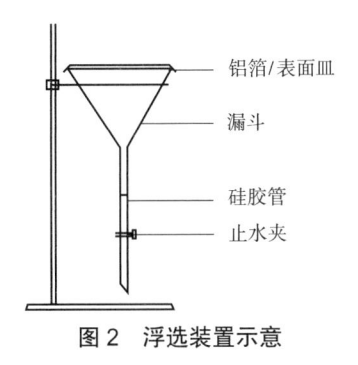

6.23　一般现场及实验室常用仪器和设备。

7. 样品

7.1　样品的采集和保存

7.1.1　监测断面及采样点位布设

海湾、开阔海域、河口、河流及湖库监测断面布设原则如下。

海湾:面积小于 10 km² 的海湾,宜布设不少于 1 个垂直于湾底的监测断面;面积为 10~100 km² 的海湾,宜布设不少于 2 个垂直于湾底的监测断面;面积大于等于 100 km² 的海湾,宜布设不少于 3 个垂直于湾底的监测断面。

开阔海域:监测断面数量根据监测目的确定,近岸布设的监测断面应垂直于岸线。

河口:宜以河口为起始点,向外辐射布设不少于 3 个监测断面。

河流、湖库:监测断面布设根据监测目的确定,监测断面应当具有代表性,可参考《地表水环境质量监测技术规范》(HJ 91.2)中河流、湖库采样点位的相关规定。

采样点位均匀布设于监测断面,每个监测断面宜布设不少于 3 个采样点位。

注:除非有特殊研究目的,应避免在藻华、水母旺发和溢油发生区域布设采样点位。

7.1.2　拖网采样法

7.1.2.1　作业前的准备

对表层水体漂浮的微塑料,一般可采用拖网进行采集。采集时需要考虑环境因素,其中海上作业时应选择 3 级或 3 级以下海况进行现场拖网采样。根据船舶状况、船上吊装设备、现场情况等选择合适的表层水体微塑料采样器(6.4)。按图 1 组装采样网衣、流量计、重锤和网底管等,并检查设备状态。

下网前应做好如下准备工作:检查网衣是否有破损;检查网底管是否关闭;记录流量计的数值;检查网框下端的重锤是否连接牢固;选择避开船尾区和船上排水一侧放置网具。

7.1.2.2　现场采样步骤

表层水体中微塑料的现场采样步骤如下。

(1)待航向稳定后,将网具通过绞车和吊杆(6.2)吊出,放至水面。

① 下网速度不宜超过 1 m/s;

② 使网具自然漂浮在水面,保持网口与水面垂直。

(2)拖网开始时,记录拖网起始时间及经纬度,拖网过程应满足以下条件:

① 拖网绳长根据实际情况进行调节,保持水面浸没网口高度的 1/2 以上;
② 船舶行驶速度为 1~3 节;
③ 拖网持续时间为 10~15 min,可根据现场情况适当延长或缩短时间;
④ 当网衣被漂浮的藻类或水母等堵塞时,应结束拖网,清理或更换网衣。
(3)拖网结束时,记录拖网结束时间及经纬度,起网过程应注意:
① 船舶减速;
② 起网速度为 0.5 m/s 左右;
③ 网具接近水面时,绞车减速,至网具完全吊起立即停车。
(4)按照如下步骤收集样品:
① 在网具完全吊起的状态下,用现场的海水或河水自上而下反复冲洗网衣外表面,将网衣内壁附着的样品冲洗到网底管内,冲洗过程应避免海水或河水进入网口;
② 将网具收回到甲板上,记录流量计的数值;
③ 用纯水反复多次冲洗网底管和筛绢套;
④ 将网底管内的样品全部转移至玻璃样品瓶(6.6)。

7.1.2.3　现场采集空白试样

用拖网采样前,打开网底管活门,用绞车将表层水体微塑料采样器(6.4)吊出船舷外,抽取现场的海水或河水,从网衣外侧由上及下冲洗网衣(在操作过程中注意切勿使海水或河水进入网口),冲洗 2~3 min 后,收回网具。关闭网底管活门,重复上述冲洗操作后,收回网具,打开网底管活门,用纯水将网底管内容物转移至玻璃样品瓶(6.6),作为现场空白试样。每天空白试样采集数量应不少于 1 个。

注:可同时收集甲板或船体上的油漆碎屑、纤绳纤维等,用于评估背景污染。

7.1.3　直采水法

对尺寸小于 0.333 mm 的微塑料以及不同深度水体中的微塑料,可使用大体积采水器(6.5)或潜水泵(6.22)在布设的采样点位原位采集。采样时应避开受船尾螺旋桨搅动或船体排水口影响的区域。通常地表水采集 10~30 L,海水采集 20~50 L,可根据现场实际情况适当增加或减少采样量。水样用不锈钢筛网(6.15)进行过滤,用纯水冲洗截留物至玻璃样品瓶(6.6),也可直接在现场用便携式抽滤仪(6.18)抽滤至不锈钢滤网(5.9)。期间滤网堵塞时应及时更换,将滤网保存在玻璃皿中带回实验室。每天至少采集 1 个全程序空白样品,水样用纯水代替。

注:不锈钢筛网和不锈钢滤网的孔径根据研究目的确定。

7.1.4　采样信息记录

在现场采样过程中,填写现场采样记录表,记录采样区域、采样时间、采样人、船速、网具规格、流量计数值或拖网距离、采样量等信息,海上监测时还应记录风向、风速和海况等现场参数,其中风向、风速用风向风速表测量,按照风向风速表上的读数记录,海况根据海况等级对照表(表 1)目测记录。

表 1 海况等级对照表

海况/级	海面征状
0	海面光滑如镜
1	海面有波纹
2	风浪很小,波峰开始破碎,但浪花不显白色
3	风浪不大,但很触目,波峰破裂,其中有些地方形成白色浪花
4	风浪具有明显的形状,到处形成白浪
5	出现高大的波峰,浪花占了波峰上很大的面积,风开始削去波峰上的浪花
6	波峰上被风削去的浪花开始沿海浪斜面伸长成带状
7	被风削去的浪花带布满了海浪斜面,有些地方到达波谷,波峰上布满了浪花层
8	稠密的浪花布满了海浪斜面,海面变成白色,只在波谷某些地方没有浪花
9	整个海面布满了稠密的浪花层,空气中充满了水滴和飞沫,能见度显著降低

7.1.5 样品的保存

所有样品均在 4 ℃下保存,如需长时间保存可冷冻或加入样品体积 5%~7% 的甲醛溶液(5.6)进行固定。

7.2 样品的制备

7.2.1 筛选分离

按如下步骤对样品进行筛选分离操作。

(1)使采集的样品通过孔径为 5.0 mm 的不锈钢筛网(6.15),筛网上的截留物根据监测目的确定是否保留,下层清液根据研究需要采用 20~300 μm 不锈钢滤网(5.9)过滤。

(2)用适量纯水冲洗玻璃样品瓶,使所有样品都转移至筛网和滤网,用适量纯水冲洗滤网。采水器采集的水样经现场抽滤后可直接进行步骤(3)。

(3)用不锈钢镊子将不锈钢滤网转移至烧杯中,备用。

7.2.2 消解处理

按如下步骤进行消解处理。

(1)向装有滤网的烧杯中加入 20 mL 浓度为 0.05 mol/L 的二价铁溶液(5.3),再加入 20 mL 30% 的过氧化氢溶液(5.2),用表面皿或铝箔覆盖烧杯口。

(2)常温放置,若反应剧烈,可将烧杯放入冷水浴中。

(3)如果反应结束后仍可观察到有机质,再加入 20 mL 30% 的过氧化氢溶液(5.2)继续消解,重复上述操作至有机质完全消解。

(4)将滤网取出,用纯水清洗表面残存物,如仍有可见物黏附在网上,可进行短暂超声处理,将清洗液并入消解液中。

7.2.3 密度分离

按如下步骤分离微塑料。

(1)向 20 mL 上述混合溶液中加入 6 g 氯化钠固体,待氯化钠完全溶解后将混合溶液转移到浮选装置(6.16)中。用密度为 1.2 g/mL 的氯化钠溶液(5.5)冲洗烧杯,将冲洗液一并转移至浮选装置,静置 2 h 以上。

（2）将上清液转移至抽滤装置(6.17),用金属滤膜(5.8)过滤,用纯水多次冲洗漏斗,使样品全部转移至滤膜上。

（3）打开浮选装置的止水夹,控制流速,使底部沉降物缓慢流出,用 1.8 g/mL 的碘化钠溶液(5.4)重复浮选 1 次,上清液通过金属滤膜(5.8)过滤,沉降物用体视显微镜检查,用金属镊子(6.7)挑出疑似塑料颗粒后弃置。

（4）将过滤后的滤膜置于洁净的玻璃培养皿(6.20)中,在 60 ℃下烘干。

注:使用碘化钠溶液对样品进行二次密度分离前,应确保溶液中无过氧化氢溶液残留,可先将经 1.2 g/mL 氯化钠浮选后的底部沉降物混合液过滤至金属网,用纯水冲洗干净后,再对截留物进行密度分离。

7.2.4 实验室空白试样

以纯水作为实验室空白水样,按照与样品前处理(7.2.1~7.2.3)相同的步骤进行实验室空白试样的制备。每批样品不少于 2 个空白试样。

8. 分析步骤

8.1 物理特征分析

8.1.1 粒径分析

根据颗粒大小采用直尺或游标卡尺(6.19)测定样品的尺寸,或者在显微镜(6.8~6.10)下使用系统软件测定样品的尺寸。自然弯曲的线状样品沿线段测量最大尺寸,最大长度不是很明显的样品应测量多个对角线,取最大值进行记录。样品尺寸的测量示意见图3。也可根据监测目的的不同,在记录最大尺寸的同时记录样品的多维尺寸信息,保留样品图像电子文件。

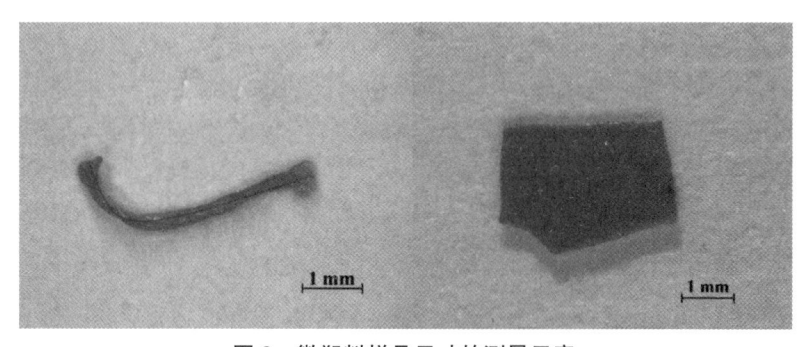

图 3 微塑料样品尺寸的测量示意

8.1.2 形态分析

根据需要采用目视法或在光学显微镜下观测样品的形态。对微塑料的形态按线、纤维、颗粒、片、薄膜、泡沫和原料树脂进行记录,微塑料形态的具体描述如附录 A 所示。

8.1.3 颜色分析

根据需要采用目视法或在光学显微镜下观测样品的颜色。微塑料的颜色按照 GB/T 15608 中规定的主要颜色和无色彩系记录,即:红、黄、绿、蓝、紫、白、黑、灰和无色。对于无色,可以根据需要进一步详细记录为透明或半透明,便于进行相关研究。

8.2 化学成分鉴定

8.2.1 仪器参数设置

使用傅立叶变换显微红外光谱仪(6.8)鉴定样品的成分,具体仪器参数设置如下。

(1)选择合适的采集模式,如透射模式、反射模式、衰减全反射(ATR)模式;

(2)选择合适的检测器,如汞镉碲(MCT)检测器、氘化硫酸三甘肽(DTGS)检测器、MCT阵列成像检测器、焦平面阵列(FPA)检测器等;

(3)选择合适的采集背景时间间隔;

(4)选择光谱格式,如透过率、吸光度;

(5)设置扫描次数,宜设置为不小于8次;

(6)设置光谱波数范围,宜设置为4 000~700 cm^{-1};

(7)设置光谱分辨率,宜设置为8 cm^{-1};

(8)其他参数根据需要进行调整。

注:(1)~(4)的具体参数可根据相关仪器设备操作规程执行。

8.2.2 分析测定

按如下步骤鉴定样品的成分。

(1)将金属滤膜置于样品台上,或在光学显微镜下借助解剖针或镊子将待测样品转移至样品检测载体(样品池、金镜或不影响红外检测的其他载体)上,再将样品检测载体置于样品台上。

(2)打开谱图预览,调节照明灯亮度、显微样品台及镜头高度,获得清晰的视野,找到目标样品。

(3)根据待测样品调节合适的光阑大小及角度。

(4)调好后将光阑移至样品处采集背景谱图。

(5)将光阑移回至样品表面,采集样品谱图。

(6)进行谱图检索,根据检索结果判断样品的成分,塑料聚合物谱图匹配度应不低于70%。

(7)若匹配度低于70%,重新制样,或选取样品的其他位置重新采集谱图。匹配度仍低于70%且高于或等于50%的,进一步分析红外谱图中特征峰的位置、数量、形状及相对强度,与不同种类聚合物的红外光谱带进行比对,分析成分;匹配度低于50%的,不予认定为塑料聚合物。

常见塑料材料的中文名称、英文名称和简称详见附录B。

注:若采用MCT检测器或FPA检测器,在使用前需添加液氮(5.10);本方法给出了傅立叶变换显微红外光谱仪鉴定微塑料成分的程序,拉曼光谱法、激光红外光谱法可作为辅助方法应用于微塑料成分的鉴定。

9. 结果计算与表示

9.1 数量浓度计算

采用拖网采集表层微塑料时,表层水体中微塑料的数量浓度 D 按照式(1)计算。

$$D = \frac{n_1 - n_0}{w \times h \times l} \quad (1)$$

式中:D——表层水体中微塑料的数量浓度,个/m³;

n_1——表层水体中检出的微塑料总数量,个;

n_0——现场空白试样和实验室空白试样中检出的与实际样品中的微塑料颜色、形态和成分均相同的微塑料数量,个;

w——拖网网口宽度,m;

h——网口浸没高度,m;

l——调查船拖网时行驶的距离,m。

如拖网网口设有流量计,表层水体中微塑料的数量浓度 D 按照式(2)计算。

$$D = \frac{n_1 - n_0}{(r_i - r_0) \times k \times w \times h} \quad (2)$$

式中:D——表层水体中微塑料的数量浓度,个/m³;

n_1——表层水体中检出的微塑料总数量,个;

n_0——现场空白试样和实验室空白试样中检出的与实际样品中的微塑料颜色、形态和成分均相同的微塑料数量,个;

r_i——流量计的结束值,r;

r_0——流量计的初始值,r;

k——流量计的校准值,m/r;

w——拖网网口宽度,m;

h——网口浸没高度,m。

使用采水器或潜水泵采集微塑料时,表层水体中微塑料的数量浓度 D 按照式(3)计算。

$$D = \frac{n_1 - n_0}{V} \quad (3)$$

式中:D——表层水体中微塑料的数量浓度,个/m³;

n_1——表层水体中检出的微塑料总数量,个;

n_0——现场空白试样和实验室空白试样中检出的与实际样品中的微塑料颜色、形态和成分均相同的微塑料数量,个;

V——采集水样的体积,m³。

9.2 结果表示

数量浓度结果宜保留 2 位有效数字。

10. 质量保证和质量控制

10.1 现场采样质量保证和质量控制

10.1.1 不同监测断面的采样应遵循相同的操作步骤,使样品具有可比性。

10.1.2 在野外采样过程中应避免使用塑料器具,以免玷污样品。

10.1.3 采集样品的监测人员应避免穿戴含合成纤维的衣物。

10.1.4 应确保所采样品代表原环境,而且在采样、运输和保存过程中不变化、不添加、不损失。

10.2 实验室分析质量保证和质量控制

10.2.1 样品的前处理尽可能在超净工作台或超净实验室中完成,避免空气中的纤维影响实验结果。

10.2.2 实验室分析人员应穿着干净的白色棉质实验服,佩戴无粉天然乳胶手套,避免穿戴含合成纤维成分的衣物。

10.2.3 关闭实验室门窗,尽量减少实验室内的空气流动。

10.2.4 保持实验室清洁,用酒精擦拭工作台面,地面定期用吸尘器除尘。

10.2.5 所有玻璃器皿都应彻底清洗,并用玻璃表面皿或铝箔覆盖。

10.2.6 实验中使用的溶液均应经玻璃纤维滤膜过滤;所有培养皿、滤膜和镊子等实验用具在使用前均应用显微镜检查,以确认无微塑料玷污。

10.2.7 在样品转移和试剂称量过程中,应避免接触塑料制品,以免受到玷污。

10.2.8 有条件的实验室在完成微塑料样品的分析鉴定后,可将样品置于玻璃培养皿或称量瓶中,放在干燥的环境中长期保存。

10.2.9 加标回收。为保证微塑料样品分离提取的有效性,每批样品预处理前宜进行样品回收率实验。即向一定量的纯水中添加已知尺寸、形态、颜色和成分的微塑料样品,按与同批样品相同的处理步骤完成微塑料加标样品的分离提取。添加的微塑料可在显微镜下切割,粒径尺寸应有一定的梯度,即小尺寸微塑料数量较多,随尺寸增大微塑料数量逐渐减少。加标成分宜为环境介质中常见的塑料,添加数量宜为 10~50 个,每 20 个样品或每批样品(≤20 个样品/批)应至少分析 1 个加标样品,回收率应控制在 80%~120%。

11. 废物处理

在实验中产生的废弃物应分类收集,集中保管,并做好标识,依法委托有资质的单位进行处置。

附 录 A
（资料性附录）
微塑料形态的描述

微塑料形态的具体描述见表 A.1。

表 A.1 微塑料形态的分类

一级分类	二级分类	形态特征	常见聚合物成分	示例
线/纤维	线状	单丝线、线绳、股线	聚乙烯、聚丙烯、聚酰胺等	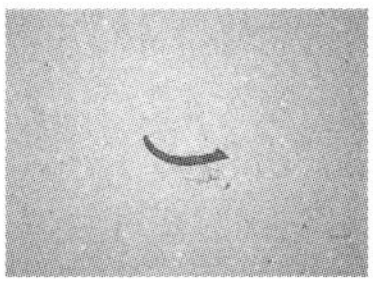 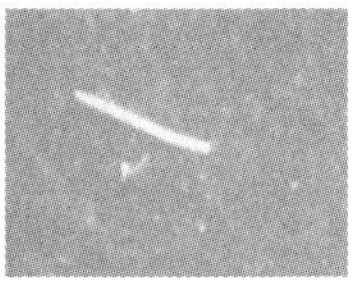
	纤维状	长丝状,直径通常为十几微米	聚对苯二甲酸乙二醇酯、聚乙烯、聚丙烯、聚酰胺等	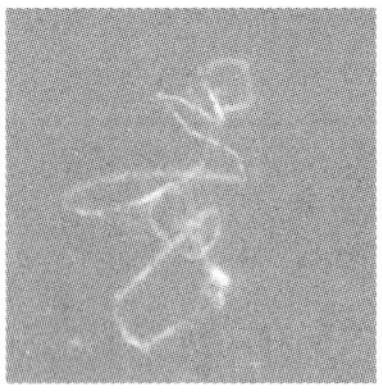 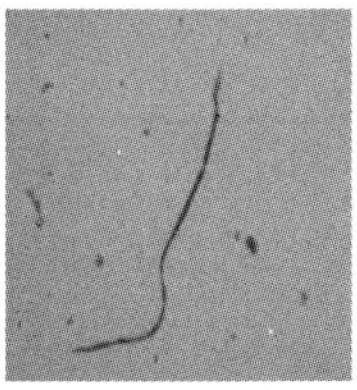
碎片	颗粒状	形状不规则的硬颗粒	聚乙烯、聚丙烯等	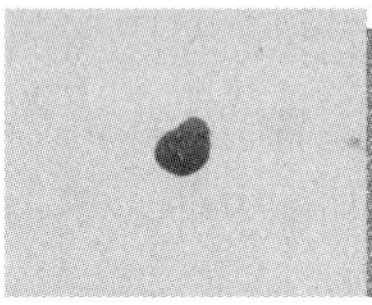 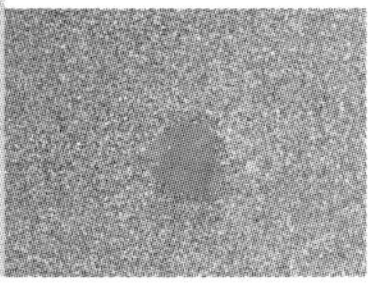
	片状	表面相对平滑,边缘光滑或有棱角	聚乙烯、聚丙烯等	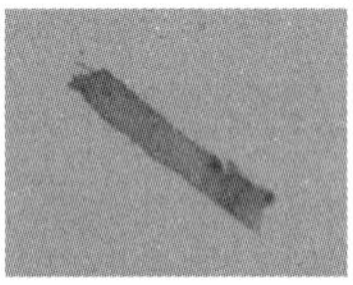 
薄膜	—	薄且质地较柔软,通常呈透明、半透明状	聚乙烯、聚丙烯等	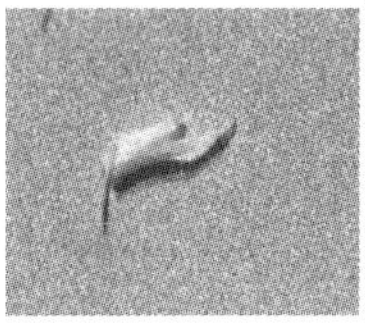 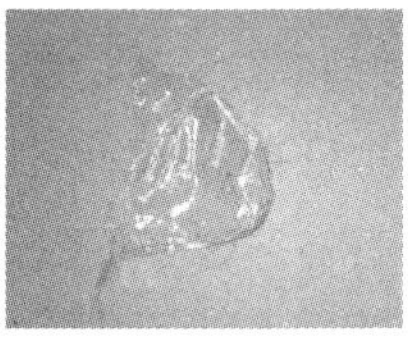
泡沫	—	不规则的碎屑、球或颗粒,在压力作用下易变形,具有一定的弹性	聚苯乙烯、聚氯乙烯、聚氨酯等	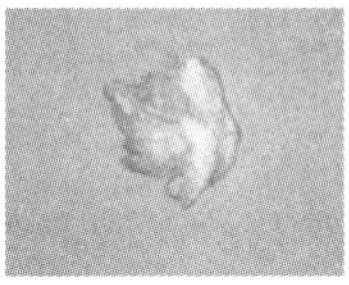 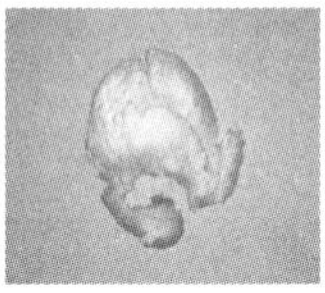
原料树脂	—	一般为光滑的球或扁圆球、圆柱体硬质颗粒	聚丙烯、聚乙烯、聚苯乙烯等	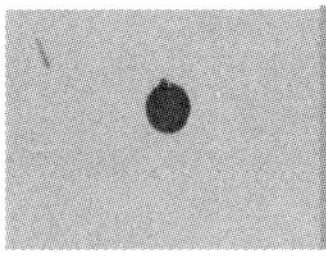 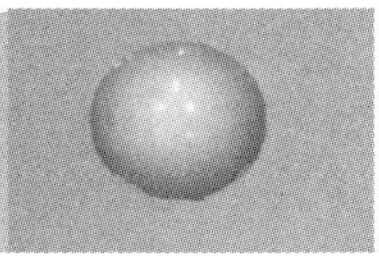

附 录 B

（资料性附录）

塑料材料的缩略语

常见塑料材料的中文名称、英文名称和简称见表 B.1。

表 B.1 常见塑料材料的中文名称、英文名称和缩略语

中文名称	英文名称	简称
丙烯腈-丁二烯塑料	Acrylonitrile-butadiene plastic	AB

续表

中文名称	英文名称	简称
丙烯腈-丁二烯-苯乙烯塑料	Acrylonitrile-butadiene-styrene plastic	ABS
丙烯腈-氯化聚乙烯-苯乙烯塑料	Acrylonitrile-chlorinated polyethylene-styrene plastic	ACS
丙烯腈-苯乙烯-丙烯酸酯塑料	Acrylonitrile-styrene-acrylate plastic	ASA
乙酸纤维素	Cellulose acetate	CA
乙酸丁酸纤维素	Cellulose acetate butyrate	CAB
乙酸丙酸纤维素	Cellulose acetate propionate	CAP
甲酚-甲醛树脂	Cresol-formaldehyde resin	CF
硝酸纤维素	Cellulose nitrate	CN
丙酸纤维素	Cellulose propionate	CP
三乙酸纤维素	Cellulose triacetate	CTA
乙烯-丙烯酸塑料	Ethylene-acrylic acid plastic	EAA
乙烯-丙烯酸乙酯塑料	Ethylene-ethyl acrylate plastic	EEAK
乙烯-甲基丙烯酸塑料	Ethylene-methacrylic acid plastic	EMA
环氧化物;环氧树脂	Epoxide; epoxy resin	EP
乙烯-丙烯塑料	Ethylene-propylene plastic	E/P
乙烯-四氟乙烯塑料	Ethylene-tetrafluoroethylene plastic	ETFE
乙烯-乙酸乙烯酯塑料	Ethylene-vinyl acetate plastic	EVAC
乙烯-乙烯醇塑料	Ethylene-vinyl alcohol plastic	EVOH
三聚氰胺-甲醛树脂	Melamine-formaldehyde resin	MF
三聚氰胺-酚醛树脂	Melamine-phenol resin	MP
聚酰胺	Polyamide	PA
聚芳醚酮	Polyaryletherketone	PAEK
聚酰胺(酰)亚胺	Polyamidimide	PAI
聚丙烯腈	Polyacrylonitrile	PAN
聚丁烯	Polybutylene	PB
聚对苯二甲酸丁二醇酯	Poly(butylene terephthalate)	PBT
聚碳酸酯	Polycarbonate	PC
聚三氟氯乙烯	Polychlorotrifluoroethylene	PCTFE
聚邻苯二甲酸二烯丙酯	Poly(diallyl phthalate)	PDAP
聚二环戊二烯	Polydicyclopentadiene	PDCPD
聚乙烯	Polyethylene	PE
氯化聚乙烯	Polyethylene(chlorinated)	PE-C
高密度聚乙烯	Polyethylene(high density)	PE-HD
低密度聚乙烯	Polyethylene(low density)	PE-LD
线型低密度聚乙烯	Polyethylene(linear low density)	PE-LLD
中密度聚乙烯	Polyethylene(medium density)	PE-MD

续表

中文名称	英文名称	简称
聚醚醚酮	Polyetheretherketone	PEEK
聚醚(酰)亚胺	Polyetherimide	PEI
聚醚酮	Polyetherketone	PEK
聚醚砜	Polyethersulfone	PESU
聚对苯二甲酸乙二醇酯	Poly(ethylene terephthalate)	PET
聚醚型聚氨酯	Polyetherurethane	PEUR
酚醛树脂	Phenol-formaldehyde resin	PF
聚酰亚胺	Polyimide	PI
聚异氰脲酸酯	Polyisocyanurate	PIR
聚甲基丙烯酰亚胺	Polymethacrylimide	PMI
聚甲基丙烯酸甲酯	Poly(methyl methacrylate)	PMMA
聚-4-甲基-1-戊烯	Poly-4-methyl-1-pentene	PMP
聚氧亚甲基;聚甲醛;聚缩醛	Polyoxymethylene;Polyacetal;Polyformaldehyde	POM
聚丙烯	Polypropylene	PP
可发性聚丙烯	Polypropylene(expandable)	PP-E
聚苯醚	Poly(phenylene ether)	PPE
聚苯硫醚	Poly(phenylene sulfide)	PPS
聚苯砜	Poly(phenylene sulfone)	PPSU
聚苯乙烯	Polystyrene	PS
可发聚苯乙烯	Polystyrene(expandable)	PS-E
高抗冲聚苯乙烯	Plystyrene(high impact)	PS-HI
聚砜	Polysulfone	PSU
聚四氟乙烯	Polytetrafluoroethylene	PTFE
聚氨酯	Polyurethane	PUR
聚乙酸乙烯酯	Poly(vinyl acetate)	PVAC
聚乙烯醇缩丁醛	Poly(vinyl butyral)	PVB
聚氯乙烯	Poly(vinyl chloride)	PVC
聚偏二氯乙烯	Poly(vinylidene chloride)	PVDC
聚氟乙烯	Poly(vinyl fluoride)	PVF
聚乙烯醇缩甲醛	Poly(vinyl formal)	PVFM
苯乙烯-丙烯腈塑料	Styrene-acrylonitrile plastic	SAN
有机硅塑料	Silicone plastic	SI
氯乙烯-偏二氯乙烯塑料	Vinyl chloride-vinylidene chloride plastic	VCVDC

第 5 章　土壤和沉积物中典型新污染物分析测试方法

5.1　土壤和沉积物　双酚 A 和 9 种烷基酚的测定　气相色谱 – 质谱法

1. 适用范围

本方法规定了测定土壤和沉积物中双酚 A 和 9 种烷基酚的气相色谱 - 质谱法。

本方法适用于测定土壤和沉积物中的双酚 A、4- 叔丁基苯酚、4- 丁基苯酚、4- 戊基苯酚、4- 己基苯酚、4- 庚基苯酚、4- 辛基苯酚、4- 叔辛基苯酚、4- 支链壬基酚和 4- 壬基酚。

当取样量为 10.0 g，提取体积为 50.0 mL、进样量为 1.0 μL 时，双酚 A 和 9 种烷基酚的方法检出限为 0.2~0.5 μg/kg，测定下限为 0.8~2.0 μg/kg，详见附录 A。

2. 规范性引用文件

本方法引用了下列文件或其中的条款。凡是注明日期的引用文件，仅注日期的版本适用于本方法。凡是未注日期的引用文件，其最新版本（包括所有的修改单）适用于本方法。

GB 17378.3《海洋监测规范　第 3 部分：样品采集、贮存与运输》

GB 17378.5《海洋监测规范　第 5 部分：沉积物分析》

HJ 91.2《地表水环境质量监测技术规范》

HJ/T 166《土壤环境监测技术规范》

HJ 442.4《近岸海域环境监测技术规范 第四部分 近岸海域沉积物监测》

HJ 494《水质　采样技术指导》

HJ 613《土壤 干物质和水分的测定 重量法》

3. 方法原理

土壤和沉积物中的双酚 A 和烷基酚经二氯甲烷和乙酸乙酯超声提取，提取液经脱水、浓缩、衍生后，用气相色谱仪分离，用质谱仪检测。根据保留时间、碎片离子质荷比及丰度定性，用内标物法定量。

4. 干扰及其消除

4.1　在样品采集和保存过程中，使用金属材质的采样器具，用棕色具塞磨口广口瓶盛放并用铝箔包裹，以消除干扰。

4.2　称取样品时，剔除瓶口的表层样品，以消除干扰。

4.3　用二氯甲烷洗涤采样瓶、锥形瓶、漏斗、浓缩器皿、滴管等玻璃器具，以及无水硫酸钠、玻璃棉等试剂和耗材,将其晾干后再使用,以消除本底干扰。

5. 试剂和材料

除非另有说明,分析时均使用符合国家标准的分析纯试剂,实验用水为新制备的不含目标化合物的纯水。

5.1 二氯甲烷:色谱纯。

5.2 乙酸乙酯:色谱纯。

5.3 二氯甲烷-乙酸乙酯混合溶液:4:1(体积比)。

5.4 双酚 A 和 9 种烷基酚标准贮备溶液:ρ=1 000 mg/L。

可直接购买市售有证标准物质,并按照说明书的要求进行保存。

5.5 双酚 A 和 9 种烷基酚混合标准使用液:ρ=10 mg/L。

移取适量目标化合物标准贮备溶液(5.4),用二氯甲烷-乙酸乙酯混合溶液(5.3)配制成目标化合物浓度为 10 mg/L 的标准溶液,在 4 ℃以下冷藏、密封、避光保存。

5.6 替代物标准贮备液(双酚 A-d_{16}):ρ=1 000 mg/L,溶剂为甲醇,市售。

5.7 替代物标准使用液:ρ=10 mg/L。

移取适量替代物标准贮备溶液(5.6),用二氯甲烷-乙酸乙酯混合溶液(5.3)配制成替代物浓度为 10 mg/L 的溶液,在 4 ℃以下冷藏、密封、避光保存。

5.8 内标物贮备溶液:ρ=2 000 mg/L。

宜选用萘-d_8、苊-d_{10} 和菲-d_{10} 作为内标物。可直接购买市售有证标准物质,并按照说明书的要求进行保存。

5.9 内标物使用液:ρ=50 mg/L。

移取适量内标物贮备溶液(5.8),用二氯甲烷-乙酸乙酯混合溶液(5.3)配制成内标物浓度为 50 mg/L 的溶液,在 4 ℃以下冷藏、密封、避光保存。

5.10 无水硫酸钠。

置于马弗炉中在 400 ℃下烘干 4 h,冷却后置于磨口玻璃瓶中密封保存。

5.11 衍生试剂:N, O-双(三甲基硅烷基)三氟乙酰胺(BSTFA),含 1% 的三甲基氯硅烷(TMCS)。

5.12 铝箔。

置于马弗炉中在 400 ℃下灼烧 2 h。

5.13 氦气:纯度≥99.999%。

6. 仪器和设备

6.1 气相色谱仪:具分流/不分流进样口。

6.2 质谱仪:电子轰击(EI)离子源。

6.3 毛细管柱:30 m × 0.25 mm × 0.25 μm,固定相为 35% 苯基/65% 甲型聚硅氧烷,或使用其他性能等效的毛细管柱。

6.4 超声仪:功率在 400 W 以上。

6.5 样品瓶:棕色,2 mL 带聚四氟乙烯衬垫的螺旋盖玻璃瓶。

6.6 锥形瓶:玻璃材质,规格为 150 mL。

6.7 真空冷冻干燥仪:空载真空度在 13 Pa 以下。

6.8 一般实验室常用仪器和设备。

7. 样品

7.1 样品的采集和保存

土壤样品按照 HJ/T 166 的相关要求采集,水体沉积物样品按照 HJ 91.2 和 HJ 494 的相关要求采集,海洋沉积物样品按照 GB 17378.3 和 HJ 442.4 的相关要求采集。

样品采集后,应于洁净的棕色具塞磨口广口瓶中保存,在运输过程中应冷藏、避光、密封,若不能及时分析,可在 -18 ℃以下冷冻、避光、密封保存,180 d 内完成萃取。萃取液可在 4 ℃以下冷藏、避光、密封保存,40 d 内完成分析。

7.2 样品的制备

除去样品中的异物(枝棒、叶片、石子等),将样品完全混匀。样品可使用冷冻干燥仪干燥,也可按照 HJ/T 166、GB 17378.3 的相关要求制备风干土壤、沉积物样品。干燥后称取两份样品,土壤样品一份用于测定干物质含量,另一份用于提取;沉积物样品一份用于测定含水率,另一份用于提取。

7.3 水分的测定

土壤样品干物质含量的测定按照 HJ 613 执行,沉积物样品含水率的测定按照 GB 17378.5 执行。通过冷冻干燥制备的样品可不进行干物质含量或含水率的测定。

7.4 试样的制备

7.4.1 提取

称取 10 g(精确至 0.01 g)干燥后的样品(7.2),全部转移至锥形瓶(6.6)中,加入适量替代物标准使用液(5.7),再加入 50 mL 二氯甲烷-乙酸乙酯混合溶液(5.3),振荡混匀,置于超声仪(6.4)中,在功率大于 400 W、水温为 20~50 ℃的条件下超声提取 20 min。

7.4.2 过滤和脱水

在玻璃漏斗上垫一层玻璃棉,加入适量无水硫酸钠(5.10),将提取液(7.4.1)过滤到浓缩器皿中。用适量二氯甲烷-乙酸乙酯混合溶液(5.3)洗涤锥形瓶和漏斗,将洗涤液并入浓缩器皿中。

7.4.3 浓缩

氮吹浓缩法:开启氮气至溶剂表面有气流波动(避免形成气涡),用二氯甲烷(5.1)多次洗涤在氮吹过程中露出的浓缩器皿壁,将过滤和脱水后的提取液浓缩至 0.5 mL。

7.4.4 衍生

向浓缩液(7.4.3)中加入 10 μL 内标物使用液(5.9),用玻璃滴管将其转移至样品瓶(6.5)中,向样品瓶(6.5)中加入 50 μL 衍生试剂(5.11),在室温下衍生 1.5 h,待测。

7.5 空白试样的制备

用石英砂代替样品,按照与试样的制备(7.4)相同的步骤进行空白试样的制备。

8. 分析步骤

8.1 仪器参考条件

8.1.1 气相色谱仪参考条件

进样口温度:300 ℃。进样量:1.0 μL。不分流进样。

氦气压强:初始压强 5.8 psi,保持 5 min,以 0.3 psi/min 的速率升压至 10 psi,保持 5.5 min。

程序升温:初始温度 50 ℃,保持 2 min,以 20 ℃/min 的速率升温至 100 ℃,再以 10 ℃/min 的速率升温至 200 ℃,最后以 20 ℃/min 的速率升温至 300 ℃,保持 5 min。

8.1.2 质谱仪参考条件

离子源温度:230 ℃。四极杆温度:150 ℃。传输线温度:280 ℃。数据采集方式:选择离子扫描(SIM)模式。相关参数参见附录 B。

8.2 校准

8.2.1 确定 4-支链壬基酚的保留时间

依次移取 480 μL 二氯甲烷-乙酸乙酯混合溶液(5.3)、20 μL 双酚 A 和烷基酚标准使用液(5.5)、10 μL 内标物使用液(5.9)、50 μL 衍生试剂(5.11),置于样品瓶(6.5)中,在室温下衍生 1.5 h。

按照仪器参考条件(8.1)进行保留时间窗口的确定。4-支链壬基酚由一组同分异构体构成,根据第一个同分异构体的出峰时间确定 4-支链壬基酚的出峰开始时间,根据最后一个同分异构体的出峰时间确定 4-支链壬基酚的出峰结束时间。

8.2.2 建立标准曲线

移取适量的双酚 A 和烷基酚标准使用液(5.5)、替代物标准使用液(5.7),用二氯甲烷-乙酸乙酯混合溶液(5.3)稀释,配制标准系列溶液,双酚 A 和烷基酚、替代物的绝对量分别为 20 ng、50 ng、200 ng、500 ng、1 000 ng,标准曲线中各浓度点的溶液体积为 500 μL。向各浓度点的溶液中依次加入 10 μL 内标物使用液(5.9)和 50 μL 衍生试剂(5.11),在室温下衍生 1.5 h。

按照仪器参考条件(8.1)进行分析,得到不同浓度下各目标化合物的质谱图,绘制标准曲线。

8.2.3 计算平均相对响应因子

标准系列溶液中第 i 点目标化合物的相对响应因子(RRF_i)按照式(1)计算。

$$RRF_i = \frac{A_i}{A_{ISi}} \times \frac{C_{ISi}}{\rho_i} \tag{1}$$

式中:RRF_i——标准系列溶液中第 i 点目标化合物的相对响应因子;

A_i——标准系列溶液中第 i 点目标化合物定量离子的峰面积;

A_{ISi}——标准系列溶液中第 i 点内标物定量离子的峰面积;

C_{ISi}——标准系列溶液中第 i 点内标物的质量,ng;

ρ_i——标准系列溶液中第 i 点目标化合物的质量,ng。

标准系列中目标化合物的平均相对响应因子($\overline{RRF}$)按照式(2)计算。

$$\overline{RRF} = \frac{\sum_{i=1}^{n} RRF_i}{n} \qquad (2)$$

式中：$\overline{RRF}$——标准系列中目标化合物的平均相对响应因子；

RRF_i——标准系列溶液中第 i 点目标化合物的相对响应因子；

n——标准曲线的浓度点数。

8.2.4 建立线性校准方程

以目标化合物与对应的内标物的浓度比为横坐标，以定量离子的峰面积比为纵坐标，建立线性校准方程。

8.2.5 选择离子色谱图

目标化合物的选择离子色谱见图1。

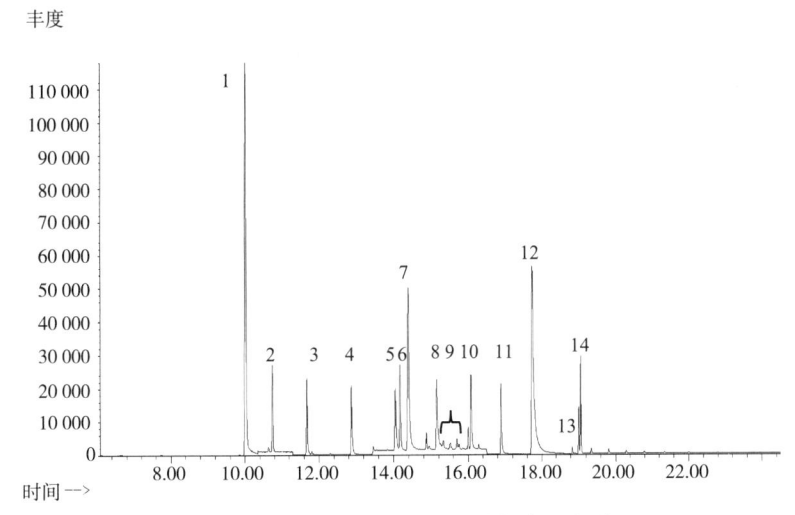

图1 双酚A和9种烷基酚的选择离子色谱图

1—萘-d_8；2—4-叔丁基苯酚；3—4-丁基苯酚；4—4-戊基苯酚；5—4-己基苯酚；6—4-叔辛基苯酚；7—苊-d_{10}；8—庚基苯酚；9—4-支链壬基酚；10—4-辛基苯酚；11—4-壬基酚；12—菲-d_{10}；13—双酚A-d_{16}；14—双酚A

8.3 试样的测定

按照与建立标准曲线(8.2.2)相同的仪器条件进行试样(7.4)的测定。

8.4 空白试样的测试

按照与试样的测定(8.3)相同的步骤进行空白试样(7.5)的测定。

9. 结果计算与表示

9.1 定性分析

通过比较样品中目标化合物与标准系列溶液中目标化合物的保留时间、碎片离子质荷比、丰度等信息，对目标化合物进行定性。

样品中目标化合物的保留时间与标准系列溶液中间点该目标化合物的保留时间的偏差应在 ±10 s 以内。样品中目标化合物定性离子与定量离子的相对丰度与标准系列溶液中间点该目标化合物定性离子与定量离子的相对丰度的相对偏差应在 ±30% 以内。

9.2 定量分析

根据平均相对响应因子或标准曲线以内标物法定量。

4-支链壬基酚采取定总量的方式,即从 4-支链壬基酚的第一个同分异构体出峰开始时到 4-支链壬基酚的最后一个同分异构体出峰结束时连接一条水平基线进行积分。

9.2.1 用平均相对响应因子计算

当目标化合物采用平均相对响应因子计算时,土壤样品中目标化合物的质量浓度按照式(3)计算。

$$w_i = \frac{A_i \times C_{IS} \times D}{m_i \times w_{dm} \times A_{IS} \times \overline{RRF}} \tag{3}$$

式中:w_i——样品中目标化合物 i 的质量浓度,μg/kg;

A_i——目标化合物 i 定量离子的峰面积;

C_{IS}——内标物的质量,ng;

D——稀释倍数;

m_i——取样量,g;

w_{dm}——样品的干物质含量,%;

A_{IS}——与目标化合物相对应的内标物定量离子的峰面积;

$\overline{RRF}$——目标化合物的平均相对响应因子。

当目标化合物采用平均相对响应因子计算时,沉积物样品中目标化合物的质量按照式(4)计算。

$$w_i = \frac{A_i \times w_{IS} \times D}{m_i \times (1 - w_{H_2O}) \times A_{IS} \times \overline{RRF}} \tag{4}$$

式中:w_i——样品中目标化合物 i 的质量浓度,μg/kg;

A_i——目标化合物 i 定量离子的峰面积;

ρ_{IS}——内标物的质量,ng;

D——稀释倍数;

m_i——取样量,g;

w_{H_2O}——样品的含水率,%;

A_{IS}——与目标化合物 i 相对应的内标物定量离子的峰面积;

$\overline{RRF}$——目标化合物 i 的平均相对响应因子。

9.2.2 用标准曲线计算

当目标化合物采用标准曲线计算时,土壤样品中目标化合物的质量浓度按照式(5)计算。

$$w_i = \frac{\rho_i \times D}{m_i \times w_{dm}} \tag{5}$$

式中:w_i——样品中目标化合物 i 的质量浓度,μg/kg;

ρ_i——由标准曲线得到的试样中目标化合物 i 的质量,ng;

D——稀释倍数;

m_i——取样量,g;

w_{dm}——样品的干物质含量,%。

当目标化合物采用标准曲线计算时,沉积物样品中目标化合物的质量浓度按照式(6)计算。

$$w_i = \frac{\rho_i \times D}{m_i \times (1-w_{H_2O})} \qquad (6)$$

式中:w_i——样品中目标化合物 i 的质量浓度,μg/kg;

ρ_i——由标准曲线得到的试样中目标化合物 i 的质量,ng;

D——稀释倍数;

m_i——取样量,g;

w_{H_2O}——样品的含水率,%。

9.3 结果表示

测定结果小数点后位数的保留与方法检出限一致,最多保留3位有效数字。

10. 准确度

10.1 精密度

在实验室对加标浓度为 5.0 μg/kg 的实际样品进行 6 次重复测定,相对标准偏差为 6.3%~25.0%。

10.2 正确度

在实验室对加标浓度为 5.0 μg/kg 的实际样品进行 6 次重复测定,加标回收率范围为 50.1%~149.0%。

11. 质量保证和质量控制

11.1 空白实验

每 20 个样品或每批样品(≤20 个样品/批)应至少测定 1 个实验室空白样品,测定结果应低于测定下限。

11.2 校准

分析样品之前应建立能够覆盖样品浓度范围的包括至少 5 个浓度点(不包含零点)的标准曲线,目标化合物相对响应因子的 RSD 不大于 20%,或标准曲线的相关系数不小于 0.995。每批样品应测定 1 个标准曲线中间浓度点,其测定结果与标准曲线该点浓度的相对误差应在 ±20% 以内。

11.3 平行样

每 20 个样品或每批样品(≤20 个样品/批)应至少测定 1 个平行样,当含量高于方法检出下限时,相对偏差应在 ±30% 以内。

11.4 基体加标

每 20 个样品或每批样品(≤20 个样品/批)应至少测定 1 个基体加标样品,目标化合物加标回收率和替代物回收率应在 40%~150%。

12. 废物处理

在实验中产生的废弃物应分类收集,集中保管,并做好标识,依法委托有资质的单位进行处置。

13. 注意事项

13.1 实验所用试剂使用前必须经过空白检验。

13.2 双酚 A 和烷基酚在测定中存在本底干扰,因此在样品采集和保存、样品分析过程中均应注意全程避免接触或使用塑料制品。

附 录 A
（规范性附录）
方法检出限和测定下限

表 A.1 给出了本方法中目标化合物的方法检出限和测定下限。

表 A.1 方法检出限和测定下限

序号	化合物名称	方法检出限/(μg/kg)	测定下限/(μg/kg)
1	4-叔丁基苯酚	0.2	0.8
2	4-丁基苯酚	0.2	0.8
3	4-戊基苯酚	0.2	0.8
4	4-己基苯酚	0.2	0.8
5	4-叔辛基苯酚	0.2	0.8
6	4-庚基苯酚	0.2	0.8
7	4-支链壬基酚	0.5	2.0
8	4-辛基苯酚	0.2	0.8
9	4-壬基酚	0.2	0.8
10	双酚 A	0.2	0.8

附 录 B
（资料性附录）
目标化合物、内标物、替代物的测定参考参数

表 B.1 给出了目标化合物、内标物、替代物的名称、CAS 编号、保留时间、定量离子质荷比和定性离子质荷比等测定参考参数。

表 B.1 目标化合物、内标物、替代物的测定参考参数

序号	化合物名称	CAS 编号	保留时间/min	定量离子质荷比(m/z)	定性离子质荷比(m/z)	定量用内标物
1	萘-d_8（内标物 1）	1146-65-2	10.02	136	—	—
2	4-叔丁基苯酚	98-54-4	10.75	207	222	内标物 1
3	4-丁基苯酚	1638-22-8	11.68	179	222	内标物 1

续表

序号	化合物名称	CAS 编号	保留时间/min	定量离子质荷比(m/z)	定性离子质荷比(m/z)	定量用内标物
4	4-戊基苯酚	14938-35-3	12.89	179	236	内标物 1
5	4-己基苯酚	2446-69-7	14.05	179	250	内标物 1
6	4-叔辛基苯酚	140-66-9	14.17	207	278	内标物 1
7	苊-d_{10}(内标物 2)	15067-26-2	14.40	164	—	—
8	4-庚基苯酚	1987-50-4	15.15	179	264	内标物 2
9	4-支链壬基酚	84852-15-3	15.15~15.85	207	221.193	内标物 2
10	4-辛基苯酚	1806-26-4	16.09	179	278	内标物 2
11	4-壬基酚	104-40-5	16.91	179	292	内标物 2
12	菲-d_{10}(内标物 3)	1517-22-2	17.83	188	—	—
13	双酚 A-d_{16}	96210-87-6	19.01	368	386	内标物 3
14	双酚 A	80-05-7	19.06	357	372	内标物 3

5.2　土壤和沉积物　5种麝香类化合物的测定　气相色谱－质谱法

1. 适用范围

本方法规定了测定土壤和沉积物中5种麝香类化合物的气相色谱-质谱法。

本方法适用于测定土壤和沉积物中的葵子麝香、二甲苯麝香、伞麝香、西藏麝香和酮麝香。

当取样量为20.0 g、定容体积为1.0 mL、采用选择离子方式测定时，5种麝香类化合物的方法检出限均为2 μg/kg，测定下限均为8 μg/kg。

2. 规范性引用文件

本方法引用了下列文件或其中的条款。凡是不注明日期的引用文件，其有效版本适用于本方法。

GB 17378.3《海洋监测规范 第3部分:样品采集、贮存与运输》

GB 17378.5《海洋监测规范 第5部分:沉积物分析》

HJ 91.2《地表水环境质量监测技术规范》

HJ/T 166《土壤环境监测技术规范》

HJ 442.4《近岸海域环境监测技术规范 第四部分 近岸海域沉积物监测》

HJ 494《水质 采样技术指导》

HJ 613《土壤 干物质和水分的测定 重量法》

HJ 783《土壤和沉积物 有机物的提取 加压流体萃取法》

3. 方法原理

土壤和沉积物中的麝香类化合物经加压流体萃取装置提取，根据样品基体干扰情况，选择硅胶柱对提取液进行净化、浓缩、定容后，用气相色谱仪分离，用质谱仪检测。根据保留时间、碎片离子质荷比及丰度定性，用内标物法定量。

4. 试剂和材料

除非另有说明，分析时均使用符合国家标准的分析纯试剂，实验用水为不含目标化合物的纯水。

4.1　甲醇:色谱纯。

4.2　正己烷:色谱纯。

4.3　丙酮:色谱纯。

4.4　二氯甲烷:色谱纯。

4.5　正己烷-丙酮溶液:1∶1(体积比)。

4.6　二氯甲烷-正己烷溶液:4∶6(体积比)。

4.7　麝香类化合物标准贮备溶液:ρ=10.0 mg/mL。

准确称取100 mg(精确至0.1 mg)麝香类化合物，移入10 mL容量瓶中，用甲醇(4.1)

定容至刻度,摇匀。也可直接购买市售有证标准溶液,参照说明书的要求进行保存。

4.8 麝香类化合物混合标准使用液:ρ=100 mg/L。

用正己烷-丙酮溶液(4.5)稀释麝香类化合物标准贮备溶液(4.7)。

4.9 内标物标准液。

选用菲-d_{10}作为内标物,ρ=4.00 mg/mL,可直接购买包含相关目标化合物的市售有证标准溶液,或用纯标准物质配制。

4.10 硅藻土:200~100目。

使用前置于马弗炉中在400 ℃下烘烤4 h,冷却后置于具磨口塞的玻璃瓶中,并放入干燥器中保存。

4.11 石英砂:50~20目。

使用前置于马弗炉中在400 ℃下烘烤4 h,冷却后置于具磨口塞的玻璃瓶中,并放入干燥器中保存。

4.12 无水硫酸钠:优级纯。

使用前置于马弗炉中在400 ℃下烘烤4 h,冷却后置于具磨口塞的玻璃瓶中,并放入干燥器中保存。

4.13 硅胶固相萃取柱:1.0 g/6 mL。

5. 仪器和设备

5.1 气相色谱-质谱仪:气相色谱具有分流/不分流进样口,可程序升温;质谱具有电子轰击(EI)离子源。

5.2 色谱柱:石英毛细管柱,30 m×0.25 mm×0.25 μm,固定相为5%聚二苯基硅氧烷,或使用其他性能等效的毛细管柱。

5.3 提取装置:加压流体萃取装置。

5.4 浓缩装置:氮吹仪等性能相当的设备。

5.5 固相萃取设备:固相萃取仪,可通过真空泵调节流速。

5.6 分析天平:精度为0.01 g。

5.7 一般实验室常用仪器和设备。

6. 样品

6.1 样品的采集和保存

土壤样品按照HJ/T 166的相关要求采集,水体沉积物样品按照HJ 91.2和HJ 494的相关要求采集,海洋沉积物样品按照GB 17378.3和HJ 442.4的相关要求采集。

样品采集后,应于洁净的磨口棕色玻璃瓶中保存。样品暂不能分析时,应在4 ℃以下冷藏保存,保存时间为10 d。

6.2 样品的制备

除去样品中的异物,将样品完全混匀。称取约20 g(精确至0.01 g)样品,加入适量的硅藻土(4.10)充分混匀、脱水,充分拌匀直至呈散粒状,装入萃取池中。

6.3 水分的测定

土壤样品干物质含量的测定按照 HJ 613 执行,沉积物样品含水率的测定按照 GB 17378.5 执行。通过冷冻干燥制备的样品可不进行干物质含量或含水率的测定。

6.4 试样的制备

6.4.1 提取

用正己烷-丙酮溶液(4.5)进行加压流体萃取。条件:萃取温度 100 ℃,加热时间 5 min,静态萃取时间 5 min,60% 萃取池体积,循环萃取 2 次。

将提取液经无水硫酸钠(4.12)脱水后转移至浓缩装置(5.4),浓缩至 5 mL,待净化。

6.4.2 净化与浓缩

先后用 5 mL 正己烷(4.2)、5 mL 二氯甲烷(4.4)活化硅胶固相萃取柱(4.13);待柱上近干时,将浓缩液全部转移至硅胶固相萃取柱(4.13)中,弃去流出液;用 7 mL 二氯甲烷-正己烷溶液(4.6)淋洗,收集淋洗液,浓缩至近 1 mL,加内标物,定容至 1 mL,待测。

6.5 空白试样的制备

用石英砂(4.11)代替样品,按照与试样的制备(6.4)相同的步骤进行空白试样的制备。

7. 分析步骤

7.1 仪器参考条件

7.1.1 气相色谱仪参考条件

进样口温度:250 ℃。进样量:1.0 μL。分流进样,分流比为 5:1。恒流模式,气体流量为 1.0 mL/min。

程序升温:初始温度 100 ℃,以 8 ℃/min 的速率升温至 250 ℃。

7.1.2 质谱仪参考条件

离子源:电子轰击(EI)离子源。离子源温度:230 ℃。电离能:70 eV。接口温度:280 ℃。四极杆温度:150 ℃。增益因子:10.0。数据采集方式:选择离子扫描(SIM)模式。溶剂延迟时间:5 min。

7.2 校准

7.2.1 建立标准曲线

移取不同体积的麝香类化合物混合标准使用液(4.8),向其中加入一定体积的内标物标准液(4.9),配制成标准系列溶液。麝香类化合物的浓度分别为 100 μg/L、200 μg/L、500 μg/L、800 μg/L、1 000 μg/L,内标物的浓度为 500 μg/L。

取 1.0 μL 配制的标准系列溶液进样,按照仪器参考条件(7.1),从低浓度到高浓度依次测定。以目标化合物的浓度为横坐标,以目标化合物的峰面积和对应的内标物的峰面积的比值与对应的内标物的浓度的乘积为纵坐标,建立标准曲线。

7.2.2 标准样品的气相色谱/质谱图

在仪器参考条件(7.1)下,目标化合物的总离子流图见图1。

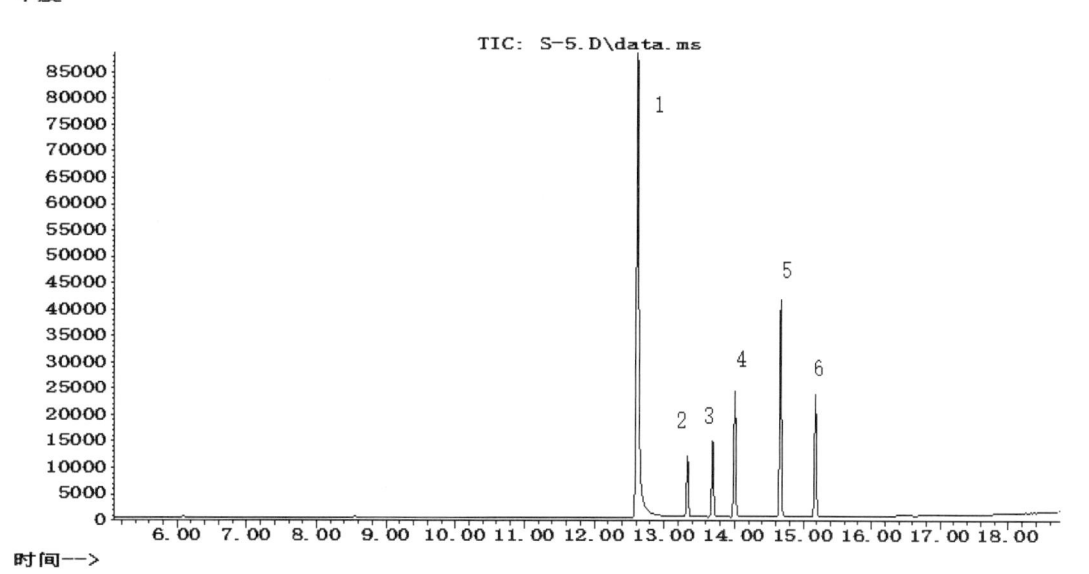

图1 麝香类化合物的总离子流图

1—菲-d$_{10}$(内标物);2—葵子麝香;3—二甲苯麝香;4—伞花麝香;5—西藏麝香;6—酮麝香

7.3 试样的测定

按照仪器参考条件(7.1)进行试样(6.4)的测定。

7.4 空白试样的测定

按照仪器参考条件(7.1)进行空白试样(6.5)的测定。

8. 结果计算与表示

8.1 定性分析

根据样品中目标化合物的保留时间、碎片离子质荷比以及丰度比定性。

样品中目标化合物的保留时间与期望保留时间(即标准溶液中目标化合物的平均保留时间)的相对偏差应控制在 ±3% 以内;样品中目标化合物的碎片离子丰度比与期望值(即标准溶液中目标化合物的碎片离子平均丰度比)的相对偏差应控制在 ±30% 以内。

8.2 定量分析

以选择离子扫描模式采集数据,以内标物法定量。

土壤样品中目标化合物的质量分数按照式(1)计算。

$$w_i = \frac{\rho_i \times V}{m \times w_{dm}} \tag{1}$$

式中:w_i——样品中目标化合物 i 的质量分数,μg/kg;

ρ_i——由标准曲线计算得到的目标化合物 i 的质量浓度,μg/L;

V——定容体积,mL;

m_i——样品的湿重,g;

w_{dm}——样品的干物质含量,%。

沉积物样品中目标化合物的质量分数按照式(2)计算。

$$w_i = \frac{\rho_i \times D}{m_i \times (1 - w_{\mathrm{H_2O}})} \tag{2}$$

式中：w_i——样品中目标化合物 i 的质量分数，μg/kg；

ρ_i——由标准曲线计算得到的目标化合物 i 的质量浓度，μg/L；

D——稀释倍数；

m_i——取样量，g；

$w_{\mathrm{H_2O}}$——样品的含水率，%。

8.3 结果表示

测定结果小数点后位数的保留与方法检出限一致，最多保留 3 位有效数字。

9. 准确度

9.1 精密度

在实验室选取不同的土壤和沉积物样品，分别对加标浓度为 5.0 μg/kg、10.0 μg/kg、40.0 μg/kg 的样品进行测定，相对标准偏差分别为 2.4%~9.8%、1.5%~8.1%、1.3%~7.7%。

9.2 正确度

在实验室选取不同的土壤和沉积物样品，分别对加标浓度为 5.0 μg/kg、10.0 μg/kg、40.0 μg/kg 的样品进行测定，目标化合物加标回收率范围分别为 74.9%~94.9%、80.1%~95.9%、83.4%~99.7%。

10. 质量保证和质量控制

10.1 空白实验

每 20 个样品或每批样品（≤20 个样品/批）应至少测定 1 个实验室空白样品，测定结果应低于方法检出限。

10.2 标准曲线

标准曲线至少需要 5 个浓度点，相关系数应不小于 0.995。

每 20 个样品或每 24 h 分析一次标准曲线中间浓度点，其测定结果与理论浓度值的相对误差应在 ±20% 以内，否则须重新绘制标准曲线。

10.3 平行样

每 20 个样品或每批样品（≤20 个样品/批）应至少测定 1 个平行样，平行样测定结果的相对偏差应不大于 30%。

10.4 基体加标

每 20 个样品或每批样品（≤20 个样品/批）应至少测定 1 个基体加标样品，加标回收率应在 70%~130%。

11. 废物处理

在实验中产生的废弃物应分类收集，集中保管，并做好标识，依法委托有资质的单位进行处置。

12. 注意事项

质谱的选择离子扫描通常较全扫描灵敏度高，在使用时需确保试剂空白、仪器系统空白和空白实验样品对目标化合物选择离子的干扰足够低。

5.3 土壤和沉积物　得克隆的测定 气相色谱－三重四极杆质谱法

1. 适用范围

本方法规定了测定土壤和沉积物中得克隆的气相色谱-三重四极杆质谱法。

本方法适用于测定土壤和沉积物中的得克隆。

当取样量为 10.0 g、定容体积为 1.0 mL 时,得克隆的方法检出限为 0.1 μg/kg,测定下限为 0.4 μg/kg。

2. 规范性引用文件

本方法引用了下列文件或其中的条款。凡是注明日期的引用文件,仅注日期的版本适用于本方法。凡是未注日期的引用文件,其最新版本(包括所有的修改单)适用于本方法。

GB 17378.3《海洋监测规范　第 3 部分:样品采集、贮存与运输》

GB 17378.5《海洋监测规范　第 5 部分:沉积物分析》

HJ 91.2《地表水环境质量监测技术规范》

HJ/T 166《土壤环境监测技术规范》

HJ 442.4《近岸海域环境监测技术规范 第四部分 近岸海域沉积物监测》

HJ 494《水质 采样技术指导》

HJ 613《土壤 干物质和水分的测定 重量法》

GB/T 6682《分析实验室用水规格和试验方法》

3. 方法原理

用索氏提取器提取土壤和沉积物中的得克隆,提取液经净化、浓缩、定容后,用气相色谱仪分离,用三重四极杆质谱仪检测。根据保留时间、碎片离子质荷比和不同离子的丰度比定性,用内标物法定量。

4. 试剂和材料

除非另有说明,分析时均使用符合国家标准的优级纯试剂,实验用水为新制备的不含目标化合物的纯水。

4.1　二氯甲烷:色谱纯。

4.2　正己烷:色谱纯。

4.3　二氯甲烷 - 正己烷混合溶液:1∶4(体积比)。

4.4　得克隆(顺式得克隆、反式得克隆)标准溶液:ρ=100 μg/mL,溶剂为正己烷。

直接购买市售有证标准溶液,在 4 ℃以下密封、避光保存,或参考生产商推荐的保存条件。

4.5　内标物(IS)溶液:碳 13 取代 PCB 209,ρ=1.0 μg/mL,溶剂为正己烷。

可直接购买市售有证标准溶液,也可用标准物质制备,用正己烷稀释。在 4 ℃以下密封、避光保存,或参考生产商推荐的保存条件。也可使用其他同位素标记内标物。

4.6 替代物溶液:碳 13 取代反式得克隆,ρ=1.0 μg/mL,溶剂为正己烷。

可直接购买市售有证标准溶液,也可用标准物质制备,用正己烷稀释。在 4 ℃以下密封、避光保存,或参考生产商推荐的保存条件。也可使用其他同位素标记替代物。

4.7 无水硫酸钠:优级纯。

4.8 硅胶:80~200 目。

将一定量的硅胶置于烧杯中,加入适量甲醇使其液面高于硅胶层 1~2 cm,用玻璃棒搅拌 1~2 min 后弃去甲醇,重复该步骤 2 次;用二氯甲烷继续清洗 2 次,弃去二氯甲烷。将硅胶在蒸发皿中摊开,厚度小于 10 mm。待二氯甲烷挥发完全后,将硅胶置于干燥箱中,在 130 ℃下干燥 16 h,再在干燥器中冷却 30 min,装入试剂瓶中密封,置于干燥器中保存。

4.9 硅藻土:15~20 目。

将硅藻土置于马弗炉中在 450 ℃下灼烧 4 h,冷却至室温后装入磨口玻璃瓶中,置于干燥器中保存。

4.10 弗罗里硅土:80~200 目。

将弗罗里硅土马弗炉中在 450 ℃下灼烧 4 h,冷却至室温后装入磨口玻璃瓶中,置于干燥器中保存。

4.11 2% 氢氧化钠硅胶。

取 98 g 硅胶放至玻璃分液漏斗中,逐滴加入 40 mL 氢氧化钠溶液,充分振摇后通过减压旋转蒸发、真空干燥等方式除去碱性硅胶中的大部分水分,使硅胶变成粉末状。将制成的硅胶装入试剂瓶密封,保存在干燥器中。

4.12 44% 硫酸硅胶。

取 56 g 硅胶放至玻璃分液漏斗中,逐滴加入 44 g 硫酸,充分振摇使硅胶变成粉末状。将制成的硅胶装入试剂瓶密封,保存在干燥器中。

4.13 铜(Cu)粉:99.5%。

使用前将铜粉浸泡于硝酸溶液中 10 min,去除表面的氧化层,用水洗涤至中性后依次用甲醇和正己烷洗涤 3 次,加正己烷密封保存。

4.14 石英丝或石英棉。

4.15 石英砂:20~100 目。

使用前置于马弗炉中在 450 ℃下灼烧 4 h,冷却后装入磨口玻璃瓶中密封,置于干燥器中保存。

4.16 氮气:99.999%。

4.17 氦气:99.999%。

4.18 氩气:99.999%。

5. 仪器和设备

5.1 样品瓶:广口棕色玻璃瓶或带聚四氟乙烯衬垫瓶盖的螺口棕色玻璃瓶。

5.2 气相色谱 - 三重四极杆质谱仪:EI 离子源。

5.3 色谱柱:石英毛细管柱,15 m × 0.25 mm × 0.1 μm,固定相为 5% 苯基 /95%- 甲基聚

硅氧烷,或其他等效色谱柱。

5.4 提取装置:索氏提取器。

5.5 浓缩装置:氮吹仪或其他等效仪器。

5.6 微量注射器:10 μL、50 μL、100 μL、500 μL。

5.7 一般实验室常用仪器和设备。

6. 样品

6.1 样品的采集和保存

土壤样品按照 HJ/T 166 的相关要求采集,水体沉积物样品按照 HJ 494 的相关要求采集,海洋沉积物样品按照 GB 17378.3 的相关要求采集。

样品采集后保存在事先清洗洁净的采样瓶中,尽快运回实验室分析,在运输过程中应密封、避光。如暂时不能分析,应在 -18 ℃以下密封、冷冻保存,保存时间为 180 d。

6.2 样品的制备

制备风干土壤和沉积物样品,可分别参照 HJ/T 166 和 GB 17378.3 的相关部分进行操作。

注:样品脱水可采用冷冻干燥方式,将冻干后的样品磨碎,均化处理成约 2 mm 的颗粒。

6.3 水分的测定

土壤样品干物质含量的测定按照 HJ 613 执行,沉积物样品含水率的测定按照 GB 17378.5 执行。通过冷冻干燥制备的样品可不进行干物质含量或含水率的测定。

6.4 试样的制备

6.4.1 提取

称取 10.0 g 土壤或沉积物样品装入石英滤筒,添加 10.0 μL 替代物溶液后进行索氏提取。提取溶剂为二氯甲烷 - 正己烷混合溶液(4.3),提取时间为 18~24 h,每小时 4~6 个循环。

6.4.2 净化

用浓缩装置将提取液浓缩至约 2 mL。

在层析柱底部垫一小团石英棉,加入 40 mL 正己烷(4.2)。依次装填 1 g 无水硫酸钠、1 g 硅胶、2 g 弗罗里硅土、1 g 硅胶、3 g 2% 氢氧化钠硅胶、1 g 硅胶、8 g 44% 硫酸硅胶、1 g 硅胶、1 g 无水硫酸钠。排出正己烷溶液,使液面刚好与硅胶柱上层的无水硫酸钠齐平。将萃取液转移到复合硅胶柱上,用 120 mL 二氯甲烷 - 正己烷混合溶液(4.3)淋洗,调节淋洗速度为约 2.5 mL/min(大约 1 滴/s),收集洗脱液。

注:若通过验证,也可使用市售成品复合硅胶柱进行净化。

6.4.3 浓缩和定容

将淋洗液浓缩至 1 mL,加入 10 μL 内标物溶液定容,待测。

6.5 空白试样的制备

用石英砂代替样品,按照与试样的制备(6.5)相同的步骤进行空白试样的制备。

7. 分析步骤

7.1 仪器参考条件

7.1.1 气相色谱仪参考条件

进样方式:脉冲或高压(120 kPa,1 min)不分流进样。进样口温度:270 ℃。进样量:1.0 μL。柱流量:2.0 mL/min。传输线温度:300 ℃。程序升温:60 ℃维持1 min,以30 ℃/min的速率升温至200 ℃(维持1 min),再以10 ℃/min的速率升温至260 ℃(维持1 min),然后以20 ℃/min的速率升温至320 ℃(维持2 min)。

7.1.2 质谱仪参考条件

离子源:EI源。离子源温度:290 ℃。电离能:70 eV。监测方式:SRM。

得克隆的监测离子信息见表1。

表1 得克隆的监测离子信息

序号	化合物名称	母离子	子离子	碰撞能 /eV
1	反式得克隆	271.8	236.8*	14
		273.8	238.8	14
2	顺式得克隆	271.8	236.8*	14
		273.8	238.8	14

注:* 为定量子离子。

7.2 校准

7.2.1 建立标准曲线

分别移取不同体积的得克隆标准溶液和替代物溶液,配制成浓度为0.5 μg/L、1.0 μg/L、2.0 μg/L、5.0 μg/L、10.0 μg/L、50.0 μg/L、100 μg/L的标准系列溶液,加入10 μL内标物使用液,用正己烷稀释至1.0 mL,密封,混匀。将配制好的溶液按照仪器参考条件进行分析,得到不同目标化合物的质谱图。以目标化合物浓度与内标物浓度的比值为横坐标,以目标化合物定量离子的响应值与内标物定量离子的响应值的比值为纵坐标,绘制标准曲线。

7.2.2 建立线性校准方程

以目标化合物与对应的内标物的浓度比为横坐标,以定量离子的峰面积比为纵坐标,建立线性校准方程。

7.2.3 总离子流图

在仪器参考条件(7.1)下,得克隆的总离子流图见图1。

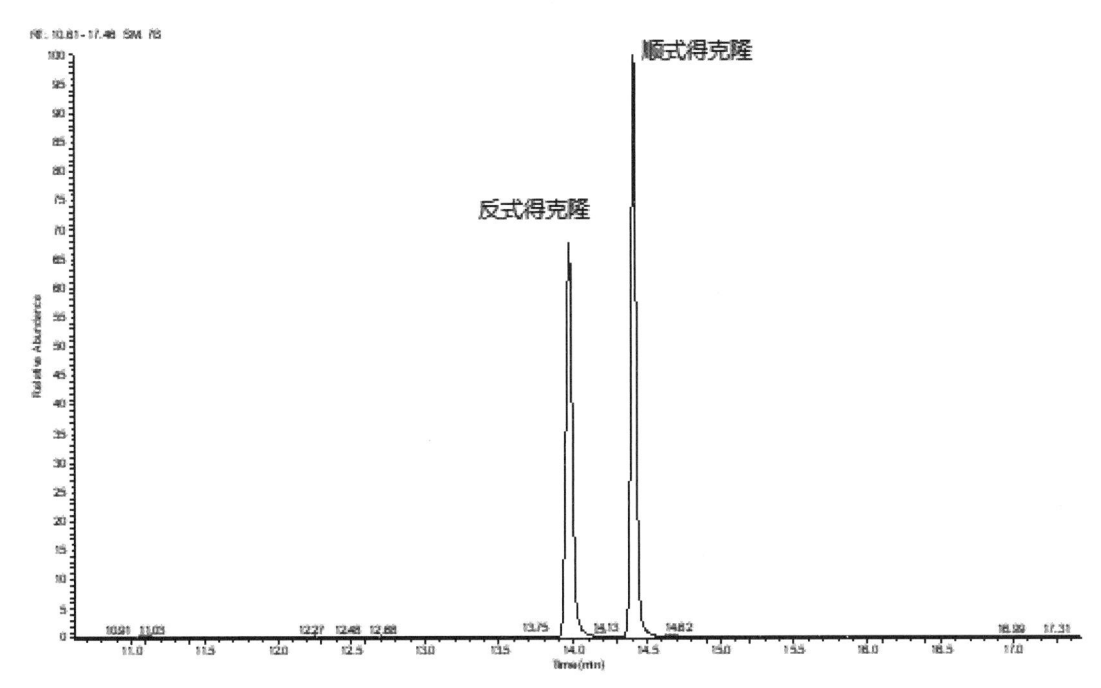

图 1　得克隆的总离子流图

7.3　试样的测定

按照与标准曲线测定(7.2.2)相同的进行试样(6.5)的测定。

7.4　空白试样的测定

按照与试样的测定(7.3)相同的步骤进行空白试样(6.6)的测定。

8. 结果计算与表示

8.1　定性分析

根据保留时间与离子丰度比例定性分析,目标化合物的保留时间应与样品中对应内标物的保留时间一致。对样品中某目标化合物某目标化合物定性离子的相对丰度 K_{sam} 与浓度接近的标准溶液中某种标化合物定性离子的相对丰度 K_{std} 进行比较,偏差 ≤30% 即可判定样品中存在目标化合物。

样品中某目标化合物定性离子的相对丰度 K_{sam} 按照式(1)计算。

$$K_{sam} = \frac{A_2}{A_1} \times 100\% \tag{1}$$

式中:K_{sam}——样品中某目标化合物定性离子的相对丰度;

A_2——样品中某目标化合物定性离子的峰面积;

A_1——样品中某目标化合物定量离子的峰面积。

标准溶液中某目标化合物定性离子的相对丰度 K_{std} 按照式(2)计算。

$$K_{std} = \frac{A_{std2}}{A_{std1}} \times 100\% \tag{2}$$

式中:K_{std}——标准溶液中某目标化合物定性离子的相对丰度;

A_{std2}——标准溶液中某目标化合物定性离子的峰面积;

A_{std1}——标准溶液中某目标化合物定量离子的峰面积。

8.2 定量分析

土壤样品中目标化合物的质量分数 w_s 按照式(3)计算。

$$w_s = \rho_{ts} \times \frac{V_{ts}}{m_s \times w_{dm}} \times D \quad (3)$$

式中:ρ_s——样品中目标化合物的质量分数,μg/kg;

ρ_{ts}——试样中目标化合物的质量浓度,μg/L;

V_{ts}——试样的定容体积,mL;

m_s——取样量,g;

w_{dm}——样品的干物质含量,%;

D——稀释倍数。

沉积物样品中目标化合物的质量分数 w_s 按照式(4)计算。

$$\rho_s = \rho_{ts} \times \frac{V_{ts}}{m_s \times (1 - w_{H_2O})} \times D \quad (4)$$

式中:ρ_s——样品中目标化合物的质量分数,μg/kg;

ρ_{ts}——试样中目标化合物的质量浓度,μg/L;

V_{ts}——试样的定容体积,mL;

m_s——取样量,g;

w_{H_2O}——样品的含水率,%;

D——稀释倍数。

8.3 结果表示

测定结果小数点后位数的保留与检出限一致,最多保留3位有效数字。

9. 准确度

9.1 精密度

在实验室对不同浓度水平的目标化合物样品进行测定,相对标准偏差为6.2%~9.1%。

9.2 正确度

在实验室对不同浓度水平的目标化合物样品进行测定,加标回收率为71.0%~98.5%。

10. 质量保证和质量控制

10.1 空白实验

每20个样品或每批样品(≤20个样品/批)应至少测定1个实验室空白样品,测定结果应低于方法检出限。

10.2 标准曲线

标准曲线至少需5个浓度系列,目标化合物相对响应因子的 RSD 应不大于20%,或者标准曲线的相关系数应不小于0.995,否则应查找原因,重新建立标准曲线。

10.3 平行样

每 20 个样品或每批样品(≤20 个样品/批)应至少测定 1 个平行样,平行样测定结果的相对偏差应在 ±30% 以内。

10.4 基体加标

每 20 个样品或每批样品(≤20 个样品/批)应至少测定 1 个基体加标样品或有证标准物质,加标回收率应控制在 60%~130%,有证标准物质的测定值应在其给出的不确定度范围内。

10.5 替代物

所有样品和空白中都需加入替代物,按与样品相同的步骤分析,每种替代物的平均回收率均应在 60%~130%。

11. 废物处理

在实验中产生的废弃物应分类收集,集中保管,并做好标识,依法委托有资质的单位进行处置。

5.4 土壤和沉积物 8种多氯联苯的测定 气相色谱-高分辨质谱法

1. 适用范围

本方法规定了测定土壤和沉积物中8种多氯联苯的气相色谱-高分辨质谱法。

本方法适用于测定土壤和沉积物中的CB28、CB52、CB155、CB101、CB118、CB153、CB138、CB180等8种多氯联苯。

当取样量为10 g、定容体积为100 μL时,多氯联苯的方法检出限为0.002~0.003 μg/kg,测定下限为0.008~0.012 μg/kg。

8种多氯联苯的方法检出限和测定下限如表1所示。

表1 8种多氯联苯的方法检出限和测定下限方法

IUPAC编号	化合物名称	方法检出限/(μg/kg)	测定下限/(μg/kg)
CB28	2,4,4'-三氯联苯(2,4,4'-T$_3$CB)	0.002	0.008
CB52	2,2',5,5'-四氯联苯(2,2',5,5'-T$_4$CB)	0.002	0.008
CB155	2,2',4,4',6,6'-六氯联苯(2,2',4,4',6,6'-H$_6$CB)	0.003	0.012
CB101	2,2',4,5,5'-五氯联苯(2,2',4,5,5'-P$_5$CB)	0.002	0.008
CB118	2,3',4,4',5-五氯联苯(2,3',4,4',5-P$_5$CB)	0.003	0.012
CB153	2,2',4,4',5,5'-六氯联苯(2,2',4,4',5,5'-H$_6$CB)	0.003	0.012
CB138	2,2',3,3',4',5'-六氯联苯(2,2',3,3',4',5'-H$_6$CB)	0.002	0.008
CB180	2,2',3,4,4',5',6-七氯联苯(2,2',3,4,4',5',6-H$_7$CB)	0.002	0.008

2. 规范性引用文件

本方法引用了下列文件或其中的条款。凡是注明日期的引用文件,仅注日期的版本适用于本方法。凡是未注日期的引用文件,其最新版本(包括所有的修改单)适用于本方法。

GB 17378.3《海洋监测规范 第3部分:样品采集、贮存与运输》

GB 17378.5《海洋监测规范 第5部分:沉积物分析》

HJ 91.2《地表水环境质量监测技术规范》

HJ/T 166《土壤环境监测技术规范》

HJ 442.4《近岸海域环境监测技术规范 第四部分 近岸海域沉积物监测》

HJ 494《水质 采样技术指导》

HJ 613《土壤 干物质和水分的测定 重量法》

3. 方法原理

用索氏提取器提取土壤和沉积物中的多氯联苯,提取液经净化、浓缩、定容后,用气相色谱-高分辨质谱法分离和测定。根据保留时间、碎片离子精确质量数和不同离子的丰度比定性,用同位素稀释内标物法定量。

4. 试剂和材料

除非另有说明,分析时均使用符合国家标准的优级纯试剂,实验用水为新制备的不含目标化合物的纯水。

4.1 二氯甲烷:农残级。

4.2 正己烷:农残级。

4.3 壬烷:农残级。

4.4 甲醇:农残级。

4.5 硫酸:ρ= 1.84 g/mL。

4.6 氢氧化钠:优级纯。

4.7 无水硫酸钠:优级纯。

将无水硫酸钠置于马弗炉中在 450 ℃下灼烧 4 h,冷却至室温后装入磨口玻璃瓶中,置于干燥器中保存。

4.8 石英棉:使用前在马弗炉中于 350 ℃下灼烧 2 h,密封保存。

4.9 石英砂:100~20 目。

使用前置于马弗炉中在 450 ℃下灼烧 4 h,冷却后装入磨口玻璃瓶中密封,置于干燥器中保存。

4.10 硅胶:75~180 μm(200~80 目)。

将一定量的硅胶置于烧杯中,加入适量甲醇使其液面高于硅胶层 1~2 cm,用玻璃棒搅拌 1~2 min 后弃去甲醇,重复该步骤 2 次;用二氯甲烷继续清洗 2 次,弃去二氯甲烷。将硅胶在蒸发皿中摊开,厚度小于 10 mm。待二氯甲烷挥发完全后,将硅胶置于干燥箱中,在 130 ℃下干燥 16 h,再在干燥器中冷却 30 min,装入试剂瓶中密封,置于干燥器中保存。

4.11 硅藻土:850~1 200 μm(20~15 目)。

在马弗炉中于 450 ℃下灼烧 4 h,冷却至室温后装入磨口玻璃瓶中,置于干燥器中保存。

4.12 层析硅酸镁:75~180 μm(200~80 目)。

在马弗炉中于 450 ℃下灼烧 4 h,冷却至室温后装入磨口玻璃瓶中,置于干燥器中保存。

4.13 2% 氢氧化钠硅胶。

取 98 g 硅胶至玻璃分液漏斗中,逐滴加入 40 mL 的氢氧化钠溶液(ρ =0.05 g/mL),充分振摇后通过减压旋转蒸发、真空干燥等方式除去碱性硅胶中的大部分水分,使硅胶变成粉末状。将制成的硅胶装入试剂瓶密封,保存在干燥器中。

4.14 44% 硫酸硅胶。

取 56 g 硅胶放至玻璃分液漏斗中,逐滴加入 44 g 硫酸,充分振摇使硅胶变成粉末状。将制成的硅胶装入试剂瓶密封,保存在干燥器中。

4.15 铜(Cu)粉:99.5%。

使用前将铜粉浸泡于硝酸溶液中 10 min,去除表面的氧化层,用水洗涤至中性后依次用甲醇和正己烷洗涤 3 次,加正己烷密封保存。

4.16 复合硅胶柱

在层析柱底部垫一小团石英棉,加入 40 mL 正已烷。依次装填 1 g 无水硫酸钠、1 g 硅胶、2 g 弗罗里硅土、1 g 硅胶、3 g 2% 氢氧化钠硅胶、1 g 硅胶、8 g 44% 硫酸硅胶、1 g 硅胶、1 g 无水硫酸钠。排出正已烷,使液面刚好与硅胶柱上层的无水硫酸钠齐平,待用。市售商品硅胶柱经验证也可替代手填柱使用。

4.17 多氯联苯标准溶液。

包含 CB28、CB52、CB155、CB101、CB118、CB153、CB138、CB180(ρ=1.0 μg/mL),溶剂为正已烷。可直接购买市售有证标准溶液。在 4 ℃以下密封、避光保存,或参考生产商推荐的保存条件。

4.18 提取内标物(IS)溶液:碳 13 取代多氯联苯(包含 $^{13}C_{12}$-CB19、$^{13}C_{12}$-CB81、$^{13}C_{12}$-CB118、$^{13}C_{12}$-CB123、$^{13}C_{12}$-CB155、$^{13}C_{12}$-CB167、$^{13}C_{12}$-CB189),ρ=1.0 μg/mL,溶剂为正已烷。

可直接购买市售有证标准溶液,也可用标准物质制备,用正已烷稀释。在 4 ℃以下密封、避光保存,或参考生产商推荐的保存条件。

4.19 进样内标物溶液:碳 13 取代多氯联苯(包含 $^{13}C_{12}$-CB52、$^{13}C_{12}$-CB101、$^{13}C_{12}$-CB138),ρ=5.0 μg/mL,溶剂为正已烷。

可直接购买市售有证标准溶液,也可用标准物质制备,用正已烷稀释。在 4 ℃以下密封、避光保存,或参考生产商推荐的保存条件。也可使用其他同位素标记替代物。

4.20 氮气:99.999%,用于样品浓缩。

4.21 氦气:99.999%。

5. 仪器和设备

5.1 采样瓶:广口棕色玻璃土壤采样瓶。

5.2 高分辨质谱仪:双聚焦磁质谱,EI 源。

5.3 色谱柱:石英毛细管柱,60 m × 0.25 mm × 0.25 μm,固定相为 5% 苯基-甲基聚硅氧烷,或其他等效色谱柱。

5.4 提取装置:索氏提取器。

5.5 浓缩装置:氮吹仪或其他等效仪器。

5.6 层析柱:内径 8 mm、长 200 mm 的玻璃管柱。

5.7 一般实验室常用仪器和设备。

6. 样品

6.1 样品的采集和保存

土壤样品按照 HJ/T 166 的相关要求采集,水体沉积物样品按照 HJ 494 的相关要求采集,海洋沉积物样品按照 GB 17378.3 的相关要求采集。

样品采集后保存在事先清洗洁净的采样瓶中,尽快运回实验室分析,在运输过程中应密封、避光。如暂时不能分析,应在 -18 ℃以下密封、冷冻保存,保存时间为 180 d。

6.2 样品的制备

制备风干土壤和沉积物样品,可分别参照 HJ/T 166 和 GB 17378.3 的相关部分进行操作。

注:样品脱水可采用冷冻干燥方式,将冻干后的样品磨碎,均化处理成约 60 目的粉末。

6.3 水分的测定

土壤样品干物质含量的测定按照 HJ 613 执行,沉积物样品含水率的测定按照 GB 17378.5 执行。通过冷冻干燥制备的样品可不进行干物质含量或含水率的测定。

6.4 试样的制备

6.4.1 提取

称取 10~20 g 土壤或沉积物样品装入石英滤筒,添加 10 μL 100 μg/L 的提取内标物溶液(4.18)后进行索氏提取。提取溶剂为二氯甲烷 - 正己烷混合溶液(体积比 1∶1),提取时间为 18~24 h,每小时 4~6 个循环。

6.4.2 净化

用浓缩装置将提取液浓缩至约 2 mL。

用约 100 mL 二氯甲烷 - 正己烷混合溶液(体积比 1∶4)淋洗复合硅胶柱,弃去淋洗液,将萃取液转移到复合硅胶柱上,并与分液漏斗连接,用 120 mL 二氯甲烷 - 正己烷混合溶液淋洗,调节淋洗速度为约 2.5 mL/min(大约 1 滴/s),收集洗脱液。

6.4.3 浓缩和定容

将淋洗液浓缩至近干,加入 10 μL 100 μg/L 的进样内标物溶液,定容至 100 μL,待测。

6.5 空白试样的制备

用石英砂代替样品,按照与试样的制备(6.4)相同的步骤进行空白试样的制备。

7. 分析步骤

7.1 仪器参考条件

7.1.1 气相色谱仪参考条件

进样方式:不分流进样。进样口温度:280 ℃。进样量:1.0 μL。柱流量:1.0 mL/min。传输线温度:280 ℃。程序升温:初始温度 150 ℃,保持 3 min,以 5 ℃/min 的速率升温至 290 ℃,保持 12 min。

7.1.2 质谱仪参考条件

导入质量校准物质(PFK)得到稳定的响应后,调谐 PFK m/z 330.978 7 质量数分辨率大于 8 000(10% 峰谷定义)并至少稳定 24 h。

离子源温度:260 ℃。电离能:45 eV。灯丝电流:900 μA。加速电压:4 800 V。溶剂延迟时间:7 min。

采用 SIM 模式选择待测化合物的 2 个监测离子进行监测,监测离子信息见表 2。

表 2 多氯联苯在气相色谱 - 高分辨质谱法中的时间窗口划分、m/z 及监测物质信息

分段采集时间 /min	多氯联苯	校正离子		定量离子	
		锁峰质量数	校准质量数	监测离子质荷比(m/z)	内标物监测离子质荷比(m/z)
8.0~24.0	三氯联苯	242.986 2	304.982 4	$m/(m+2)$　255.961 3/257.958 4	268.001 6/269.998 6
	四氯联苯			$m/(m+2)$　289.922 4/291.919 4	301.962 6/303.959 7
24.0~30.7	四氯联苯	280.982 4	380.976 0	$m/(m+2)$　289.922 4/291.919 4	301.962 6/303.959 7
	五氯联苯			$(m+2)/(m+4)$　325.880 4/327.877 5	337.920 7/339.917 8
	六氯联苯			$(m+2)/(m+4)$　359.841 5/361.838 5	371.881 7/373.878 8
30.7~40.0	六氯联苯	354.979 2	404.976 0	$(m+2)/(m+4)$　359.841 5/361.838 5	371.881 7/373.878 8
	七氯联苯			$(m+2)/(m+4)$　393.802 5/395.799 5	405.842 8/407.839 8

7.2 校准

7.2.1 建立标准曲线

分别移取不同体积的多氯联苯标准溶液,配制成浓度为 0.2 μg/L、1.0 μg/L、5.0 μg/L、10.0 μg/L、50.0 μg/L、100.0 μg/L、200.0 μg/L 的标准系列溶液,加入 10 μL 100 μg/L 的提取内标物溶液、10 μL 100 μg/L 的进样内标物溶液,用正己烷稀释至 1.0 mL,密封,混匀。

多氯联苯与内标物的对应关系如表 3 所示。

表 3 多氯联苯与内标物的对应关系

化合物类型	化合物名称	定量内标物	保留时间/min
目标化合物	CB28	$^{13}C_{12}$-CB19	20.49
	CB52	$^{13}C_{12}$-CB81	21.75
	CB155	$^{13}C_{12}$-CB155	24.59
	CB101	$^{13}C_{12}$-CB123	25.08
	CB118	$^{13}C_{12}$-CB118	27.50
	CB153	$^{13}C_{12}$-CB167	28.18
	CB138	$^{13}C_{12}$-CB167	29.24
	CB180	$^{13}C_{12}$-CB189	31.62

续表

化合物类型	化合物名称	定量内标物	保留时间/min
提取内标物	$^{13}C_{12}$-CB19	$^{13}C_{12}$-CB52	17.54
	$^{13}C_{12}$-CB81	$^{13}C_{12}$-CB52	26.29
	$^{13}C_{12}$-CB118	$^{13}C_{12}$-CB101	27.48
	$^{13}C_{12}$-CB123	$^{13}C_{12}$-CB101	27.34
	$^{13}C_{12}$-CB155	$^{13}C_{12}$-CB138	24.57
	$^{13}C_{12}$-CB167	$^{13}C_{12}$-CB138	30.27
	$^{13}C_{12}$-CB189	$^{13}C_{12}$-CB138	34.02
进样内标物	$^{13}C_{12}$-CB52	—	21.74
	$^{13}C_{12}$-CB101	—	25.06
	$^{13}C_{12}$-CB138	—	29.23

按照仪器参考条件进行分析,得到不同目标化合物的质谱图。以目标化合物浓度与内标物浓度的比值为横坐标,以目标化合物定量离子的响应值与内标物定量离子的响应值的比值为纵坐标,绘制标准曲线。

7.2.2 计算相对响应因子

用式(1)和式(2)分别获得各质量浓度点目标化合物相对于提取内标物的相对响应因子 RRF_a 和各质量浓度点提取内标物相对于进样内标物的相对响应因子 RRF_{es}。

$$RRF_a = \frac{Q_{es}}{Q_a} \times \frac{A_a}{A_{es}} \tag{1}$$

式中:Q_{es}——标准溶液中提取内标物的质量,ng;
Q_a——标准溶液中目标化合物的质量,ng;
A_a——标准溶液中目标化合物的监测离子峰面积之和;
A_{es}——标准溶液中提取内标物的监测离子峰面积之和。

$$RRF_{es} = \frac{Q_{is}}{Q_{es}} \times \frac{A_{es}}{A_{is}} \tag{2}$$

式中:Q_{is}——标准溶液中进样内标物的质量,ng;
Q_{es}——标准溶液中提取内标物的质量,ng;
A_{es}——标准溶液中提取内标物的监测离子峰面积之和;
A_{is}——标准溶液中进样内标物的监测离子峰面积之和。

计算 RRF_a 和 RRF_{es} 的平均值和相对标准偏差,相对标准偏差应在 ±20% 以内,否则应重新建立标准曲线。

7.2.3 总离子流图

在仪器参考条件(7.1)下,多氯联苯的总离子色谱图见图1。

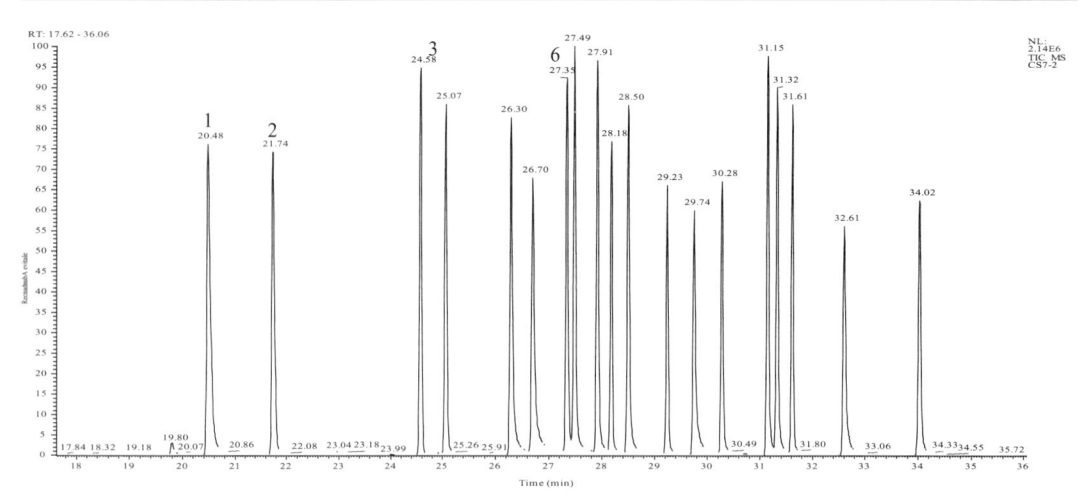

图 1 多氯联苯的总离子色谱图

1—CB28；2—CB52；3—CB155；4—CB101；5—$^{13}C_{12}$-CB81；6—$^{13}C_{12}$-CB123；
7—CB118；8—CB153；9—CB138；10—$^{13}C_{12}$-CB167；11—CB180；12—$^{13}C_{12}$-CB189

7.3 试样的测定

按照与建立标准曲线（7.2.1）相同的步骤进行试样的测定。

7.4 空白试样的测定

按照与试样的测定（7.3）相同的步骤进行空白试样的测定。

8. 结果计算与表示

8.1 定性分析

各化合物的 2 个监测离子应在指定的保留时间窗口内同时存在，且其离子丰度比与曲线中对应的监测离子丰度比一致，相对偏差不大于 15%。色谱峰的保留时间应与标准溶液一致（偏差在 ±3 s 以内），同时内标物的相对保留时间也应与标准溶液一致（偏差在 ±0.5% 以内）。

8.2 定量分析

采用同位素稀释法计算多氯联苯的浓度，按照式（3）计算。

$$Q_a = \frac{Q_{es}}{RRF_a} \times \frac{A_a}{A_{es}} \tag{3}$$

式中：Q_a——目标化合物的质量，ng；

Q_{es}——相应的 ^{13}C 标记的提取内标物的质量，ng；

RRF_a——标准曲线中目标化合物相对于提取内标物的相对响应因子；

A_a——色谱图上目标化合物的监测离子峰面积之和；

A_{es}——色谱图上相应的 ^{13}C 标记的提取内标物的监测离子峰面积之和。

土壤样品中目标化合物的质量分数 w_{1a} 按照式（4）计算。

$$w_{1a} = \frac{Q_a}{m_s \times w_{dm}} \times D \tag{4}$$

式中：w_{1a}——土壤样品中目标化合物的质量分数，μg/kg；

Q_a——目标化合物的质量，ng；
m_s——取样量，g；
w_{dm}——土壤样品的干物质含量，%；
D——稀释倍数。

沉积物样品中目标化合物的质量分数 w_{2a} 按照式(5)计算。

$$w_{2a} = \frac{Q_a}{m_s \times (1-w)} \times D \tag{5}$$

式中：w_{2a}——沉积物样品中目标化合物的质量分数，μg/kg；
Q_a——目标化合物的质量，ng；
m_s——取样量，g；
w——沉积物样品的含水率，%；
D——稀释倍数。

8.3 结果表示

测定结果小数点后位数的保留与方法检出限一致，最多保留 3 位有效数字。

9. 准确度

9.1 精密度

在实验室对不同浓度水平的目标化合物土壤和沉积物加标样品进行测定，相对标准偏差为 1.7%~7.4%。

9.2 正确度

在实验室对不同浓度水平的目标化合物土壤和沉积物加标样品进行测定，正确度为 92.8%~111.0%。

10. 质量保证和质量控制

10.1 空白实验

每批样品(≤20 个样品)应至少做一个实验室空白实验，结果中目标化合物的浓度应小于方法检出限，否则应及时查明原因，直至结果合格后才能进行样品的分析。

10.2 校准

标准曲线至少需 5 个浓度系列，目标化合物相对响应因子的 RSD 应不大于 20%。每 24 h 测定一个标准曲线中间点浓度的标准溶液，测定值与该点初始浓度的相对偏差应不大于 35%。

10.3 平行样

每批样品(≤20 个样品/批)都应分析平行样，对于检出限 10 倍以上的目标化合物，平行样测定结果的相对偏差应不大于 30%。

10.4 提取内标物

样品中提取内标物的加标回收率应为 60%~130%。

10.5 进样内标物

样品中进样内标物特征离子的峰面积与标准曲线中相应的峰面积偏差应为

50%~200%,内标物在样品中的保留时间与在标准曲线中的保留时间偏差应在 20 s 以内。

11. 废物处理

在实验中产生的废弃物应分类收集,集中保管,并做好标识,依法委托有资质的单位进行处置。

12. 注意事项

12.1 在实验中会用到正己烷、二氯甲烷、甲醇等有机溶剂,使用时操作人员应做好防护。

12.2 气相色谱分流口及质谱机械泵废气应通过活性炭柱、含油或高沸点醇的吸收管过滤后排出。

12.3 多氯联苯在 800 ℃ 以上可以有效分解。口罩、橡胶手套和滤纸等低质量浓度水平的废物可委托具有资质的单位进行焚化处理。

5.5 土壤和沉积物 7种多溴二苯醚的测定 气相色谱－高分辨质谱法

1. 适用范围

本方法规定了测定土壤和沉积物中7种多溴二苯醚的气相色谱-高分辨质谱法。

本方法适用于测定土壤和沉积物中的BDE28、BDE47、BDE100、BDE99、BDE154、BDE153、BDE183等7种多溴二苯醚。

当取样量为10 g、定容体积为100 μL时,多溴二苯醚的方法检出限为0.001~0.004 μg/kg,测定下限为0.004~0.016 μg/kg。

7种多溴二苯醚的方法检出限和测定下限如表1所示。

表1 7种多溴二苯醚的方法检出限和测定下限

IUPAC编号	名称	检出限/(μg/kg)	测定下限/(μg/kg)
BDE28	2,4,4'-三溴二苯醚(2,4,4'-T$_3$BDE)	0.001	0.004
BDE47	2,2',4,4'-四溴二苯醚(2,2',4,4'-T$_4$BDE)	0.002	0.008
BDE99	2,2',4,4',5-五溴二苯醚(2,2',4,4',5-P$_5$BDE)	0.002	0.008
BDE100	2,2',4,4',6-五溴二苯醚(2,2',4,4',6-P$_5$BDE)	0.002	0.008
BDE153	2,2',4,4',5,5'-六溴二苯醚(2,2',4,4',5,5'-H$_6$BDE)	0.003	0.012
BDE154	2,2',4,4',5,6'-六溴二苯醚(2,2',4,4',5,6'-H$_6$BDE)	0.003	0.012
BDE183	2,2',3,4,4',5',6-七溴二苯醚(2,2',3,4,4',5',6-H$_7$BDE)	0.001	0.004

2. 规范性引用文件

本方法引用了下列文件或其中的条款。凡是注明日期的引用文件,仅注日期的版本适用于本方法。凡是未注日期的引用文件,其最新版本(包括所有的修改单)适用于本方法。

GB 17378.3《海洋监测规范 第3部分:样品采集、贮存与运输》

GB 17378.5《海洋监测规范 第5部分:沉积物分析》

HJ 91.2《地表水环境质量监测技术规范》

HJ/T 166《土壤环境监测技术规范》

HJ 442.4《近岸海域环境监测技术规范 第四部分 近岸海域沉积物监测》

HJ 494《水质 采样技术指导》

HJ 613《土壤 干物质和水分的测定 重量法》

3. 方法原理

用索氏提取器提取土壤和沉积物中的多溴二苯醚,提取液经净化、浓缩、定容后,用气相色谱-高分辨质谱法分离和测定。根据保留时间、碎片离子精确质量数和不同离子的丰度比定性,用同位素稀释内标物法定量。

4. 试剂和材料

除非另有说明,分析时均使用符合国家标准的优级纯试剂,实验用水为新制备的不含目标化合物的纯水。

4.1 二氯甲烷:农残级。

4.2 正己烷:农残级。

4.3 壬烷:农残级。

4.4 甲醇:农残级。

4.5 硫酸:ρ= 1.84 g/mL。

4.6 氢氧化钠:优级纯。

4.7 无水硫酸钠:优级纯。

将无水硫酸钠置于马弗炉中在 450 ℃下灼烧 4 h,冷却至室温后装入磨口玻璃瓶中,置于干燥器中保存。

4.8 石英棉:使用前在马弗炉中于 350 ℃下灼烧 2 h,密封保存。

4.9 石英砂:100~20 目。

使用前置于马弗炉中在 450 ℃下灼烧 4 h,冷却后装入磨口玻璃瓶中密封,置于干燥器中保存。

4.10 硅胶:75~180 μm(200~80 目)。

将一定量的硅胶置于烧杯中,加入适量甲醇使其液面高于硅胶层 1~2 cm,用玻璃棒搅拌 1~2 min 后弃去甲醇,重复该步骤 2 次;用二氯甲烷继续清洗 2 次,弃去二氯甲烷。将硅胶在蒸发皿中摊开,厚度小于 10 mm。待二氯甲烷挥发完全后,将硅胶置于干燥箱中,在 130 ℃下干燥 16 h,再在干燥器中冷却 30 min,装入试剂瓶中密封,置于干燥器中保存。

4.11 硅藻土:850~1 200 μm(20~15 目)。

将硅藻土置于马弗炉中在 450 ℃下灼烧 4 h,冷却至室温后装入磨口玻璃瓶中,置于干燥器中保存。

4.12 层析硅酸镁:75~180 μm(200~80 目)。

在马弗炉中于 450 ℃下灼烧 4 h,冷却至室温后装入磨口玻璃瓶中,置于干燥器中保存。

4.13 2% 氢氧化钠硅胶。

取 98 g 硅胶放至玻璃分液漏斗中,逐滴加入 40 mL 氢氧化钠溶液(ρ=0.05 g/mL),充分振摇后通过减压旋转蒸发、真空干燥等方式除去碱性硅胶中的大部分水分,使硅胶变成粉末状。将制成的硅胶装入试剂瓶密封,保存在干燥器中。

4.14 44% 硫酸硅胶。

取 56 g 硅胶放至玻璃分液漏斗中,逐滴加入 44 g 硫酸,充分振摇使硅胶变成粉末状。将制成的硅胶装入试剂瓶密封,保存在干燥器中。

4.15 铜(Cu)粉:99.5%。

使用前将铜粉浸泡于硝酸溶液中 10 min,去除表面的氧化层,用水洗涤至中性后依次用甲醇和正己烷洗涤 3 次,加正己烷密封保存。

4.16 复合硅胶柱。

在层析柱底部垫一小团石英棉,加入 40 mL 正己烷。依次装填 1 g 无水硫酸钠、1 g 硅胶、2 g 弗罗里硅土、1 g 硅胶、3 g 2% 氢氧化钠硅胶、1 g 硅胶、8 g 44% 硫酸硅胶、1 g 硅胶、1 g 无水硫酸钠。排出正己烷,使液面刚好与硅胶柱上层的无水硫酸钠齐平,待用。市售商品硅胶柱经验证也可替代手填柱使用。

4.17 多溴二苯醚标准溶液:包含 BDE28、BDE47、BDE100、BDE99、BDE154、BDE153、BDE183,ρ=1.0 μg/mL,溶剂为正己烷。

可直接购买市售有证标准溶液,在 4 ℃以下密封、避光保存,或参考生产商推荐的保存条件。

4.18 提取内标物(IS)溶液:碳 13 取代多溴二苯醚(包含 $^{13}C_{12}$-BDE28、$^{13}C_{12}$-BDE47、$^{13}C_{12}$-BDE100、$^{13}C_{12}$-BDE99、$^{13}C_{12}$-BDE154、$^{13}C_{12}$-BDE153、$^{13}C_{12}$-BDE183),ρ=1.0 μg/mL,溶剂为正己烷。

可直接购买市售有证标准溶液,也可用标准物质制备,用正己烷稀释。在 4 ℃以下密封、避光保存,或参考生产商推荐的保存条件。

4.19 进样内标物溶液:碳 13 取代 PCB209,ρ=1.0 μg/mL,溶剂为正己烷。

可直接购买市售有证标准溶液,也可用标准物质制备,用正己烷稀释。在 4 ℃以下密封、避光保存,或参考生产商推荐的保存条件。也可使用其他同位素标记替代物。

4.20 氮气:99.999%,用于样品浓缩。

4.21 氦气:99.999%。

5. 仪器和设备

5.1 采样瓶:广口棕色玻璃土壤采样瓶。

5.2 高分辨质谱仪:双聚焦磁质谱,EI 源。

5.3 色谱柱:石英毛细管柱,15 m × 0.25 mm × 0.1 μm,固定相为 5% 苯基-甲基聚硅氧烷,或其他等效色谱柱。

5.4 提取装置:索氏提取器。

5.5 浓缩装置:氮吹仪或其他等效仪器。

5.6 层析柱:内径 8 mm、长 200 mm 的玻璃管柱。

5.7 一般实验室常用仪器和设备。

6. 样品

6.1 样品的采集和保存

土壤样品按照 HJ/T 166 的相关要求采集,水体沉积物样品按照 HJ 494 的相关要求采集,海洋沉积物样品按照 GB 17378.3 的相关要求采集。

样品采集后保存在事先清洗洁净的采样瓶中,尽快运回实验室分析,在运输过程中应密封、避光。如暂时不能分析,应在 -18 ℃以下密封、冷冻保存,保存时间为 180 d。

6.2 样品的制备

制备风干土壤和沉积物样品,可分别参照 HJ/T 166 和 GB 17378.3 的相关部分进行操作。

注:样品脱水可采用冷冻干燥方式,将冻干后的样品磨碎,均化处理成约 60 目的粉末。

6.3 水分的测定

土壤样品干物质含量的测定按照 HJ 613 执行,沉积物样品含水率的测定按照 GB 17378.5 执行。通过冷冻干燥制备的样品可不进行干物质含量或含水率的测定。

6.4 试样的制备

6.4.1 提取

将土壤或沉积物样品装入石英滤筒,添加 20 μL 100 μg/L 的提取内标物溶液后进行索氏提取。提取溶剂为二氯甲烷-正己烷混合溶液(体积比 1∶1),提取时间为 18~24 h,调节提取温度,温度控制采用每小时 4~6 个循环。

6.4.2 净化

用浓缩装置将提取液浓缩至约 2 mL。

用约 100 mL 二氯甲烷-正己烷混合溶液(体积比 1∶4)淋洗复合硅胶柱,弃去淋洗液,将萃取液转移到复合硅胶柱上,并与分液漏斗连接,用 120 mL 二氯甲烷-正己烷混合溶液淋洗,调节淋洗速度为约 2.5 mL/min(大约 1 滴/s),收集淋洗液。

6.4.3 浓缩和定容

将淋洗液浓缩至近干,加入 20 μL 100 μg/L 的进样内标物溶液,定容至 100 μL,待测。

6.5 空白试样的制备

用石英砂代替样品,按照与试样的制备(6.4)相同的步骤进行空白试样的制备。

7. 分析步骤

7.1 仪器参考条件

7.1.1 气相色谱仪参考条件

进样方式:不分流进样。进样口温度:280 ℃。进样量:1.0 μL。柱流量:1.0 mL/min。传输线温度:280 ℃。程序升温:初始温度 110 ℃,保持 1 min,以 20 ℃/min 的速率升温至 210 ℃,保持 1 min,以 10 ℃/min 的速率升温至 275 ℃,保持 12 min。

7.1.2 质谱仪参考条件

导入质量校准物质(PFK)得到稳定的响应后,调谐 PFK m/z 330.978 7 质量数分辨率大于 8 000(10% 峰谷定义)并至少稳定 24 h。

离子源温度:260 ℃。电离能:45 eV。灯丝电流:900 μA。加速电压:4 800 V。溶剂延迟时间:6 min。

采用 SIM 模式选择待测化合物的 2 个监测离子进行监测,监测离子信息见表 2。

表 2 多溴二苯醚在气相色谱-高分辨质谱法中的时间窗口划分、m/z 及监测物质信息

分段采集时间 /min	多溴二苯醚	校正离子		定量离子	
		锁峰质量数	校准质量数	监测离子质荷比(m/z)	内标物监测离子质荷比(m/z)
6.5~9.5	三溴二苯醚	404.975 5	492.969 1	(m+2)/(m+4)	405.802 4/ 407.800 4	417.843 2/ 419.841 2
	四溴二苯醚			(m+2)/(m+4)	483.712 9/ 485.710 9	495.753 7/ 497.751 7

续表

分段采集时间/min	多溴二苯醚	校正离子		定量离子		
		Lock Mass	Cal Mass	监测离子 质荷比(m/z)		内标物监测离子 质荷比(m/z)
9.5~13.0	五溴二苯醚	392.975 5	492.969 1	(m+2)-2Br/ (m+4)-2Br	403.786 5/ 405.784 5	415.826 7/ 417.824 7
	六溴二苯醚			(m+2)-2Br/ (m+4)-2Br	481.697 0/ 483.695 0	477.742 9/ 479.740 9
13.0~25.0	七溴二苯醚	554.966 4	580.962 7	(m+2)-2Br/ (m+4)-2Br	561.605 5/ 563.603 5	573.645 7/ 575.643 7

7.2 校准

7.2.1 建立标准曲线

分别移取不同体积的多溴二苯醚标准溶液,配制成浓度为 0.5 μg/L、2.0 μg/L、5.0 μg/L、10.0 μg/L、50.0 μg/L、100.0 μg/L、200.0 μg/L 的标准系列溶液,加入 20 μL 100 μg/L 的提取内标物溶液、10 μL 100 μg/L 的进样内标物溶液,用正己烷稀释至 1.0 mL,密封,混匀。

多溴二苯醚与内标物的对应关系如表 3 所示。

表 3 多溴二苯醚与内标物的对应关系

化合物类型	化合物名称	定量内标物	保留时间/min
目标化合物	BDE28	$^{13}C_{12}$-BDE28	7.03
	BDE47	$^{13}C_{12}$-BDE47	8.80
	BDE99	$^{13}C_{12}$-BDE99	10.66
	BDE100	$^{13}C_{12}$-BDE100	10.18
	BDE153	$^{13}C_{12}$-BDE153	12.39
	BDE154	$^{13}C_{12}$-BDE154	11.76
	BDE183	$^{13}C_{12}$-BDE183	14.06
提取内标物	$^{13}C_{12}$-BDE28	$^{13}C_{12}$-PCB209	7.02
	$^{13}C_{12}$-BDE47	$^{13}C_{12}$-PCB209	8.80
	$^{13}C_{12}$-BDE99	$^{13}C_{12}$-PCB209	10.65
	$^{13}C_{12}$-BDE100	$^{13}C_{12}$-PCB209	10.17
	$^{13}C_{12}$-BDE153	$^{13}C_{12}$-PCB209	12.38
	$^{13}C_{12}$-BDE154	$^{13}C_{12}$-PCB209	11.75
	$^{13}C_{12}$-BDE183	$^{13}C_{12}$-PCB209	14.05
进样内标物	$^{13}C_{12}$-PCB209	—	11.14

按照仪器参考条件进行分析,得到不同目标化合物的质谱图。以目标化合物浓度与内标物浓度的比值为横坐标,以目标化合物定量离子的响应值与内标物定量离子的响应值的比值为纵坐标,绘制标准曲线。

7.2.2 计算相对响应因子

用式(1)和式(2)分别获得各质量浓度点目标化合物相对于提取内标物的相对响应因子 RRF_a 和各质量浓度点提取内标物相对于进样内标物的相对响应因子 RRF_{es}。

$$RRF_a = \frac{C_{es}}{Q_a} \times \frac{A_a}{A_{es}} \tag{1}$$

式中：C_{es}——标准溶液中提取内标物的质量，ng；

Q_a——标准溶液中目标化合物的质量，ng；

A_a——标准溶液中目标化合物的监测离子峰面积之和；

A_{es}——标准溶液中提取内标物的监测离子峰面积之和。

$$RRF_{es} = \frac{Q_{is}}{Q_{es}} \times \frac{A_{es}}{A_{is}} \tag{2}$$

式中：Q_{is}——标准溶液中进样内标物的质量，ng；

Q_{es}——标准溶液中提取内标物的质量，ng；

A_{es}——标准溶液中提取内标物的监测离子峰面积之和；

A_{is}——标准溶液中进样内标物的监测离子峰面积之和。

计算 RRF_a 和 RRF_{es} 的平均值和相对标准偏差，相对标准偏差应在 ±20% 以内，否则应重新建立标准曲线。

7.2.3 总离子流图

在仪器参考条件(7.1)下，多溴二苯醚的总离子色谱图见图1。

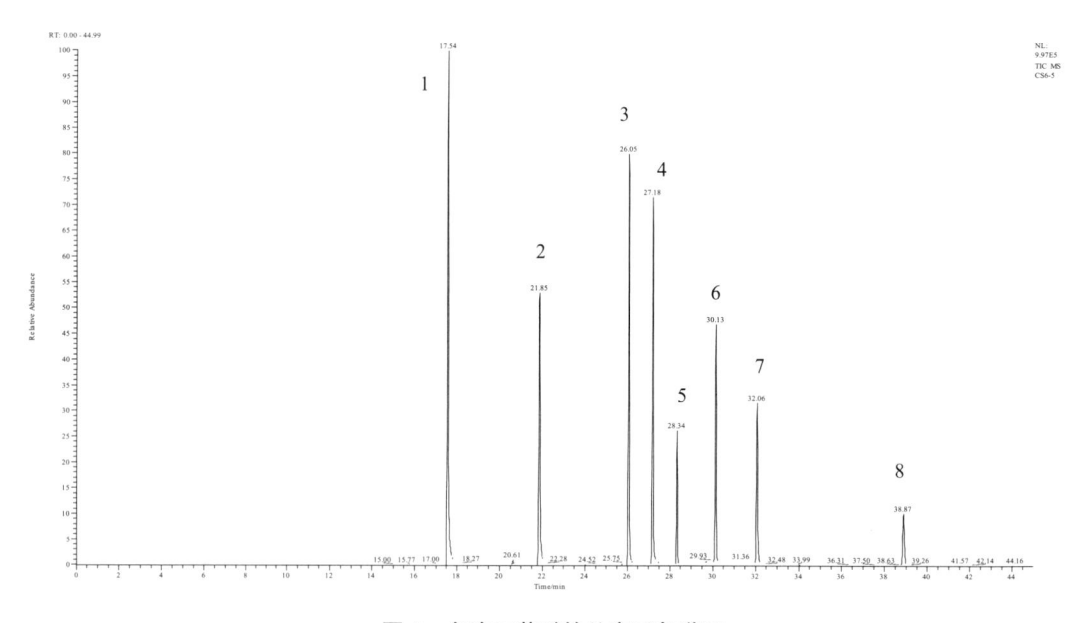

图 1 多溴二苯醚的总离子色谱图

1—BDE28；2—BDE47；3—BDE99；4—BDE100；5—$^{13}C_{12}$-PCB209；6—BDE153；7—BDE154；8—BDE183

7.3 试样的测定

按照与建立标准曲线(7.2.1)相同的步骤进行试样的测定。

7.4 空白试样的测定

按照与试样的测定(7.3)相同的步骤进行空白试样的测定。

8. 结果计算与表示

8.1 定性分析

各化合物的 2 个监测离子应在指定的保留时间窗口内同时存在,且其离子丰度比与曲线中对应的监测离子丰度比一致,相对偏差不小于 15%。色谱峰的保留时间应与标准溶液一致(偏差在 ±3 s 以内),同时内标物的相对保留时间也应与标准溶液一致(偏差在 ±0.5% 以内)。

8.2 定量分析

采用同位素稀释法计算多溴二苯醚的浓度,按照式(3)计算。

$$Q_a = \frac{Q_{es}}{RRF_a} \times \frac{A_a}{A_{es}} \tag{3}$$

式中:Q_a——目标化合物的质量,ng;

Q_{es}——相应的 ^{13}C 标记的提取内标物的质量,ng;

RRF_a——标准曲线中目标化合物相对于提取内标物的相对响应因子;

A_a——色谱图上目标化合物的监测离子峰面积之和;

A_{es}——色谱图上相应的 ^{13}C 标记的提取内标物的监测离子峰面积之和。

土壤样品中目标化合物的质量分数 w_{1a}(μg/kg)按照式(4)计算。

$$w_{1a} = \frac{Q_a}{m_s \times w_{dm}} \times D \tag{4}$$

式中:w_{1a}——土壤样品中目标化合物的质量分数,μg/kg;

Q_a——目标化合物的质量,ng;

m_s——取样量,g;

w_{dm}——土壤样品的干物质含量,%;

D——稀释倍数。

沉积物样品中目标化合物的质量分数 w_{2a}(μg/kg)按照式(5)计算。

$$w_{2a} = \frac{Q_a}{m_s \times (1-w)} \times D \tag{5}$$

式中:w_{2a}——沉积物样品中目标化合物的质量分数,μg/kg;

Q_a——目标化合物的绝对量,ng;

m_s——取样量,g;

w——沉积物样品的含水率,%;

D——稀释倍数。

8.3 结果表示

测定结果小数点后位数的保留与方法检出限一致,最多保留 3 位有效数字。

9. 准确度

9.1 精密度

在实验室对不同浓度水平的目标化合物土壤和沉积物加标样品进行测定,相对标准偏差为 3.0%~7.6%。

9.2 正确度

在实验室对不同浓度水平的目标化合物土壤和沉积物加标样品进行测定,正确度为 94.0%~114.0%。

10. 质量保证和质量控制

10.1 空白实验

每批样品(以 20 个样品为一批)应至少做一个实验室空白实验,结果中目标化合物的浓度应小于方法检出限,否则应及时查明原因,直至结果合格后才能进行样品的分析。

10.2 校准

标准曲线至少需 5 个浓度系列,目标化合物相对响应因子的 RSD 应不大于 20%。每 24 h 测定一个标准曲线中间点浓度的标准溶液,测定值与该点初始浓度的相对偏差应不大于 35%。

10.3 平行样

每批样品(≤20 个样品/批)都应分析平行样,对于检出限 10 倍以上的目标化合物,平行样测定结果的相对偏差应不大于 30%。

10.4 提取内标物

样品中提取内标物的加标回收率应为 60%~150%。

10.5 进样内标物

样品中进样内标物特征离子的峰面积与标准曲线中相应的峰面积偏差应为 30%~300%,内标物在样品中的保留时间与在标准曲线中的保留时间偏差应在 20 s 以内。

11. 废物处理

在实验中产生的废弃物应分类收集,集中保管,并做好标识,依法委托有资质的单位进行处置。

12. 注意事项

12.1 在实验中会用到正己烷、二氯甲烷、甲醇等有机溶剂,使用时操作人员应做好防护。

12.2 测定七氯代多溴二苯醚时,必须选用柱长不大于 15 m、膜厚为 0.1 μm 的毛细管色谱柱。高溴代多溴二苯醚易分解,应注意保持气相色谱进样口清洁,需要时可更换气相系统的衬管和进样隔垫,并截除进样口端 10~30 cm 的毛细管色谱柱。

12.3 样品应全程注意避光,净化前需先建立实验室流出曲线。

5.6 土壤和沉积物 22种全氟化合物的测定 高效液相色谱－三重四极杆质谱法

1. 适用范围

本方法规定了测定土壤和沉积物中22种全氟化合物（表1）的高效液相色谱-三重四极杆质谱法。

本方法适用于测定土壤和沉积物中的22种全氟化合物。

当取样量为1.0 g、定容体积为1.0 mL、进样体积为5 μL时，22种全氟化合物的方法检出限均为0.05 μg/kg，测定下限均为0.20 μg/kg。

2. 规范性引用文件

本方法引用了下列文件或其中的条款。凡是注明日期的引用文件，仅注日期的版本适用于本标准。凡是未注日期的引用文件，其最新版本（包括所有的修改单）适用于本标准。

GB 17378.3《海洋监测规范 第3部分：样品采集、贮存与运输》

GB 17378.5《海洋监测规范 第5部分：沉积物分析》

HJ 91.2《地表水环境质量监测技术规范》

HJ/T 166《土壤环境监测技术规范》

HJ 442.4《近岸海域环境监测技术规范 第四部分 近岸海域沉积物监测》

HJ 494《水质 采样技术指导》

HJ 613《土壤 干物质和水分的测定 重量法》

3. 方法原理

用甲醇水溶液提取土壤和沉积物中的全氟化合物，提取液经净化、浓缩、定容后，用高效液相色谱仪分离，用三重四极杆质谱仪检测。根据保留时间和特征离子定性，用内标物法定量。

4. 干扰及其消除

4.1 当样品中存在基质干扰时，可通过优化色谱条件、净化样品、减小取样量或进样体积以及对样品进行预处理等方式减小或消除干扰。

4.2 当空白样品有检出时，可从仪器、试剂和实验耗材等方面分别进行空白实验排查问题，再通过清洗仪器、更换试剂和实验耗材加以消除。

5. 试剂和材料

除非另有说明，分析时均使用符合国家标准的分析纯试剂，实验用水为新制备的不含目标化合物的纯水。

5.1 甲醇：质谱级。

5.2 甲酸：质谱级。

5.3 氨水：$\rho=0.91$ g/mL，优级纯。

5.4 乙酸铵：质谱级。

5.5 氢氧化钠:优级纯。

5.6 石英砂:50~25 目。

5.7 甲醇水溶液:4∶1,体积比。

量取 80 mL 甲醇(5.1)和 20 mL 纯水,混匀。

5.8 氨水 - 甲醇溶液:w=1%。

量取 10 mL 氨水(5.3)加入 1 000 mL 甲醇(5.1)中,混匀。

5.9 氢氧化钠溶液:w=30%。

量取 70 mL 纯水,在搅拌下缓慢加入 30 g 氢氧化钠(5.5),冷却后密封保存。

5.10 乙酸铵水溶液:5 mmol/L。

准确称取 0.193 g 乙酸铵(5.4)溶于适量水中,溶解后转移至 500 mL 容量瓶中,用水稀释定容,混匀。

5.11 22 种全氟化合物混合标准贮备溶液:含量为 20 mg/L,具体见表 1。

表 1 22 种全氟化合物混合标准贮备溶液的成分和含量

简称	中文名称	含量/(mg/L)
N-MeFOSAA	N-甲基全氟辛基磺酰胺乙酸	20
N-EtFOSAA	N-乙基全氟辛基磺酰胺乙酸	20
PFBS	全氟丁烷磺酸	20
PFPeS	全氟戊烷磺酸	20
PFHxS	全氟己烷磺酸	20
PFHpS	全氟庚烷磺酸	20
PFOS	全氟辛烷磺酸	20
PFNS	全氟壬烷磺酸	20
PFDS	全氟癸烷磺酸	20
PFBA	全氟丁酸	20
PFPeA	全氟戊酸	20
PFHxA	全氟己酸	20
PFHpA	全氟庚酸	20
PFOA	全氟辛酸	20
PFNA	全氟壬酸	20
PFDA	全氟癸酸	20
PFUnA	全氟十一酸	20
PFDoA	全氟十二酸	20
PFTrDA	全氟十三酸	20
PFTeDA	全氟十四酸	20
PFHxDA	全氟十六酸	20
PFODA	全氟十八酸	20

5.12 22种全氟化合物混合标准使用液：ρ=1.00 mg/L。

吸取适量全氟化合物标准贮备溶液（5.11），用甲醇（5.1）稀释，配制22种全氟化合物浓度为1.00 mg/L的22种全氟化合物混合标准使用液，在4℃以下冷藏、避光保存，可保存6个月。

5.13 15种碳13标记的全氟内标物贮备溶液：浓度为1 mg/L，具体见表2。

表2　15种碳13标记的全氟内标物贮备溶液的含量和浓度

简称	中文名称	浓度/(mg/L)
M$_3$PFBS	碳13标记的全氟丁烷磺酸	1
M$_3$PFHxS	碳13标记的全氟己烷磺酸	1
M$_8$PFOS	碳13标记的全氟辛烷磺酸	1
MPFBA	碳13标记的全氟丁酸	1
M$_5$PFPeA	碳13标记的全氟戊酸	1
M$_5$PFHxA	碳13标记的全氟己酸	1
M$_4$PFHpA	碳13标记的全氟庚酸	1
M$_8$PFOA	碳13标记的全氟辛酸	1
M$_9$PFNA	碳13标记的全氟壬酸	1
M$_6$PFDA	碳13标记的全氟癸酸	1
M$_7$PFUnA	碳13标记的全氟十一酸	1
MPFDoA	碳13标记的全氟十二酸	1
M$_2$PFTeDA	碳13标记的全氟十四酸	1
d$_3$-N-MeFOSAA	氘代N-甲基全氟辛基磺酰胺乙酸	1
d$_5$-N-EtFOSAA	氘代N-乙基全氟辛基磺酰胺乙酸	1

5.14 15种碳13标记的全氟内标物使用液：ρ=50 μg/L。

吸取适量全氟内标物贮备溶液（5.13），用甲醇（5.1）稀释，配制浓度为50 μg/L的15种全氟内标物使用液，在4℃以下冷藏、避光保存，可保存6个月。

5.15 微孔滤膜：玻璃纤维材质，孔径为0.22 μm。

5.16 固相萃取柱：弱阴离子交换固相萃取小柱（200 mg/6 mL）或其他等效固相萃取柱。

5.17 高纯氮气：纯度≥99.999%。

6. 仪器和设备

6.1 样品瓶：125 mL聚丙烯材质广口瓶。

6.2 高效液相色谱-三重四极杆质谱仪：配有电喷雾离子（ESI）源，具备梯度洗脱功能和多反应监测功能。

6.3 色谱柱：柱长100 mm、内径为2.1 mm，填料粒径为1.8 μm的C18反相液相色谱柱或其他性能相近、可等效替换的色谱柱。

6.4 固相萃取装置：手动或自动。

6.5 浓缩装置:氮吹仪或其他等效仪器。

6.6 超声振荡器:40 kHz,功率≥100 W。

6.7 涡旋混合器:转速≥1 000 r/min。

6.8 高速离心机:转速≥4 000 r/min。

6.9 微量注射器或移液器:10、50、100、500、1 000 μL。

6.10 一般实验室常用仪器和设备。

7. 样品

7.1 样品的采集和保存

土壤样品按照 HJ/T 166 的相关要求采集,水体沉积物样品按照 HJ 91.2 和 HJ 494 的相关要求采集,海洋沉积物样品按照 GB 17378.3 和 HJ 442.4 的相关要求采集。

样品采集后保存在事先清洗洁净的样品瓶中,尽快运回实验室分析,在运输过程中应避光、密封、冷藏。样品在 -18 ℃以下冷冻、避光保存,180 d 内完成萃取。萃取液在 4 ℃以下冷藏、密封、避光保存,40 d 内完成分析。

7.2 样品的制备

除去样品中的异物(枝棒、叶片、石子等),将样品完全混匀。样品可使用冷冻干燥仪干燥,也可按照 HJ/T 166、GB 17378.3 的相关要求制备风干土壤、沉积物样品。干燥后称取两份样品,土壤样品一份用于测定干物质含量,另一份用于提取;沉积物样品一份用于测定含水率,另一份用于提取。

7.3 水分的测定

土壤样品干物质含量的测定按照 HJ 613 执行,沉积物样品含水率的测定按照 GB 17378.5 执行。通过冷冻干燥制备的样品可不进行干物质含量或含水率的测定。

7.4 试样的制备

7.4.1 提取

称取 1 g(精确至 0.01 g)样品用于提取。将样品转入 15 mL 离心管,加入 10 μL 全氟内标物使用液(5.14)和 5 mL 甲醇水溶液(5.7),涡旋混合 3 min。在 40~45 ℃下超声振荡 20 min,以 4 000 r/min 的转速离心 8 min。将上清液转移至 125 mL 聚丙烯样品瓶中。重复上述操作 2 次,合并 3 次的萃取液。向萃取液中加入 85 mL 纯水,用甲酸(5.2)或氨水(5.3)调节 pH 值为 6~7,待净化。

7.4.2 净化

依次用 5 mL 氨水 - 甲醇溶液(5.8)、10 mL 甲醇(5.1)和 10 mL 水活化固相萃取柱(5.16),在活化过程中,应确保固相萃取柱中的填料不暴露于空气中。使步骤 7.4.1 所得的萃取液以 2~3 mL/min 的流速通过固相萃取柱。上样结束后,用 10 mL 水淋洗固相萃取柱,弃去淋洗液。抽干萃取柱 5 min,去除萃取柱中残留的水分。用 5 mL 氨水 - 甲醇溶液(5.8)以 1~3 mL/min 的流速洗脱固相萃取柱,收集洗脱液。

7.4.3 浓缩

用浓缩装置(6.5)将洗脱液浓缩至近干,用甲醇(5.1)定容至 1.00 mL,用涡旋混匀器

(6.7)涡旋 3 min、用超声仪(6.6)超声 5 min 后用高速离心机(6.8)离心,将上清液转移至 1.5 mL 棕色进样瓶中,在 4 ℃以下密封保存,待测。

7.5 空白试样的制备

用石英砂(5.6)代替样品,按照与试样的制备(7.4)相同的步骤进行空白试样的制备。

8. 分析步骤

8.1 仪器参考条件

8.1.1 液相色谱仪参考条件

流动相:A,乙酸铵水溶液(5.10);B,甲醇(5.1)。流动相流速:0.3 mL/min。进样量:5.0 μL。柱温:40 ℃。梯度洗脱程序见表 3。

表 3 梯度洗脱程序

时间/min	A 的体积分数/%	B 的体积分数/%
0	70	30
0.5	70	30
7.5	0	100
9.5	0	100
10.0	70	30
12.0	70	30

8.1.2 质谱仪参考条件

离子源:ESI 源,负离子模式。干燥气流量:900 L/h。干燥气温度:500 ℃。毛细管电压:1.6 kV。监测方式:多反应监测。

用标准溶液对质谱仪进行优化,参数包括锥孔电压、碰撞能。目标化合物和内标物的多反应监测条件见表 4。

表 4 目标化合物和内标物的多反应监测条件

化合物名称	母离子质荷比(m/z)	子离子质荷比(m/z)	锥孔电压/V	碰撞能/eV
N-MeFOSAA	569.8	419.0	25	20
		482.9	25	14
N-EtFOSAA	583.8	419.0	25	20
		482.9	25	16
PFBS	298.8	79.8	24	32
		98.9	24	26
PFPeS	348.9	79.8	20	35
		98.9	20	35

续表

化合物名称	母离子质荷比(m/z)	子离子质荷比(m/z)	锥孔电压/V	碰撞能/eV
PFHxS	398.8	79.8	24	34
		98.8	24	34
PFHpS	448.9	79.8	20	35
		98.8	20	35
PFOS	498.8	80.0	40	40
		98.8	40	40
PFNS	549.0	79.8	30	40
		98.8	30	40
PFDS	599.0	79.8	30	48
		98.8	30	48
PFBA	212.8	168.8	20	9
PFPeA	262.8	68.8	20	32
		218.8	20	9
PFHxA	312.8	118.9	15	22
		269.0	15	10
PFHpA	362.8	168.9	12	18
		319.0	12	10
PFOA	412.8	168.9	15	18
		369.0	15	10
PFNA	462.8	218.9	12	18
		419.0	12	10
PFDA	512.8	218.9	20	18
		469.0	20	10
PFUnA	562.8	268.9	18	18
		519.0	18	12
PFDoA	612.8	318.9	15	20
		569.0	15	10
PFTrDA	662.8	168.9	15	26
		619.0	15	10
PFTeDA	712.8	168.9	15	28
		669.0	15	10
PFHxDA	813.0	168.8	30	32
		769.0	30	14
PFODA	913.0	168.8	35	35
		869.0	35	16

续表

化合物名称	母离子质荷比(m/z)	子离子质荷比(m/z)	锥孔电压/V	碰撞能/eV
M₃PFBS	301.8	79.8	24	32
		98.9	24	26
M₃PFHxS	401.8	79.9	24	34
		98.8	24	34
M₈PFOS	506.8	80.0	40	40
		98.8	40	40
MPFBA	216.8	171.8	20	9
M₅PFPeA	267.8	69.8	20	32
		222.8	20	9
M₅PFHxA	317.8	120.0	15	22
		272.8	15	10
M₄PFHpA	366.8	168.9	12	18
		321.8	12	10
M₈PFOA	420.8	171.9	15	18
		375.8	15	10
M₉PFNA	471.8	223.0	12	18
		426.8	12	10
M₆PFDA	518.9	219.0	20	18
		473.9	20	18
M₇PFUnA	569.9	270.0	18	20
		524.9	18	12
MPFDoA	614.9	318.9	15	22
		570.0	15	12
M₂PFTeDA	714.9	168.9	15	29
		670.0	15	12
d₃-N-MeFOSAA	572.8	419.0	25	20
		482.9	25	16
d₅-N-EtFOSAA	589.0	219.0	25	25
		419.0	25	20

8.2 校准

8.2.1 建立标准曲线

移取适量 22 种全氟化合物混合标准使用液(5.12),用甲醇(5.1)稀释,配制标准系列溶液。标准系列溶液中 22 种全氟化合物的质量浓度分别为 0.05 μg/L、0.20 μg/L、0.50 μg/L、2.00 μg/L、5.00 μg/L、20.0 μg/L、50.0 μg/L。移取 1.0 mL 标准系列溶液置于棕色进样瓶中,加入 10.0

μL 内标物使用液,使内标物的质量浓度为 0.5 μg/L,配制成全氟化合物标准系列溶液。该标准系列溶液在 4 ℃ 以下冷藏、避光保存。

按照仪器参考条件(8.1),由低浓度到高浓度依次对标准系列溶液进行测定。以标准系列溶液中目标组分的质量浓度为横坐标,以目标组分的峰面积与对应的内标物的峰面积的比值和内标物的质量浓度的乘积为纵坐标,建立标准曲线。

8.2.2 计算平均相对响应因子

目标化合物经定性鉴别后,根据定量离子的峰面积(或峰高)用内标物法定量。

标准系列中第 i 点目标化合物的相对响应因子 RRF_{csi} 按照式(1)计算。

$$RRF_{csi} = \frac{A_{si}}{A_{csi}} \times \frac{C_{csi}}{Q_{si}} \tag{1}$$

式中:RRF_{csi}——标准系列溶液中第 i 点目标化合物的相对响应因子;

A_{si}——标准系列溶液中第 i 点目标化合物定量离子的峰面积;

A_{csi}——标准系列溶液中第 i 点内标物定量离子的峰面积;

C_{csi}——标准系列溶液中第 i 点内标物的质量,ng;

Q_{si}——标准系列溶液中第 i 点目标化合物的质量,ng。

标准系列中目标化合物的平均相对响应因子 $\overline{RRF_{cs}}$ 按照式(2)计算。

$$\overline{RRF_{cs}} = \frac{\sum_{i=1}^{n} RRF_{csi}}{n} \tag{2}$$

式中:$\overline{RRF_{cs}}$——标准系列中目标化合物的平均相对响应因子;

RRF_{csi}——标准系列溶液中第 i 点目标化合物的相对响应因子;

n——标准曲线的浓度点数。

8.2.3 总离子流图

22 种全氟化合物的总离子色谱图见图 1。

8.3 试样的测定

按照与建立标准曲线(8.2.1)相同的测量条件进行试样(7.4)的测定。当试样的浓度超出标准曲线的线性范围时,应将水样稀释,重新制备试样并测定。

8.4 空白试样的测定

按照与试样的测定(8.3)相同的步骤进行空白试样(7.5)的测定。

9. 结果计算与表示

9.1 定性分析

通过目标化合物的保留时间和离子对进行定性分析。

在相同的实验条件下,试样中目标化合物的保留时间和内标物的保留时间的比值与标准样品中该目标化合物的保留时间和内标物的保留时间的比值相比较,相对偏差应在 ±2.5% 以内;且对待测样品中某目标化合物定性离子的相对丰度 K_{sam} 与浓度接近的标准溶液中该目标化合物定性离子的相对丰度 K_{std} 进行比较,偏差不超过表 5 规定的范围,则可判定样品中存在对应的目标化合物。

第5章 土壤和沉积物中典型新污染物分析测试方法

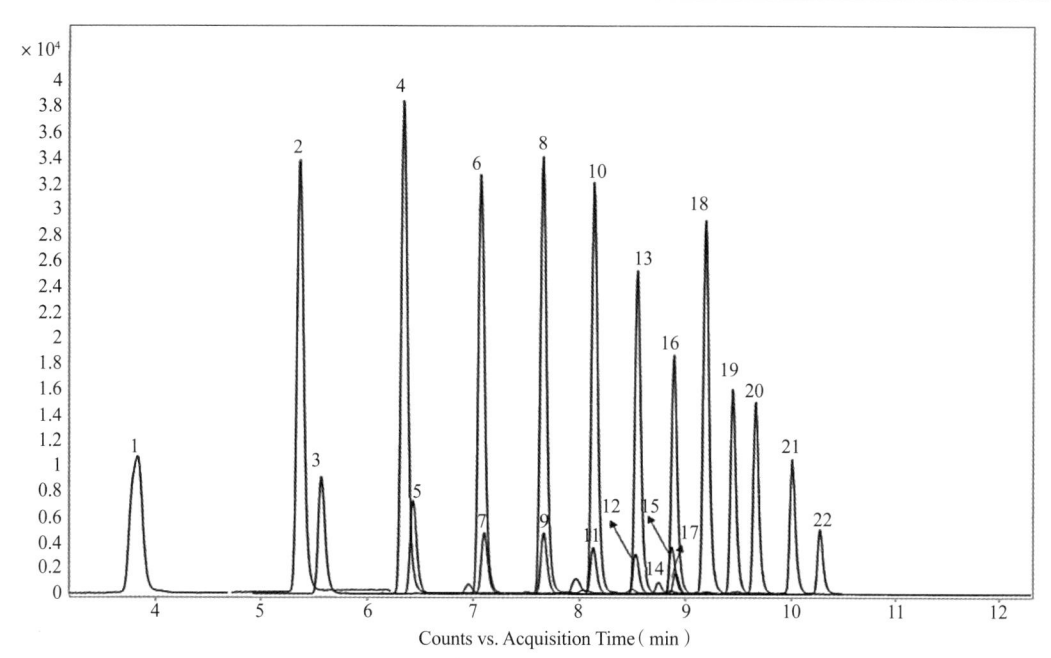

图1 22种全氟化合物的总离子色谱图

1—PFBA；2—PFPeA；3—PFBS；4—PFHxA；5—PFPeS；6—PFHpA；7—PFHxS；8—PFOA；9—PFHpS；10—PFNA；11—PFOS；12—PFNS；13—PFDA；14—N-MeFOSAA；15—PFDS；16—PFUnDA；17—N-EtFOSAA；18—PFDoA；19—PFTrDA；20—PFTeDA；21—PFHxDA；22—PFODA

样品中某目标化合物定性离子的相对丰度 K_{sam} 按照式（3）计算。

$$K_{sam} = \frac{A_2}{A_1} \times 100\% \tag{3}$$

式中：K_{sam}——样品中某目标化合物定性离子的相对丰度；

A_2——样品中该目标化合物定性离子的峰面积；

A_1——样品中该目标化合物定量离子的峰面积。

标准溶液中某目标化合物定性离子的相对丰度 K_{std} 按照式（4）计算。

$$K_{std} = \frac{A_{std2}}{A_{std1}} \times 100\% \tag{4}$$

式中：K_{std}——标准溶液中某目标化合物定性离子的相对丰度；

A_{std2}——标准溶液中该目标化合物定性离子的峰面积；

A_{std1}——标准溶液中该目标化合物定量离子的峰面积。

表5 定性确认时相对离子丰度的最大允许偏差

K_{std}/%	K_{sam} 最大允许偏差/%
$K_{std} > 50$	±20
$20 < K_{std} \leq 50$	±25
$10 < K_{std} \leq 20$	±30
$K_{std} \leq 10$	±50

9.2 定量分析

9.2.1 试样中目标化合物质量的计算

试样中目标化合物的质量按照式(5)计算。

$$C_j = \frac{A_j}{A_{csj}} \times \frac{Q_{csj}}{\overline{RRF_{cs}}} \tag{5}$$

式中：Q_j——试样中目标化合物 j 的质量，ng；
　　　A_j——试样中目标化合物 j 定量离子的峰面积；
　　　A_{csj}——试样中对应的内标物定量离子的峰面积；
　　　Q_{csj}——试样中内标物的质量，ng；
　　　$\overline{RRF_{cs}}$——目标化合物的平均相对响应因子。

9.2.2 土壤样品中目标化合物含量的计算

土壤样品中目标化合物的含量按照式(6)计算。

$$w_{1j} = \frac{Q_j}{m_1 \times w_{dm}} \times D \tag{6}$$

式中：w_{1j}——土壤样品中目标化合物 j 的含量，μg/kg；
　　　Q_j——试样中目标化合物 j 的质量，ng；
　　　w_{dm}——土壤样品的干物质含量，%；
　　　m_1——土壤样品的质量，g；
　　　D——稀释倍数。

9.2.3 沉积物样品中目标化合物含量的计算

沉积物样品中目标化合物的含量按照式(7)计算。

$$w_{2j} = \frac{Q_j}{m_2 \times (1-w)} \times D \tag{7}$$

式中：w_{2j}——沉积物样品中目标化合物 j 的含量，μg/kg；
　　　Q_j——试样中目标化合物 j 的质量，ng；
　　　w——沉积物样品的含水率，%；
　　　m_2——沉积物样品的质量，g；
　　　D——稀释倍数。

9.3 结果表示

测定结果小数点后位数的保留与方法检出限一致，最多保留3位有效数字。

10. 准确度

10.1 精密度

在实验室分别对加标浓度为 0.20 μg/kg、2.0 μg/kg 和 20.0 μg/kg 的样品进行 6 次重复测定，相对标准偏差分别为 2.4%~12.0%、6.3%~17.0% 和 2.4%~8.2%。

10.2 正确度

在实验室分别对加标浓度为 0.20 μg/kg、2.00 μg/kg 和 20.0 μg/kg 的样品进行 6 次重复测定,加标回收率分别为 80.0%~125.0%、77.0%~128.0% 和 81.5%~124.0%。

11. 质量保证和质量控制

11.1 空白实验

每 20 个样品或每批样品(≤20 个样品/批)应至少测定 1 个实验室空白样品,测定结果应低于方法检出限。

11.2 校准

标准系列溶液至少配制 5 个浓度点,目标化合物相对响应因子(RRF)的相对标准偏差(RSD)≤30%。

每 20 个样品或每批样品(≤20 个样品/批)应至少测定 1 个标准曲线中间浓度点,其测定结果与该点浓度的相对偏差应在 ±20% 以内,否则应重新建立标准曲线。

11.3 平行样

每 20 个样品或每批样品(≤20 个样品/批)应至少测定 1 个平行样,当含量高于方法检出限时,相对偏差应不大于 30%。

11.4 基体加标

每 20 个样品或每批样品(≤20 个样品/批)应至少测定 1 个基体加标样品,目标化合物回收率应在 60%~130%。

12. 废物处理

在实验中产生的废弃物集中收集,集中保管,并做好标识,依法委托有资质的单位进行处置。

13. 注意事项

13.1 液相色谱管路有全氟化合物溶出,该类物质经色谱柱富集后会对分析产生干扰,所以须在液相色谱进样器前安装捕集柱,对干扰物质进行捕集分离。

13.2 在前处理过程中,接触样品的容器对目标化合物有不同程度的吸附作用,在净化上样结束后,须用甲醇对接触过样品的容器进行洗涤,并将洗涤液用于洗脱过程。

5.7 土壤和沉积物 六溴环十二烷的测定 高效液相色谱 – 三重四极杆质谱法

1. 适用范围

本方法规定了测定土壤和沉积物中六溴十二烷的高效液相色谱－三重四极杆质谱法。

本方法适用于测定土壤和沉积物中的 α- 六溴环十二烷（α-HBCD）、β- 六溴环十二烷（β-HBCD）和 γ- 六溴环十二烷（γ-HBCD）测定。

当取样量为 5.00 g、定容体积为 1.0 mL、进样体积为 10 μL 时，α-HBCD、β-HBCD、γ-HBCD 的方法检出限分别为 2.8 ng/kg、2.5 ng/kg、2.1 ng/kg，测定下限分别为 11.2 ng/kg、10.0 ng/kg、8.4 ng/kg。

2. 规范性引用文件

本方法内容引用了下列文件中的条款。凡是注明日期的引用文件，仅注日期的版本适用于本方法。凡是未注明日期的引用文件，其最新版本（包括所有的修改章）适用于本方法。

GB 17378.3《海洋监测规范 第 3 部分：样品采集、贮存与运输》

GB 17378.5《海洋监测规范 第 5 部分：沉积物分析》

HJ 91.2《地表水环境质量监测技术规范》

HJ/T 166《土壤环境监测技术规范》

HJ 442.4《近岸海域环境监测技术规范 第四部分 近岸海域沉积物监测》

HJ 494《水质 采样技术指导》

HJ 613《土壤 干物质和水分的测定 重量法》

3. 方法原理

样品中的六溴环十二烷经正己烷提取后，旋蒸浓缩，经硅胶固相萃取柱净化，用氮气吹干，用甲醇定容，通过高效液相色谱柱分离，以甲醇、乙腈和水为流动相进行洗脱，用高效液相色谱 - 三重四极杆质谱法测定 α-HBCD、β-HBCD 和 γ-HBCD 的含量，用内标物法定量。

4. 试剂和材料

除非另有说明，分析时均使用符合国家标准的优级纯试剂，实验用水为新制备的不含目标化合物的纯水。

 4.1 甲醇：农残级。

 4.2 正己烷：农残级。

 4.3 无水硫酸钠：优级纯。

 4.4 二氯甲烷：农残级。

 4.5 甲酸：质谱级。

 4.6 乙腈：质谱级。

 4.7 氨水：优级纯，质量分数为 25%。

4.8 甲醇-乙腈溶液(4∶6,体积比):量取 400 mL 甲醇和 600 mL 乙腈,混匀后待用。
4.9 六溴环十二烷混合标准贮备溶液:具体见表1。

表1 六溴环十二烷混合标准贮备溶液的成分和含量

简称	中文名称	含量/(mg/L)
α-HBCD	α-六溴环十二烷	10
β-HBCD	β-六溴环十二烷	10
γ-HBCD	γ-六溴环十二烷	10

4.10 3 种六溴环十二烷标准使用液。

吸取适量六溴环十二烷标准贮备溶液,用甲醇稀释,配制六溴环十二烷浓度为 1.0 mg/L 的混合标准使用液,在 4 ℃以下冷藏、避光保存,可保存 6 个月。

4.11 ^{13}C 标记的六溴环十二烷内标物贮备溶液:具体见表2。

表2 ^{13}C 标记的六溴环十二烷内标物贮备溶液的成分和含量

简称	中文名称	含量/(mg/L)
^{13}C-α-HBCD	^{13}C-α-六溴环十二烷	10
^{13}C-β-HBCD	^{13}C-β-六溴环十二烷	10
^{13}C-γ-HBCD	^{13}C-γ-六溴环十二烷	10

4.12 ^{13}C 标记的六溴环十二烷内标物使用溶液。

吸取适量六溴环十二烷内标物贮备溶液,用甲醇稀释,配制浓度为 50 μg/L 的 3 种六溴环十二烷内标物使用液,在 4 ℃以下冷藏、避光保存,可保存 6 个月。

4.13 微孔滤膜:玻璃纤维材质,孔径为 0.22 μm。
4.14 硅胶固相萃取小柱(1000 mg/6 mL)或其他等效固相萃取柱。
4.15 氮气:纯度 ≥99.99%。
4.16 棕色进样瓶:1.5 mL。

5. 仪器和设备

5.1 高效液相色谱-三重四极杆质谱仪:配有电喷雾离子(ESI)源,具备梯度洗脱功能和多反应监测(MRM)功能。

5.2 色谱柱:填料为十八烷基硅氧烷键合硅胶,填料粒径 1.7 μm,柱长 100 mm,内径 2.1 mm。也可使用满足分析要求的其他等效色谱柱。

5.3 分析天平:精度为 0.01 mg。
5.4 固相萃取装置。
5.5 浓缩装置:氮吹仪或其他等效仪器。
5.6 超声振荡器。
5.7 涡旋混匀器:转速 ≥500 r/min。

5.8 一般实验室常用仪器和设备。

6. 样品

6.1 样品的采集和保存

土壤样品按照 HJ/T 166 的相关要求采集,水体沉积物样品按照 HJ 91.2 和 HJ 494 的相关要求采集,海洋沉积物样品按照 GB 17378.3 和 HJ 442.4 的相关要求采集。

样品采集后保存在事先清洗洁净的样品瓶中,尽快运回实验室分析,在运输过程中应避光、密封、冷藏。

6.2 样品的制备

除去样品中的异物(枝棒、叶片、石子等),将样品完全混匀。样品可使用冷冻干燥仪干燥,也可按照 HJ/T 166、GB 17378.3 的相关要求制备风干土壤、沉积物样品。干燥后称取两份样品,土壤样品一份用于测定干物质含量,另一份用于提取;沉积物样品一份用于测定含水率,另一份用于提取。

6.3 水分测定

土壤样品干物质含量的测定按照 HJ 613 执行,沉积物样品含水率的测定按照 GB 17378.5 执行。通过冷冻干燥制备的样品可不进行干物质含量或含水率的测定。

6.4 试样的制备

6.4.1 提取

称取 5.00 g(精确至 0.01 g)待测样品,置于 100 mL 小烧杯中,加入 20 μL 混合内标物使用液和 15 mL 正己烷,超声振荡 10 min 后移至 15 mL 离心管中,6 000 r/min 离心 5 min,将上清液移至旋转蒸发瓶中,残渣用 15 mL 正己烷按上述方法再提取一次,所得上清液合并至旋转蒸发瓶中,在 40 ℃ 的水浴中旋转蒸发浓缩至近干,加入 5 mL 正己烷溶解,超声振荡 1 min,备用。

6.4.2 净化

用 5 mL 正己烷活化硅胶固相萃取柱,保持柱头浸润,移取提取液至活化后的固相萃取柱,用 2 mL 正己烷进行淋洗,弃去淋洗液,用 5 mL 二氯甲烷洗脱,洗脱流速为 1.0 mL/min,用 15 mL 离心管收集洗脱液。

6.4.3 浓缩和定容

将洗脱液于 40 ℃ 下用氮气吹干,加 1.00 mL 甲醇,旋涡振荡 1 min,经 0.22 μm 微孔滤膜过滤后得到试样,待分析。

6.5 空白试样的制备

用石英砂代替样品,按照与试样的制备(6.4)相同的步骤进行空白试样的制备。

7. 分析步骤

7.1 仪器参考条件

7.1.1 液相色谱仪参考条件

流动相:A,水;B,甲醇-乙腈溶液(甲醇:乙腈=4:6,体积比)。流动相流速:0.3 mL/min。进样量:10 μL。柱温:40 ℃。梯度洗脱程序见表 3。

第5章 土壤和沉积物中典型新污染物分析测试方法

表3 梯度洗脱程序

时间/min	A 的体积分数 /%	B 的体积分数 /%
0	40	60
6.0	5	95
8.0	5	95
8.5	40	60
10.0	40	60

7.1.2 质谱仪参考条件

离子源：ESI 源，负离子模式。干燥气流量：800 L/h。干燥气温度：380 ℃。毛细管电压：3.5 kV。监测方式：多反应监测。

用标准溶液对质谱仪进行优化，参数包括锥孔电压、碰撞能，最终优化结果见表4。

表4 目标化合物的多反应监测优化结果

化合物名称	母离子质荷比（m/z）	子离子质荷比（m/z）	锥孔电压/V	碰撞能/eV
α-HBCD	640.5	78.8	20	12
		80.8	20	12
β-HBCD	640.5	78.8	20	12
		80.8	20	12
γ-HBCD	640.5	78.8	20	12
		80.8	20	12
^{13}C-α-HBCD	652.3	78.9	20	12
^{13}C-β-HBCD	652.3	78.9	20	12
^{13}C-γ-HBCD	652.3	78.9	20	12

7.2 校准

7.2.1 建立标准曲线

移取适量六溴环十二烷混合标准使用液（4.10），用甲醇（4.1）稀释，配制至少5个浓度点的标准系列溶液。标准系列溶液中六溴环十二烷的质量浓度分别为 0.05 μg/L、0.2 μg/L、0.5 μg/L、2.0 μg/L、5.0 μg/L、20.0 μg/L、50.0 μg/L。移取 1.0 mL 标准系列溶液置于棕色进样瓶中，加入 10.0 μL 内标物使用液，使内标物的质量浓度为 0.5 μg/L，配制成六溴环十二烷标准系列溶液。该标准系列溶液在 4 ℃ 以下冷藏、避光保存。

按照分析条件（7.1），采用负离子模式，从低浓度到高浓度分析标准系列溶液，以被测组分和进样内标物峰面积的比值为纵坐标，以浓度比为横坐标，绘制标准曲线，建立回归方程并计算相关系数。

7.2.2 计算平均相对响应因子

标准系列中第 i 点目标化合物的相对响应因子（RRF_i）按照式（1）计算。

$$RRF_i = \frac{A_i}{A_{ISi}} \times \frac{C_{ISi}}{C_i} \tag{1}$$

式中：RRF_i——标准系列溶液中第 i 点目标化合物的相对响应因子；

A_i——标准系列溶液中第 i 点目标化合物的峰面积；

A_{ISi}——标准系列中第 i 点与目标化合物相对应的内标物的峰面积；

C_{ISi}——标准系列中第 i 点与目标化合物相对应的内标物的质量浓度，ng/mL；

C_i——标准系列溶液中第 i 点目标化合物的质量浓度，ng/mL。

标准系列中目标化合物的平均相对响应因子 $\overline{RRF}$ 按照式（2）计算。

$$\overline{RRF} = \frac{\sum_{i=1}^{n} RRF_i}{n} \tag{2}$$

式中：$\overline{RRF}$——标准系列中目标化合物的平均相对响应因子；

RRF_i——标准系列溶液中第 i 点目标化合物的相对响应因子；

n——标准曲线的浓度点数。

RRF 的标准偏差（SD）按照式（3）计算。

$$SD = \sqrt{\frac{\sum_{i=1}^{n}\left(RRF_i - \overline{RRF}\right)^2}{n-1}} \tag{3}$$

RRF 的相对标准偏差（RSD）按照式（4）计算。

$$RSD = \frac{SD}{\overline{RRF}} \times 100\% \tag{4}$$

标准系列溶液中目标化合物的相对响应因子的相对标准偏差 RSD 应不大于 20%。

7.2.3 总离子流图

六溴环十二烷的总离子色谱图见图 1。

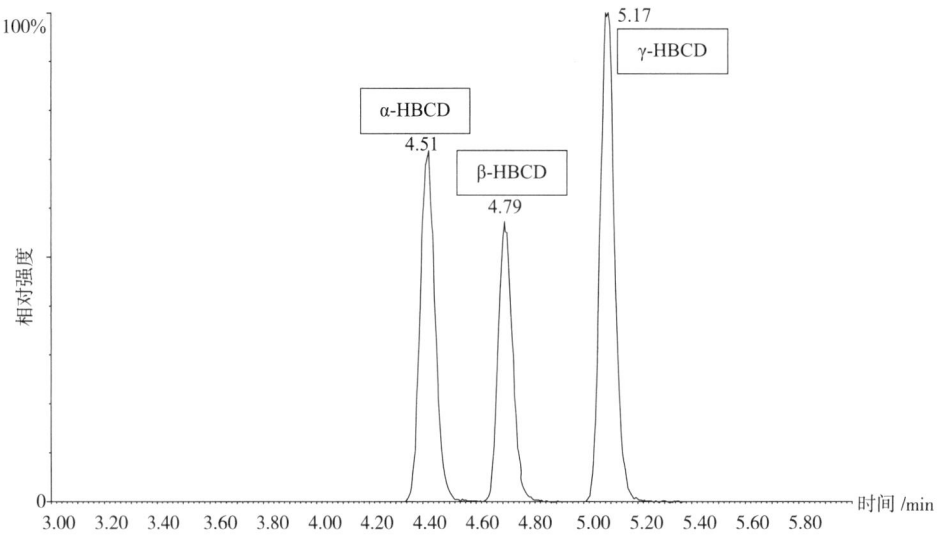

图 1 六溴环十二烷的总离子色谱图

7.3 试样的测定

按照与建立标准曲线(7.2.1)相同的仪器条件进行试样的测定。

7.4 空白试样的测定

按照与试样的测定(7.3)相同的步骤进行空白试样的测定。

8. 结果计算与表示

8.1 定性分析

根据保留时间与离子丰度比例定性分析,目标化合物的保留时间应与样品中对应内标物的保留时间一致。对样品中某目标化合物定性离子的相对丰度 K_{sam} 与浓度接近的标准溶液中该目标化合物定性离子的相对丰度 K_{std} 进行比较,偏差 ≤30% 即可判定样品中存在目标化合物。

样品中某目标化合物定性离子的相对丰度 K_{sam} 按照式(5)计算。

$$K_{sam} = \frac{A_2}{A_1} \times 100\% \tag{5}$$

式中:K_{sam}——样品中某目标化合物定性离子的相对丰度;

A_2——样品中该目标化合物定性离子的峰面积;

A_1——样品中该目标化合物定量离子的峰面积。

标准溶液中某目标化合物定性离子的相对丰度 K_{std} 按照式(6)计算。

$$K_{std} = \frac{A_{std2}}{A_{std1}} \times 100\% \tag{6}$$

式中:K_{std}——标准溶液中某目标化合物定性离子对的相对丰度;

A_{std2}——标准溶液中该目标化合物定性离子对的峰面积;

A_{std1}——标准溶液中该目标化合物定量离子对的峰面积。

8.2 定量分析

8.2.1 试样中目标化合物质量的计算

试样中目标化合物的质量按照式(7)计算。

$$Q_j = \frac{A_j}{A_{csj}} \times \frac{Q_{csj}}{\overline{RRF_{cs}}} \tag{7}$$

式中:Q_j——试样中目标化合物 j 的质量,ng;

A_j——试样中目标化合物 j 定量离子对的峰面积;

A_{csj}——试样中对应的内标物定量离子对的峰面积;

Q_{csj}——试样中内标物的质量,ng;

$\overline{RRF_{cs}}$——目标化合物的平均相对响应因子。

8.2.2 土壤样品中目标化合物含量的计算

土壤样品中目标化合物的含量按照式(8)计算。

$$w_{1j} = \frac{Q_j}{m_1 \times w_{dm}} \times D \tag{8}$$

式中:w_{1j}——土壤样品中目标化合物 j 的含量,μg/kg;

Q_j——试样中目标化合物 j 的质量,ng;

w_{dm}——土壤样品的干物质含量,%;

m_1——土壤样品的质量,g;

D——稀释倍数。

8.2.3 沉积物样品中目标化合物含量的计算

沉积物样品中目标化合物的含量按照式(9)计算。

$$w_{2j} = \frac{Q_j}{m_2 \times (1-w)} \times D \tag{9}$$

式中:w_{2j}——沉积物样品中目标化合物 j 的含量,μg/kg;

Q_j——试样中目标化合物 j 的质量,ng;

w——沉积物样品的含水率,%;

m_2——沉积物样品的质量,g;

D——稀释倍数。

8.3 结果表示

结果以阴离子计。测定结果小数点后位数的保留与方法检出限一致,最多保留 3 位有效数字。

9. 准确度

9.1 精密度

在实验室对不同浓度水平的目标化合物样品进行测定,相对标准偏差为 1.4~19.2%。

9.2 正确度

在实验室对不同浓度水平的目标化合物样品进行测定,加标回收率为 75.2%~116.0%。

10. 质量保证和质量控制

10.1 空白实验

每 20 个样品或每批样品(≤20 个样品/批)应至少测定 1 个实验室空白一样品,测定结果应低于方法检出限。若空白实验不满足以上要求,应采取措施排除污染后重新分析同批样品。

10.2 校准

标准曲线至少需 5 个浓度系列,目标化合物相对响应因子的 RSD 应不大于 20%,或者标准曲线的相关系数应不小于 0.995,否则应查找原因,重新建立标准曲线。

选择标准曲线的中间浓度点进行连续校准,每分析 20 个样品或一批样品(≤20 个样品/批)进行 1 次连续校准,测定结果的相对误差应不大于 ±20%,否则应查找原因,重新建立标准曲线。

10.3 平行样

每 20 个样品或每批样品(≤20 个样品/批)应至少测定 1 个平行样,当测定结果大于定量下限时,相对偏差 ≤30%。

10.4 基体加标

每 20 个样品或每批样品(≤20 个样品/批)应至少测定 1 个基体加标样品,加标回收率应在 60%~130%。

11. 废物处理

在实验中产生的废弃物应分类收集,集中保管,并做好标识,依法委托有资质的单位进行处置。

12. 注意事项

在实验中会用到正己烷、二氯甲烷、甲醇、乙腈等有机溶剂,使用时应做好防护。

5.8 土壤和沉积物 55种抗生素的测定 高效液相色谱–三重四极杆质谱法

1. 适用范围

本方法规定了测定土壤和沉积物中55种抗生素的高效液相色谱-三重四极杆质谱法。

本方法适用于测定土壤和沉积物中的磺胺类、喹诺酮类、四环素类、大环内酯类、β-内酰胺类、林可霉素类及氯霉素等55种抗生素。

当取样量为2 g、试样定容体积为1 mL、进样体积为5 μL时,55种抗生素的方法检出限和测定下限详见附录A。

2. 规范性引用文件

本方法引用了下列文件或其中的条款。凡是注明日期的引用文件,仅注日期的版本适用于本标准。凡是未注日期的引用文件,其最新版本(包括所有的修改单)适用于本标准。

GB 17378.3《海洋监测规范 第3部分:样品采集、贮存与运输》

GB 17378.5《海洋监测规范 第5部分:沉积物分析》

HJ 91.2《地表水环境质量监测技术规范》

HJ/T 166《土壤环境监测技术规范》

HJ 442.4《近岸海域环境监测技术规范 第四部分 近岸海域沉积物监测》

HJ 494《水质 采样技术指导》

HJ 613《土壤 干物质和水分的测定 重量法》

3. 方法原理

土壤和沉积物中的抗生素用乙腈和磷酸缓冲液混合溶液提取,提取液经浓缩、净化、浓缩、定容后,用高效液相色谱仪分离,用三重四极杆质谱仪检测。根据目标化合物的保留时间、特征离子对及其丰度定性,用内标物法定量。

4. 干扰及其消除

四环素类化合物在水溶液中能够与金属离子结合形成络合物,干扰固相萃取过程,降低此类化合物的提取效率,应向样品中加入乙二胺四乙酸四钠(或者乙二胺四乙酸二钠),可抑制金属离子的干扰。仪器分析时若色谱图出现干扰峰,可通过冲洗或更换色谱柱去除干扰,对于难以去除的干扰峰,通过质控样中目标化合物的保留时间确定试样中目标化合物的色谱峰。

5. 试剂和材料

除非另有说明,分析时均使用符合国家标准的分析纯试剂,实验用水为新制备的不含目标化合物的纯水。

5.1 乙腈:色谱纯。

5.2 甲醇:色谱纯。

5.3 甲酸:优级纯。

5.4 盐酸：ρ=1.19 g/mL，分析纯。

5.5 氨水：ρ=0.91 g/mL。

5.6 乙酸铵：优级纯。

5.7 磷酸：分析纯。

5.8 磷酸二氢钾：分析纯。

5.9 乙二胺四乙酸二钠二水合物（$Na_2EDTA \cdot 2H_2O$）：优级纯。

5.10 磷酸缓冲盐溶液：pH=3。

称取 27.2 g 磷酸二氢钾（5.8）溶于纯水中，加入 1.35 mL 磷酸（5.7），定容至 1 000 mL，混匀。在室温下保存期为 3 个月。

5.11 甲酸 - 乙腈溶液：5∶95（体积比）。

量取 50 mL 甲酸（5.3）加入 950 mL 乙腈（5.1）中，混匀。

5.12 0.1% 甲酸水溶液。

量取 0.1 mL 甲酸（5.3）加入 99.9 mL 纯水中，混匀。

5.13 0.1% 甲酸 - 甲醇溶液。

量取 0.1 mL 甲酸（5.3）加入 99.9 mL 甲醇（5.2）中，混匀。

5.14 0.2% 氨水 - 甲醇溶液。

量取 0.2 mL 氨水（5.5）加入 99.8 mL 甲醇（5.2）中，混匀。

5.15 0.1% 甲酸 -10% 乙腈水溶液。

量取 0.1 mL 甲酸（5.3）和 10 mL 乙腈（5.1）置于 100 mL 容量瓶中，用水溶解并定容至刻度，混匀。

5.16 0.1% 甲酸 - 乙腈 - 甲醇溶液。

量取 1 mL 甲酸（5.3）、499.5 mL 甲醇（5.2）和 499.5 mL 乙腈（5.1），混匀。

5.17 抗生素标准物质：磺胺类、喹诺酮类、四环素类、大环内酯类、β- 酰胺类、林可霉素类及氯霉素等 55 种抗生素，纯度 ≥97.0%，也可购买商品化混合标准溶液。具体目标化合物清单见附录 A。

5.18 抗生素内标物：磺胺醋酰 -d_4、磺胺嘧啶 -d_4、头孢氨苄 -d_5、林可霉素 -d_3、磺胺甲嘧啶 -$^{13}C_6$、金霉素 -^{13}C-d_3、氯霉素 -d_5、诺氟沙星 -d_5、氧氟沙星 -d_3、环丙沙星 -d_8、恩诺沙星 -d_5、磺胺甲恶唑 -$^{13}C_6$、磺胺苯酰 -d_4、阿奇霉素 -d_3、克林霉素 -d_3、磺胺间二甲氧嘧啶 -d_6、红霉素 -^{13}C-d_3、罗红霉素 -d_7，纯度 ≥97.0%，也可根据实际情况调整内标物的种类和数量。

5.19 抗生素标准贮备溶液：ρ=1.00 mg/mL。

分别称取适量抗生素标准物质（5.17），用甲醇（5.2）或 0.1% 甲酸 - 甲醇溶液（5.13）溶解并定容至 10.00 mL，使各种抗生素的浓度均为 1.00 mg/mL，在 -18 ℃以下避光保存，有效期为 1 年。

5.20 内标物贮备溶液：ρ=1.00 mg/mL。

分别称取适量抗生素内标物（5.18），用甲醇（5.2）或 0.1% 甲酸 - 甲醇溶液（5.13）溶解并定容至 10.00 mL，使各种内标物的浓度均为 1.00 mg/mL，在 -18 ℃以下避光保存，有效期为 1 年。

5.21 抗生素混合标准中间液：ρ=100 mg/L。

分别量取适量抗生素标准贮备液（5.19）置于 10.00 mL 棕色容量瓶中，用甲醇（5.2）稀释，配制成浓度为 100 mg/L 的抗生素混合标准中间液，在 -18 ℃以下避光保存，有效期为 6 个月。或直接购买市售有证标准溶液，并按照说明书的要求进行保存。

注：四环素类和 β- 内酰胺类保存时间短，如果一周内响应下降 30%，须重新配制标准溶液。

5.22 内标物混合标准中间液：ρ=100 mg/L。

分别量取适量内标物标准贮备溶液（5.20）置于 10.00 mL 棕色容量瓶中，用甲醇（5.2）稀释，配制成浓度为 100 mg/L 的内标物混合标准中间液，在 -18 ℃以下避光保存，有效期为 6 个月。或直接购买市售有证标准溶液，并按照说明书的要求进行保存。

5.23 抗生素混合标准使用液：ρ=0.100 mg/L。

根据需要用 0.1% 甲酸 -10% 乙腈水溶液（5.15）将抗生素混合标准中间液（5.21）稀释成合适的抗生素混合标准使用液，现配现用。

5.24 内标物混合标准使用液：ρ=0.100 mg/L。

根据需要用 0.1% 甲酸 -10% 乙腈水溶液（5.15）将内标的混合标准中间液（5.22）稀释成合适的内标物混合标准使用液，现配现用。

5.25 固相萃取柱：填料为二乙烯苯和 N- 乙烯基吡咯烷酮共聚物，规格为 200 mg/6 mL，或采用其他等效萃取柱。

5.26 石英砂：粒径 0.15~0.83 mm（100~20 目）。

使用前将其置于马弗炉中 450 ℃下灼烧 4 h，冷却后装入磨口玻璃瓶中密封，在干燥器中保存。

5.27 滤膜：孔径为 0.22 μm 的水系特氟龙滤膜、有机相尼龙滤膜或性能相当的滤膜。

5.28 陶瓷均质子：长 2 cm、外径为 2 cm，或性能相当者。

5.29 氮气：纯度 ≥99.99%。

6. 仪器和设备

6.1 样品瓶：棕色玻璃直壁广口瓶，具聚四氟乙烯衬垫，125 mL、250 mL。

6.2 高效液相色谱 - 三重四极杆质谱仪：液相色谱仪具备梯度洗脱功能；质谱仪为带电喷雾离子源（ESI 源）的三重四极杆质谱仪，具备多反应监测（MRM）功能。

6.3 色谱柱：填料粒径为 1.8 μm、柱长 100 mm、内径为 2.1 mm 的碳十八反相色谱柱或其他性能相近的色谱柱。

6.4 超声仪：40 kHz，功率 ≥100 W。

6.5 涡旋混匀器：转速 ≥500 r/min。

6.6 离心机：离心力 ≥2 000g。

6.7 固相萃取装置：自动或手动，流速可调节。

6.8 浓缩装置：氮吹仪、旋转蒸发仪或其他性能相当的设备，温度可控。

6.9 具塞离心管:50 mL 聚丙烯塑料管。

6.10 一般实验室常用仪器和设备。

7. 样品

7.1 样品的采集和保存

土壤样品按照 HJ/T 166 的相关要求采集,水体沉积物样品按照 HJ 91.2 和 HJ 494 的相关要求采集,海洋沉积物样品按照 GB 17378.3 和 HJ 442.4 的相关要求采集。

样品采集后保存在事先清洗洁净的样品瓶(6.1)中,尽快运回实验室分析,在运输过程中应避光、密封、冷藏。样品运回实验室后,在 -18 ℃以下冷冻、避光、密封保存,并于 7 d 内完成样品前处理。浓缩液于 -18 ℃以下冷冻、避光、密封保存,40 d 内完成分析。

7.2 样品的制备

将样品去除石子、植物根茎等杂质后混匀,放入样品瓶(6.1)中。将样品按照测试样和备用样分别存放,于 -18 ℃以下冷冻、避光、密封保存。

7.3 水分的测定

称取一份样品进行干物质含量或含水率的测定。按照 HJ 613 的要求测定土壤样品的干物质含量,按照 GB 17378.5 的要求测定沉积物样品的含水率。

7.4 试样的制备

7.4.1 提取

称取 2 g(精确至 0.01 g)样品(7.2)置于 50 mL 聚丙烯塑料管(6.9)中,加入 0.4 g Na_2EDTA、1 颗陶瓷均质子,依次加入 50 μL 内标物混合标准使用液(5.24)、5 mL 磷酸缓冲盐溶液(5.10)和 5 mL 甲酸-乙腈溶液(5.11),用涡旋混匀器(6.5)振荡提取 3 min 或用超声仪(6.4)提取 30 min(水槽中放置冰盒,确保水浴温度始终低于 40 ℃)后,用离心力不小于 2 000g 的离心机(6.6)离心 5 min,将上清液全部转移至 50 mL 聚丙烯塑料管中,再加入 5 mL 磷酸缓冲盐溶液和 5 mL 甲酸-乙腈溶液重复提取 2 次,合并上清液置于氮吹管中,待浓缩。

7.4.2 提取液浓缩

用浓缩装置(6.8)将提取液浓缩至体积不大于 15 mL,在浓缩过程中水浴温度不高于 40 ℃。

7.4.3 净化

依次用 5 mL 甲醇(5.2)和 5 mL 实验用水活化固相萃取柱(5.25)。将浓缩后的提取液(7.4.2)全部转入固相萃取上样瓶中,用 0.1% 甲酸水溶液(5.12)稀释至 50 mL,以 5~8 mL/min 的流速通过固相萃取柱。上样结束后,用 10 mL 纯水淋洗上样瓶和固相萃取柱,用氮气(5.29)吹扫或用固相萃取装置的真空泵干燥萃取柱 10 min,去除萃取柱中残留的水分。以 2~3 mL/min 的流速,用 6 mL 甲醇(5.2)分 2 次洗脱,收集洗脱液至浓缩管中。

7.4.4 洗脱液浓缩

用浓缩装置(6.8)将洗脱液(7.4.3)浓缩至近干,用 0.1% 甲酸 -10% 乙腈水溶液(5.15)定容至 1.0 mL,混匀,用孔径为 0.22 μm 的滤膜(5.27)过滤后转入 2 mL 棕色样品瓶中,待测。试样于 -18 ℃以下冷冻、避光、密封保存,40 d 内完成分析。

7.5 空白试样的制备

用石英砂(5.26)代替样品,按照与试样的制备(7.4)相同的步骤进行空白试样的制备。

8. 分析步骤

8.1 仪器参考条件

8.1.1 液相色谱仪参考条件

色谱柱:碳十八柱(2.1 mm × 100 mm,1.8 μm)或性能相当的色谱柱。柱温:40 ℃。进样量:5 μL。流动相:水相 A,0.1% 甲酸水溶液(5.12);有机相 B:0.1% 甲酸 - 乙腈 - 甲醇溶液(5.16)。梯度洗脱程序见表 1。

表 1 梯度洗脱程序

时间/min	流速/(mL/min)	流动相 A/%	流动相 B/%
0	0.3	90	10
4.0	0.3	90	10
15.0	0.3	25	75
15.1	0.3	5	95
17.0	0.3	5	95
17.1	0.3	90	10
19.0	0.3	90	10

8.1.2 质谱仪参考条件

正模式的离子源为 ESI+,负离子模式的离子源为 ESI-,其他参考条件如下。

监测方式:多反应监测(MRM)。

毛细管电压:正模式 2.0 kV,负离子模式 1.0 kV。

离子源温度:正模式 150 ℃,负离子模式 150 ℃。

脱溶剂气温度:正模式 500 ℃,负离子模式 500 ℃。

脱溶剂气流速:正模式 900 L/h,负离子模式 900 L/h。

具体多反应监测条件见附录 B。

8.1.3 仪器调谐

按照仪器使用说明书在规定时间和频次内校正高效液相色谱 - 三重四极杆质谱仪的质量数和分辨率,以确保仪器处于最佳测定状态。

8.2 校准

8.2.1 校准系列的配制

空白土壤和沉积物样品按照(7.4)进行前处理,得到空白基质溶液。准确吸取抗生素混合标准使用液(5.23)和内标物混合标准使用液(5.24),用空白基质溶液稀释成抗生素质量浓度分别为 0.050 μg/L、0.100 μg/L、0.200 μg/L、0.500 μg/L、1.00 μg/L、2.00 μg/L、10.0 μg/L、20.0 μg/L、50.0 μg/L,内标物质量浓度为 2.00 μg/L 或 5.00 μg/L 的系列基质匹配标准工作溶液。根据仪器灵敏度、线性范围和实际样品检测需求配制至少5个质量浓度点的标准系列溶液。

8.2.2 标准系列溶液的测定

按照仪器参考条件(8.1),分别采用正模式和负离子模式,由低浓度到高浓度依次对标准系列溶液进样分析。记录各目标化合物的保留时间和定量离子峰面积。

可用平均响应因子法或标准曲线法进行标准曲线的绘制。

8.2.3 平均响应因子法

目标化合物经定性鉴别后,根据定量离子的峰面积(或峰高),用内标物法定量。

标准曲线中第 i 点目标化合物的相对响应因子(RRF_i)按照式(1)计算。

$$RRF_i = \frac{A_i}{A_{ISi}} \times \frac{\rho_{ISi}}{\rho_i} \tag{1}$$

式中:RRF_i——标准系列溶液中第 i 点目标化合物的相对响应因子;

A_i——标准系列溶液中第 i 点目标化合物定量离子的响应值;

A_{ISi}——标准系列溶液中第 i 点对应的内标物化合物定量离子的响应值;

ρ_{ISi}——标准系列溶液中第 i 点对应的内标物的质量浓度,μg/L;

ρ_i——标准系列溶液中第 i 点目标化合物的质量浓度,μg/L。

标准曲线中目标化合物的平均相对响应因子($\overline{RRF}$)按照式(2)计算。

$$\overline{RRF} = \frac{\sum_{i=1}^{n} RRF_i}{n} \tag{2}$$

式中:$\overline{RRF}$——标准曲线中目标化合物的平均相对响应因子;

RRF_i——标准系列溶液中第 i 点目标化合物的相对响应因子;

n——标准曲线的浓度点数。

RRF 的标准偏差(SD)按照式(3)计算。

$$SD = \sqrt{\frac{\sum_{i=1}^{n}(RRF_i - \overline{RRF})^2}{n-1}} \tag{3}$$

式中:SD——目标化合物的相对响应因子的标准偏差;

RRF_i——标准曲线溶液中第 i 点目标化合物的相对响应因子;

n——标准曲线的浓度点数。

RRF 的相对标准偏差(RSD)按照式(4)计算。

$$RSD = \frac{SD}{\overline{RRF}} \times 100\% \tag{4}$$

式中:RSD——RRF 的相对标准偏差;

SD——RRF 的标准偏差;

$\overline{RRF}$——标准系列中目标化合物的平均相对响应因子。

8.2.4 标准曲线法

以浓度与对应的内标物的浓度的比值为横坐标,以标准系列溶液中目标化合物的峰面积与对应的内标物的峰面积的比值为纵坐标,建立标准曲线。

8.2.5 目标化合物的总离子色谱图

目标化合物的总离子流图见图1。

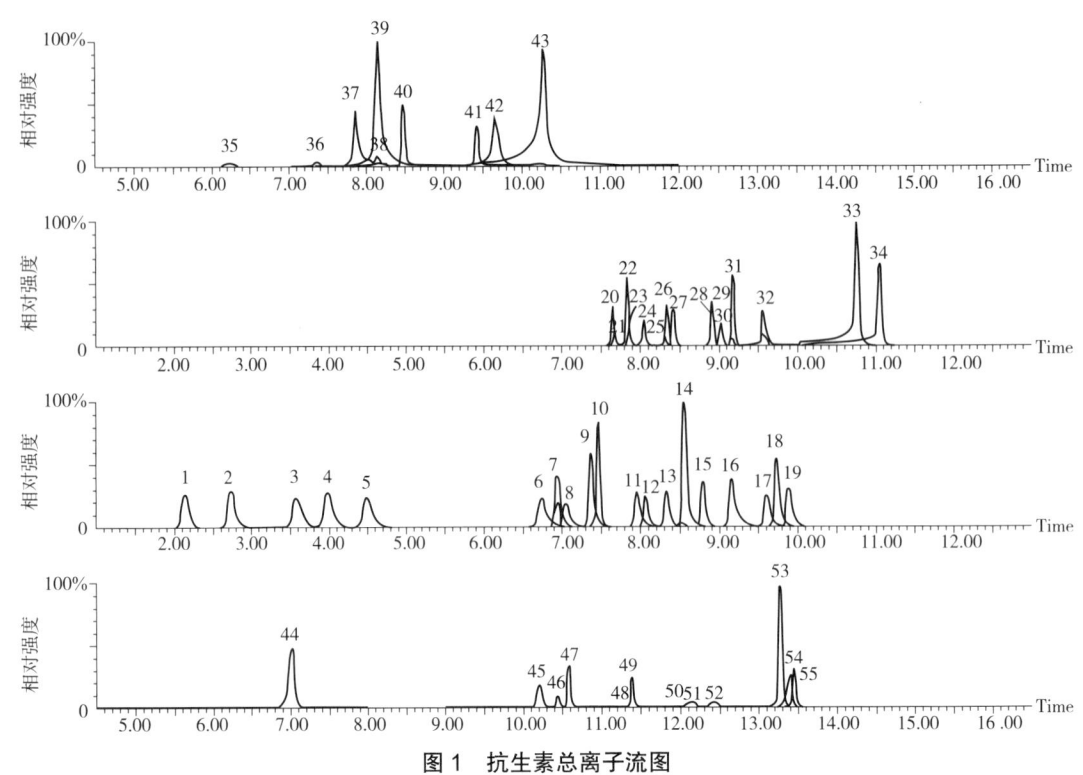

图1 抗生素总离子流图

1—磺胺醋酰;2—磺胺嘧啶;3—磺胺噻唑;4—磺胺吡啶;5—磺胺甲基嘧啶;6—磺胺对甲氧嘧啶;7—磺胺二甲嘧啶;
8—磺胺甲噻二唑;9—磺胺甲氧哒嗪;10—甲氧苄啶;11—磺胺氯哒嗪;12—磺胺间甲氧嘧啶;13—磺胺甲噁唑;
14—磺胺邻二甲氧嘧啶;15—磺胺异噁唑;16—磺胺苯酰;17—磺胺喹吡唑;18—磺胺间二甲氧嘧啶;19—磺胺喹噁啉;
20—氟罗沙星;21—依诺沙星;22—氧氟沙星;23—诺氟沙星;24—环丙沙星;25—单诺沙星;26—洛美沙星;
27—恩诺沙星;28—双氟沙星;29—沙拉沙星;30—西诺沙星;31—司帕沙星;32—奥索利酸;33—萘啶酸;
34—氟甲喹;35—甲砜霉素;36—头孢噻肟;37—土霉素;38—四环素;39—头孢唑啉;40—氟苯尼考;
41—氯霉素;42—金霉素;43—多西环素;44—林可霉素;45—螺旋霉素;46—阿奇霉素;47—克林霉素;
48—替米考星;49—竹桃霉素;50—红霉素;51—泰乐菌素;52—白霉素;53—克拉霉素;
54—交沙霉素;55—罗红霉素

8.3 试样的测定

按照与建立标准曲线相同的测量条件进行试样(7.4)的测定。当试样的浓度超出标准曲线的线性范围时,应将样品稀释,重新制备试样并测定。

8.4 空白试样的测定

按照与试样的测定(8.3)相同的步骤进行空白试样(7.5)的测定。

9. 结果计算与表示

9.1 定性分析

通过目标化合物的保留时间和离子对进行定性分析。

在相同的实验条件下,试样中目标化合物的保留时间和内标物的保留时间的比值与标准样品中该目标化合物的保留时间和内标物的保留时间的比值相比较,相对偏差应在±2.5%以内;且对待测样品中某目标化合物定性离子对的相对丰度 K_{sam} 与浓度接近的标准溶液中该目标化合物定性离子对的相对丰度 K_{std} 进行比较,偏差不超过表2规定的范围,则可判定样品中存在对应的目标化合物。

样品中某目标化合物定性离子的相对丰度 K_{sam} 按照式(5)计算。

$$K_{sam} = \frac{A_2}{A_1} \times 100\% \tag{5}$$

式中:K_{sam}——样品中某目标化合物定性离子的相对丰度;

A_2——样品中该目标化合物定性离子的峰面积(或峰高);

A_1——样品中该目标化合物定量离子的峰面积(或峰高)。

标准溶液中某目标化合物定性离子的相对丰度 K_{std} 按照式(6)计算。

$$K_{std} = \frac{A_{std2}}{A_{std1}} \times 100\% \tag{6}$$

式中:K_{std}——标准溶液中某目标化合物定性离子的相对丰度,%;

A_{std2}——标准溶液中该目标化合物定性离子的峰面积(或峰高);

A_{std1}——标准溶液中该目标化合物定量离子的峰面积(或峰高)。

表2 定性确认时相对离子丰度的最大允许偏差

K_{std}/%	K_{sam} 最大允许偏差/%
$K_{std}>50$	±20
$20<K_{std}\leq 50$	±25
$10<K_{std}\leq 20$	±30
$K_{std}\leq 10$	±50

9.2 定量分析

9.2.1 试样中目标化合物质量的计算

用平均响应因子法时,试样中目标化合物的质量按照式(7)计算。

$$Q_j = \frac{A_j \times Q_{ISj}}{A_{ISj} \times \overline{RRF}} \tag{7}$$

式中:Q_j——试样中目标化合物 j 的质量,ng;

A_j——试样中目标化合物 j 定量离子的峰面积;

Q_{ISj}——试样中目标化合物 j 对应的内标物的质量,ng;

A_{ISj}——试样中目标化合物 j 对应的内标物定量离子的峰面积;

$\overline{RRF}$——目标化合物的平均相对响应因子。

用标准曲线法时,试样中目标化合物的质量由标准曲线得到。

9.2.2 土壤样品中目标化合物含量的计算

土壤样品中目标化合物的含量按照式(8)计算。

$$w_{1j} = \frac{Q_j}{m_1 \times w_{dw}} \times D \tag{8}$$

式中：w_{1j}——土壤样品中目标化合物 j 的含量，μg/kg；

Q_j——试样中目标化合物 j 的质量，ng；

w_{dm}——土壤样品的干物质含量，%；

m_1——土壤样品的质量，g；

D——稀释倍数。

9.2.3 沉积物样品中目标化合物含量的计算

沉积物样品中目标化合物的含量按照式(9)计算。

$$w_{2j} = \frac{Q_j}{m_2 \times (1-w)} \times D \tag{9}$$

式中：w_{2j}——沉积物样品中目标化合物 j 的含量，μg/kg；

Q_j——试样中目标化合物 j 的质量，ng；

w——沉积物样品的含水率，%；

m_2——沉积物样品的质量，g；

D——稀释倍数。

9.3 结果表示

测定结果小数点后位数的保留与方法检出限一致，最多保留 3 位有效数字。

10. 准确度

10.1 精密度

在实验室对加标浓度分别为 0.200 μg/kg、2.00 μg/kg、10.0 μg/kg 的土壤和沉积物加标样品进行 6 次重复测定，相对标准偏差为 1.1%~20.0%。

10.2 正确度

在实验室对加标浓度分别为 0.200 μg/kg、2.00 μg/kg、10.0 μg/kg 的土壤和沉积物加标样品进行 6 次重复测定正确度为 36.2%~159.0%。

11. 质量保证和质量控制

11.1 空白实验

每 20 个样品或每批样品(≤20 个样品/批)应至少测定 1 个实验室空白样品，测定结果应低于方法检出限。若空白实验不满足以上要求，应采取措施排除污染后重新分析同批样品。

11.2 校准

用平均相对响应因子法计算时，相对响应因子的相对标准偏差 RSD 应不大于 30%；用标准曲线法计算时，线性相关系数应不小于 0.990。否则应查找原因，重新绘制标准曲线。

选择标准曲线的中间浓度点进行连续校准，每分析 20 个样品或一批样品(≤20 个样品/

批)进行1次连续校准,测定结果的相对误差应不大于±30%,否则应查找原因,重新建立标准曲线。

11.3 平行样

每20个样品或每批样品(≤20个样品/批)应至少测定1个平行样,当测定结果大于定量下限时,相对偏差≤40%。

11.4 基体加标

每20个样品或每批样品(≤20个样品/批)应至少测定1个基体加标样品,加标回收率应在30%~160%。

12. 废物处理

在实验中产生的废弃物应分类收集,集中保管,并做好标识,依法委托有资质的单位进行处置。

附 录 A
(规范性附录)
方法检出限和测定下限

表A.1给出了本方法中目标化合物的中英文名称、CAS编号、分子式、方法检出限和测定下限。

表A.1 方法检出限和测定下限

序号	英文名称	中文名称	CAS编号	分子式	方法检出限/(μg/kg)	测定下限/(μg/kg)	定量内标物
1	Oxytetracycline (OTC)	土霉素	79-57-2	$C_{22}H_{24}N_2O_9$	0.05	0.20	CTC-^{13}C-d$_3$
2	Tetracycline (TC)	四环素	60-54-8	$C_{22}H_{24}N_2O_8$	0.05	0.20	CTC-^{13}C-d$_3$
3	Chlortetracycline (CTC)	金霉素	57-62-5	$C_{22}H_{23}ClN_2O_8$	0.05	0.20	CTC-^{13}C-d$_3$
4	Doxytetracycline (DTC)	强力霉素(多西环素)	564-25-0	$C_{22}H_{24}N_2O_8$	0.05	0.20	CTC-^{13}C-d$_3$
5	Spiramycin	螺旋霉素	8025-81-8	$C_{43}H_{74}N_2O_{14}$	0.05	0.20	Roxithromycin-d$_7$
6	Azithromycin	阿奇霉素	83905-1-5	$C_{38}H_{72}N_2O_{12}$	0.05	0.20	Azithromycin-d$_3$
7	Tilmicosin	替米考星	108050-54-0	$C_{46}H_{80}N_2O_{13}$	0.05	0.20	Roxithromycin-d$_7$
8	Oleandomycin	竹桃霉素	3922-90-5	$C_{35}H_{61}NO_{12}$	0.05	0.20	Roxithromycin-d$_7$
9	Erythromycin	红霉素	114-07-8	$C_{37}H_{67}NO_{13}$	0.05	0.20	Erythromycin-^{13}C-d$_3$
10	Tylosin	泰乐菌素	1401-69-0	$C_{46}H_{77}NO_{17}$	0.05	0.20	Roxithromycin-d$_7$
11	Sineptina	白霉素(吉他霉素)	1392-21-8	$C_{35}H_{59}NO_{13}$	0.05	0.20	Clindamycin-d$_3$
12	Clarithromycin	克拉霉素	81103-11-9	$C_{38}H_{69}NO_{13}$	0.05	0.20	Roxithromycin-d$_7$
13	Josamycin	交沙霉素	16846-24-5	$C_{42}H_{69}NO_{15}$	0.05	0.20	Roxithromycin-d$_7$

续表

序号	英文名称	中文名称	CAS 编号	分子式	方法检出限 /(μg/kg)	测定下限 /(μg/kg)	定量内标物
14	Roxithromycin	罗红霉素	80214-83-1	$C_{41}H_{76}N_2O_{15}$	0.05	0.20	Roxithromycin-d_7
15	Sulfacetamide	磺胺醋酰	144-80-9	$C_8H_{10}N_2O_3S$	0.05	0.20	Sulfacetamide-d_4
16	Sulfamethazine	磺胺二甲嘧啶	57-68-1	$C_{12}H_{14}N_4O_2S$	0.05	0.20	Sulfacetamide-d_4
17	Sulfadiazine	磺胺嘧啶	68-35-9	$C_{10}H_{10}N_4O_2S$	0.05	0.20	Sulfadiazine-d_4
18	Sulfathiazole	磺胺噻唑	72-14-0	$C_9H_9N_3O_2S_2$	0.05	0.20	Sulfadiazine-d_4
19	Sulfapyridine	磺胺吡啶	144-83-2	$C_{11}H_{11}N_3O_2S$	0.05	0.20	Sulfadiazine-d_4
20	Sulfamerazine	磺胺甲基嘧啶	127-79-7	$C_{11}H_{12}N_4O_2S$	0.05	0.20	Sulfamerazine-$^{13}C_6$
21	Sulfamonomethoxine	磺胺间甲氧嘧啶	1220-83-3	$C_{11}H_{12}N_4O_3S$	0.05	0.20	Sulfamethoxazole-$^{13}C_6$
22	Sulfamethizole	磺胺甲噻二唑	144-82-1	$C_9H_{10}N_4O_2S_2$	0.05	0.20	Sulfamerazine-$^{13}C_6$
23	Sulfamethoxypyridazine	磺胺甲氧哒嗪	80-35-3	$C_{11}H_{12}N_4O_3S$	0.05	0.20	Sulfamethoxazole-$^{13}C_6$
24	Sulfamethoxydiazine	磺胺对甲氧嘧啶	651-06-9	$C_{11}H_{12}N_4O_3S$	0.05	0.20	Sulfamethoxazole-$^{13}C_6$
25	Sulfachloropyridazine	磺胺氯哒嗪	80-32-0	$C_{10}H_9ClN_4O_2S$	0.05	0.20	Sulfamethoxazole-$^{13}C_6$
26	Sulfamethoxazole	磺胺甲基异恶唑（磺胺甲恶唑）	723-46-6	$C_{10}H_{11}N_3O_3S$	0.05	0.20	Sulfamethoxazole-$^{13}C_6$
27	Sulfadoxine	磺胺邻二甲氧嘧啶	2447-576	$C_{12}H_{14}N_4O_4S$	0.05	0.20	Sulfamerazine-$^{13}C_6$
28	Sulfisoxazole	磺胺二甲基异恶唑（磺胺异恶唑）	127-69-5	$C_{11}H_{13}N_3O_3S$	0.05	0.20	Sulfamethoxazole-$^{13}C_6$
29	Sulfadimethoxine	磺胺间二甲氧嘧啶（磺胺地索辛）	122-11-2	$C_{12}H_{14}N_4O_4S$	0.05	0.20	Sulfadimethoxine-d_6
30	Sulfaphenazole	磺胺苯吡唑	526-08-9	$C_{15}H_{14}N_4O_2S$	0.05	0.20	Sulfadimethoxine-d_6
31	Trimethoprim	甲氧苄氨嘧啶（甲氧苄啶）	738-70-5	$C_{14}H_{18}N_4O_3$	0.05	0.20	Sulfamerazine-$^{13}C_6$
32	Sulfabenzamide	磺胺苯酰	127-71-9	$C_{13}H_{12}N_2O_3S$	0.05	0.20	Sulfabenzamide-d_4
33	Sulfaquinoxaline	磺胺喹恶啉	59-40-5	$C_{14}H_{12}N_4O_2S$	0.05	0.20	Sulfadimethoxine-d_6
34	Enoxacin	依诺沙星	74011-58-8	$C_{30}H_{40}F_2N_8O_9$	0.05	0.20	Norfloxacin-d_5
35	Fleroxacin (Flerofloxacin)	氟罗沙星	79660-72-3	$C_{17}H_{18}F_3N_3O_3$	0.05	0.20	Norfloxacin-d_5
36	Norfloxacin	诺氟沙星	70458-96-7	$C_{16}H_{18}FN_3O_3$	0.05	0.20	Norfloxacin-d_5
37	Ofloxacin	氧氟沙星	82419-36-1	$C_{18}H_{20}FN_3O_4$	0.05	0.20	Ofloxacin-d_3

续表

序号	英文名称	中文名称	CAS 编号	分子式	方法检出限/(μg/kg)	测定下限/(μg/kg)	定量内标物
38	Ciprofloxacin	环丙沙星	85721-33-1	$C_{17}H_{18}FN_3O_3$	0.05	0.20	Ciprofloxacin-d_8
39	Lomefloxacin	洛美沙星	98079-51-7	$C_{17}H_{19}F_2N_3O_3$	0.05	0.20	Ofloxacin-d_3
40	Danofloxacin	单诺沙星（达氟沙星）	112398-08-0	$C_{19}H_{20}FN_3O_3$	0.05	0.20	Enrofloxacin-d_5
41	Enrofloxacin	恩诺沙星	93106-60-6	$C_{19}H_{22}FN_3O_3$	0.05	0.20	Enrofloxacin-d_5
42	Sarafloxacin	沙拉沙星	98105-99-8	$C_{20}H_{17}F_2N_3O_3$	0.05	0.20	Ofloxacin-d_3
43	Cinoxacin	西诺沙星	28657-80-9	$C_{12}H_{10}N_2O_5$	0.05	0.20	Ofloxacin-d_3
44	Difloxacin	双氟沙星	98106-17-3	$C_{21}H_{19}F_2N_3O_3$	0.05	0.20	Enrofloxacin-d_5
45	Sparfloxacin	司帕沙星	110871-86-8	$C_{19}H_{22}F_2N_4O_3$	0.05	0.20	Ofloxacin-d_3
46	Oxolinic acid	奥索利酸（恶喹酸）	14698-29-4	$C_{13}H_{11}NO_5$	0.05	0.20	Ofloxacin-d_3
47	Nalidixic acid	萘啶酸	389-08-2	$C_{12}H_{12}N_2O_3$	0.05	0.20	Ofloxacin-d_3
48	Flumequine	氟甲喹	42835-25-6	$C_{14}H_{12}FNO_3$	0.05	0.20	Ofloxacin-d_3
49	Cefotaxime	头孢噻肟	63527-52-6	$C_{16}H_{17}N_5O_7S_2$	0.05	0.20	Cefalexin-d_5
50	Cefazolin	头孢唑啉	25953-19-9	$C_{14}H_{14}N_8O_4S_3$	0.05	0.20	Cefalexin-d_5
51	Lincomycin	林可霉素	154-21-2	$C_{18}H_{34}N_2O_6S$	0.05	0.20	Lincomycin-d_3
52	Clindamycin	克林霉素	18323-44-9	$C_{18}H_{33}ClN_2O_5S$	0.05	0.20	Clindamycin-d_3
53	Thiamphenicol	甲砜霉素	15318-45-3	$C_{12}H_{15}Cl_2NO_5S$	0.05	0.20	Chloramphenicol-d_5
54	Florfenicol	氟甲砜霉素（氟苯尼考）	73231-34-2	$C_{12}H_{14}Cl_2FNO_4S$	0.05	0.20	Chloramphenicol-d_5
55	Chloramphenicol	氯霉素	56-75-7	$C_{11}H_{12}Cl_2N_2O_5$	0.05	0.20	Chloramphenicol-d_5

附　录　B
（资料性附录）
多反应离子监测条件

表 B.1 给出了抗生素的目标离子参数及多反应监测条件。

表 B.1　抗生素的目标离子参数及反应监测条件

序号	英文名称	中文名称	母离子质荷比（m/z）	锥孔电压/V	定量离子质荷比（m/z）	碰撞电压/eV	定性离子质荷比（m/z）	碰撞电压/eV
1	Oxytetracycline(OTC)	土霉素	461	20	426.1	18	443.1	18
2	Tetracycline(TC)	四环素	445	40	410.2	18	154	25
3	Chlortetracycline(CTC)	金霉素	479	40	154	26	444.2	22

续表

序号	英文名称	中文名称	母离子质荷比（m/z）	锥孔电压/V	定量离子质荷比（m/z）	碰撞电压/eV	定性离子质荷比（m/z）	碰撞电压/eV
4	Doxytetracycline (DTC)	强力霉素（多西环素）	445.1	30	410	18	154	35
5	Spiramycin	螺旋霉素	422.2	30	174.1	20	101	20
6	Azithromycin	阿奇霉素	749.5	30	591.2	30	158.2	40
7	Tilmicosin	替米考星	869.6	25	174.2	58	132.1	70
8	Oleandomycin	竹桃霉素	688.7	25	544.6	19	158.1	13
9	Erythromycin	红霉素	734.5	30	158.1	30	576.5	20
10	Tylosin	泰乐菌素	916.6	45	174.2	53	101.1	45
11	Sineptina	白霉素（吉他霉素）	772.3	20	109.1	42	215.2	43
12	Clarithromycin	克拉霉素	748.6	30	158.1	30	590.6	20
13	Josamycin	交沙霉素	828.5	40	109.1	50	174.1	45
14	Roxithromycin	罗红霉素	837.6	40	679.5	20	158.1	35
15	Sulfacetamide	磺胺醋酰	215	30	156	10	108	15
16	Sulfamethazine	磺胺二甲嘧啶	279	20	186	17	92,186	28,17
17	Sulfadiazine	磺胺嘧啶	251	30	156	15	92	24
18	Sulfathiazole	磺胺噻唑	256	30	156	15	92	24
19	Sulfapyridine	磺胺吡啶	250	30	156	16	92	24
20	Sulfamerazine	磺胺甲基嘧啶	265.1	30	92	26	156,172	15,15
21	Sulfamonomethoxine	磺胺间甲氧嘧啶	281	30	156	15	92,156	28,15
22	Sulfamethizole	磺胺甲噻二唑	271.1	30	156	15	92,156	24,15
23	Sulfamethoxydiazine	磺胺对甲氧嘧啶	281	30	92	28	108,156	25,22
24	Sulfamethoxypyridazine	磺胺邻甲氧嘧啶	281	30	92	28	108,156	25,22
25	Sulfachloropyridazine	磺胺氯哒嗪	285	30	156	12	92,156	26,12
26	Sulfamethoxazole	磺胺甲基异恶唑（磺胺甲恶唑）	254	30	92.1	28	156	16
27	Sulfadoxine	磺胺邻二甲氧嘧啶	311	30	156	15	92,156	28,15
28	Sulfisoxazole	磺胺二甲基异恶唑（磺胺异恶唑）	268	30	156	13	92,156	28,13
29	Sulfadimethoxine	磺胺间二甲氧嘧啶（磺胺地索辛）	311.1	30	156	16	92,156	28,16
30	Sulfaphenazole	磺胺苯吡唑	315	30	160	22	108,160	25,22
31	Trimethoprim	甲氧苄氨嘧啶（甲氧苄啶）	4.85	291	30	230	27	123
32	Sulfabenzamide	磺胺苯酰	9	277.1	30	156	22	92
33	Sulfaquinoxaline	磺胺喹恶啉	9.59	301.1	30	156	16	92

续表

序号	英文名称	中文名称	母离子质荷比（m/z）	锥孔电压/V	定量离子质荷比（m/z）	碰撞电压/eV	定性离子质荷比（m/z）	碰撞电压/eV
34	Enoxacin	依诺沙星	321.2	40	233.9	22	232	30
35	Fleroxacin（Flerofloxacin）	氟罗沙星	370.2	30	326.1	20	269.1	25
36	Norfloxacin	诺氟沙星	320.1	40	276.2	20	233	25
37	Ofloxacin	氧氟沙星	362.1	30	318.1	18	261.1	27
38	Ciprofloxacin	环丙沙星	332.1	42	288.1	17	245	25
39	Lomefloxacin	洛美沙星	352.1	30	265.1	23	308.2	17
40	Danofloxacin	单诺沙星（达氟沙星）	358.1	30	314	20	283	22
41	Enrofloxacin	恩诺沙星	360.3	25	316.2	19	245.1	24
42	Sarafloxacin	沙拉沙星	386.1	40	342.1	18	299.1	28
43	Cinoxacin	西诺沙星	263.1	30	217	20	188.9	28
44	Difloxacin	双氟沙星	400.1	30	356.1	20	299	28
45	Sparfloxacin	司帕沙星	393	20	349	19	292	25
46	Oxolinic acid	奥索利酸（恶喹酸）	262.1	30	160	34	215.9	28
47	Nalidixic acid	萘啶酸	233.1	30	215.1	15	187	28
48	Flumequine	氟甲喹	262	30	244.1	17	202,126	30,42
49	Cefotaxime	头孢噻肟	455.9	10	124.9	44	395.7	8
50	Cefazolin	头孢唑啉	455.1	24	155.9	21	323.2	15
51	Lincomycin	林可霉素	407.2	40	126.1	25	359.3	20
52	Clindamycin	克林霉素	425.2	30	126.1	45	377.2	28
53	Thiamphenicol(−)	甲砜霉素	353.9	10	184.9	20	290	12
54	Florfenicol(−)	氟甲砜霉素（氟苯尼考）	355.9	38	335.9	10	184.9	20
55	Chloramphenicol(−)	氯霉素	320.9	20	151.9	18	257	12
56	Sulfacetamide-d$_4$	磺胺醋酰-d$_4$	219	30	160	10	112	15
57	Sulfadiazine-d$_4$	磺胺嘧啶-d$_4$	255	30	160	15	96	24
58	Cefalexin-d$_5$	头孢氨苄-d$_5$	353.2	20	179	13	158.2	8
59	Lincomycin-d$_3$	林可霉素-d$_3$	410.2	40	129.1	25	362.3	20
60	Sulfamerazine-^{13}C$_6$	磺胺甲嘧啶-^{13}C$_6$	271	20	162	15	—	—
61	Chlortetracycline（CTC)-^{13}C-d$_3$	金霉素-^{13}C-d$_3$	483	40	448	22	158	26
62	Chloramphenicol-d$_5$(−)	氯霉素-d$_5$	326	20	262	10	157	16
63	Norfloxacin-d$_5$	诺氟沙星-d$_5$	325.1	20	281.1	18	307	22
64	Ofloxacin-d$_3$	氧氟沙星-d$_3$	365	30	264.1	27	321.1	18

续表

序号	英文名称	中文名称	母离子质荷比 (m/z)	锥孔电压/V	定量离子质荷比 (m/z)	碰撞电压/eV	定性离子质荷比 (m/z)	碰撞电压/eV
65	Ciprofloxacin-d$_8$	环丙沙星-d$_8$	340.04	30	322	16	208.86	24
66	Enrofloxacin-d$_5$	恩诺沙星-d$_5$	364.89	32	321	19	244.88	26
67	Sulfamethoxazole-^{13}C$_6$	磺胺甲恶唑-^{13}C$_6$	259.85	62	97.951 5	24	113.8, 161.7	22, 12
68	Sulfabenzamide-d$_4$	磺胺苯酰-d$_4$	281.1	30	160	17	112	22
69	Azithromycin-d$_3$	阿奇霉素-d$_3$	752.5	30	594.2	30	—	—
70	Clindamycin-d$_3$	克林霉素-d$_3$	428.2	30	129.1	45	—	—
71	Sulfadimethoxine-d$_6$	磺胺间二甲氧嘧啶-d$_6$	317	30	156	20	162	16
72	Erythromycin-^{13}C-d$_3$	红霉素-^{13}C-d$_3$	738.5	30	162.1	30	580.5	20
73	Roxithromycin-d$_7$	罗红霉素-d$_7$	844.6	40	686.5	20	—	—

5.9 土壤和沉积物 短链氯化石蜡的测定 液相色谱－高分辨质谱法

1. 适用范围

本方法规定了测定土壤和沉积物中短链氯化石蜡的液相色谱-高分辨质谱法。

本方法适用于测定土壤、水体沉积物和海洋沉积物中的短链氯化石蜡。

当取样体积为 10 g、定容体积为 1.0 mL、进样体积为 5 μL 时,短链氯化石蜡的方法检出限为 4 μg/kg,测定下限为 16 μg/kg。

2. 规范性引用文件

本方法引用了下列文件或其中的条款。凡是注明日期的引用文件,仅注日期的版本适用于本方法。凡是未注日期的引用文件,其最新版本(包括所有的修改单)适用于本方法。

GB 17378.3《海洋监测规范 第 3 部分:样品采集、贮存与运输》

GB 17378.5《海洋监测规范 第 5 部分:沉积物分析》

HJ 91.2《地表水环境质量监测技术规范》

HJ/T 166《土壤环境监测技术规范》

HJ 442.4《近岸海域环境监测技术规范 第四部分 近岸海域沉积物监测》

HJ 494《水质 采样技术指导》

HJ 613《土壤 干物质和水分的测定 重量法》

3. 方法原理

样品中的短链氯化石蜡经索氏提取、多层硅胶柱净化后,浓缩、定容、进样,用液相色谱-高分辨质谱仪进行检测。根据保留时间和特征离子定性,用内标物法定量。

4. 试剂和材料

除非另有说明,分析时均使用符合国家标准的优级纯试剂,实验用水为新制备的不含目标化合物的纯水。

4.1 二氯甲烷:农残级。

4.2 正己烷:农残级。

4.3 甲醇:色谱纯。

4.4 二氯甲烷-正己烷混合溶液:1 : 4(体积比)。

4.5 短链氯化石蜡标准溶液:ρ=100 μg/mL。

氯含量分别为 51.5%、55.5%、63.0%,溶剂为环己烷。可直接购买市售有证标准溶液,在室温下密封、避光保存,或参考生产商推荐的保存条件。

4.6 内标物(IS)溶液:4-壬基酚-d_5,ρ=100 μg/mL,溶剂为甲醇。

可直接购买市售有证标准溶液,也可用标准物质制备,用甲醇稀释,在 4 ℃以下密封、避光保存,或参考生产商推荐的保存条件。

4.7 无水硫酸钠:优级纯。

在马弗炉中于 450 ℃下灼烧 4 h,冷却至室温后装入磨口玻璃瓶中,置于干燥器中保存。

4.8 硅胶:200~80 目。

将一定量的硅胶置于烧杯中,加入适量甲醇使其液面高于硅胶层 1~2 cm,用玻璃棒搅拌 1~2 min 后弃去甲醇,重复该步骤 2 次;用二氯甲烷继续清洗 2 次,弃去二氯甲烷。将硅胶在蒸发皿中摊开,厚度小于 10 mm。待二氯甲烷挥发完全后,将硅胶置于干燥箱中,在 130 ℃下干燥 16 h,再在干燥器中冷却 30 min,装入试剂瓶中密封,置于干燥器中保存。

4.9 硅藻土:20~15 目。

在马弗炉中于 450 ℃下灼烧 4 h,冷却至室温后装入磨口玻璃瓶中,置于干燥器中保存。

4.10 弗罗里硅土:80~200 目。

在马弗炉中于 450 ℃下灼烧 4 h,冷却至室温后装入磨口玻璃瓶中,置于干燥器中保存。

4.11 2% 氢氧化钠硅胶。

取 98 g 硅胶放至玻璃分液漏斗中,逐滴加入 40 mL 氢氧化钠溶液,充分振摇后通过减压旋转蒸发、真空干燥等方式除去碱性硅胶中的大部分水分,使硅胶变成粉末状。将制成的硅胶装入试剂瓶密封,保存在干燥器中。

4.12 44% 硫酸硅胶。

取 56 g 硅胶放至玻璃分液漏斗中,逐滴加入 44 g 硫酸,充分振摇使硅胶变成粉末状。将制成的硅胶装入试剂瓶密封,保存在干燥器中。

4.13 铜(Cu)粉:99.5%。

使用前将铜粉浸泡于硝酸溶液中 10 min,去除表面的氧化层,用水洗涤至中性后依次用甲醇和正己烷洗涤 3 次,加正己烷密封保存。

4.14 石英丝或石英棉。

在马弗炉中于 450 ℃下灼烧 4 h,冷却至室温后密封保存。

4.15 石英砂:100~20 目。

使用前将其置于马弗炉中在 450 ℃下灼烧 4 h,冷却后装入磨口玻璃瓶中密封,在干燥器中保存。

4.16 氮气:99.999%。

5. 仪器和设备

5.1 样品瓶:1 L 棕色广口土壤样品瓶。

5.2 提取装置:索氏提取器。

5.3 浓缩装置:旋转蒸发仪、氮吹仪、平行浓缩仪或其他等效仪器。

5.4 微量注射器或移液器:10 μL、50 μL、100 μL、500 μL、1 mL。

5.5 液相色谱-高分辨质谱仪:配有电喷雾离子(ESI)源,具备梯度洗脱功能。

5.6 色谱柱:填料粒径 1.7 μm、2.1 mm × 50 mm 的 C18 反相液相色谱柱或其他性能相近、可等效替换的色谱柱。

5.7 一般实验室常用仪器和设备。

6. 样品

6.1 样品的采集和保存

按照 GB 17378.3、HJ/T 166 和 HJ 494 的相关规定进行样品的采集。样品采集后保存在洁净的样品瓶中,运输过程应避光、密封,在 -18 ℃以下冷冻保存,180 d 内完成分析。

6.2 样品的制备

制备风干土壤及沉积物样品,可分别参照 HJ/T 166 和 GB 17378.3 的相关规定进行操作。

注:样品脱水也可采用冷冻干燥方式,将冻干后的样品磨碎,均化处理成粒径约为 2 mm 的颗粒。

6.3 水分的测定

土壤样品干物质含量的测定按照 HJ 613 执行,沉积物样品含水率的测定按照 GB 17378.5 执行。通过冷冻干燥制备的样品可不进行干物质含量或含水率的测定。

6.4 试样的制备

6.4.1 提取

称取 10 g 土壤或沉积物样品装入石英滤筒,进行索氏提取。提取溶剂为二氯甲烷-正己烷混合溶液,提取时间 18~24 h,调节提取温度,温度控制采用每小时 4~6 个循环。

6.4.2 净化

将提取液浓缩至 1 mL。在层析柱底部垫一小团石英棉,加入 40 mL 正己烷(4.2)。依次装填 1 g 无水硫酸钠(4.7)、1 g 硅胶(4.8)、2 g 弗罗里硅土(4.10)、1 g 硅胶、3 g 2% 氢氧化钠硅胶(4.11)、1 g 硅胶、8 g 44% 硫酸硅胶(4.12)、1 g 硅胶、1 g 无水硫酸钠。复合硅胶柱的装填示意见图 1。排出正己烷溶液,使液面刚好与硅胶柱上层的无水硫酸钠齐平。用约 100 mL 二氯甲烷-正己烷混合溶液(4.4)淋洗复合硅胶柱,弃去淋洗液。将萃取液转移到复合硅胶柱上,并与分液漏斗连接,用 100 mL 正己烷溶液淋洗,调节淋洗速度为约 2.5 mL/min(大约 1 滴/s),弃去淋洗液,再用二氯甲烷-正己烷混合溶液(4.4)洗脱,收集洗脱液。将洗脱液浓缩至近干,加入 20.0 μL 浓度为 500 μg/L 的内标物溶液(4.6),用甲醇定容至 1 mL,待测。

注:若通过验证,也可使用市售成品复合硅胶柱进行净化。

6.5 空白试样的制备

用石英砂代替样品,按照与试样的制备(6.4)相同的步骤进行空白试样的制备。

7. 分析步骤

7.1 仪器参考条件

7.1.1 液相色谱仪参考条件

流动相:由水(A)和甲醇(B)组成流动相。

梯度洗脱程序:B 相比例在前 0.5 min 内保持 50%,然后在 0.5~2 min 从 50% 升至 100%,然后用 B 相冲洗 2.5 min,再在 0.5 s 内降到 50% 并维持 2.5 min。

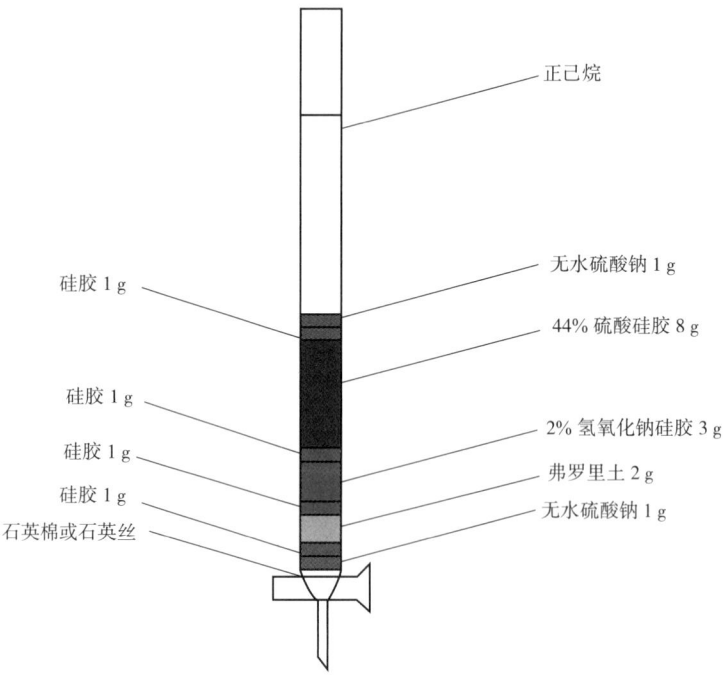

图中标注（从上到下）：
- 正己烷
- 硅胶 1 g
- 无水硫酸钠 1 g
- 44% 硫酸硅胶 8 g
- 硅胶 1 g
- 2% 氢氧化钠硅胶 3 g
- 硅胶 1 g
- 弗罗里土 2 g
- 硅胶 1 g
- 无水硫酸钠 1 g
- 石英棉或石英丝

图 1　复合硅胶柱的装填示意

进样量:5 µL。流速:0.3 mL/min。柱温:40 ℃。

7.1.2　质谱仪参考条件

离子源:电喷雾电离离子源。喷雾电压:3.2 kV。鞘气:35 Arb。辅助气:10 Arb。辅助气温度:350 ℃。离子传输管温度:320 ℃。扫描方式:全扫描模式。分辨率:70 000。扫描范围:150~1 000。扫描模式:ESI(-)。

短链氯化石蜡(SCCPs)同类物和内标物的定量离子及定性离子如表1所示。

表 1　短链氯化石蜡(SCCPs)同类物和内标物的定量离子及定性离子

同类物	定量离子质荷比(m/z)	定性离子质荷比(m/z)	相对丰度比值
$C_{10}H_{17}Cl_5$	312.966 5	314.963 6	0.67
$C_{10}H_{16}Cl_6$	346.928 1	344.931 0	0.50
$C_{10}H_{15}Cl_7$	380.889 1	382.886 2	0.95
$C_{10}H_{14}Cl_8$	416.847 2	414.850 2	0.87
$C_{10}H_{13}Cl_9$	450.808 3	448.811 2	0.65
$C_{10}H_{12}Cl_{10}$	484.769 3	486.766 4	0.86
$C_{11}H_{19}Cl_5$	326.982 2	328.979 2	0.67
$C_{11}H_{18}Cl_6$	360.943 8	362.940 9	0.79
$C_{11}H_{17}Cl_7$	394.904 8	396.901 9	0.95
$C_{11}H_{16}Cl_8$	430.862 9	428.865 8	0.89
$C_{11}H_{15}Cl_9$	464.823 9	462.826 8	0.76

续表

同类物	定量离子质荷比(m/z)	定性离子质荷比(m/z)	相对丰度比值
$C_{11}H_{14}Cl_{10}$	498.784 9	500.782 0	0.81
$C_{12}H_{21}Cl_5$	340.997 8	342.994 9	0.70
$C_{12}H_{20}Cl_6$	374.959 4	376.956 5	0.81
$C_{12}H_{19}Cl_7$	408.920 5	410.917 5	0.93
$C_{12}H_{18}Cl_8$	444.878 6	442.881 5	0.87
$C_{12}H_{17}Cl_9$	478.839 6	476.842 5	0.80
$C_{12}H_{16}Cl_{10}$	512.800 6	514.797 7	0.84
$C_{13}H_{23}Cl_5$	355.013 5	321.052 4	0.65
$C_{13}H_{22}Cl_6$	388.975 1	357.010 5	0.87
$C_{13}H_{21}Cl_7$	422.936 1	390.972 2	0.40
$C_{13}H_{20}Cl_8$	458.894 2	424.933 2	0.69
$C_{13}H_{19}Cl_9$	492.855 2	456.897 1	0.73
$C_{13}H_{18}Cl_{10}$	526.816 3	490.858 2	0.86
$C_{15}H_{19}D_5O$	223.200 2	224.203 4	7.06

7.1.3 仪器性能检查

按照仪器说明书用校正液对仪器进行校准。

7.2 校准

7.2.1 建立标准曲线

用氯含量-总响应因子校正曲线法对样品中的短链氯化石蜡进行定量,将浓度相同、氯含量为51.5%、55.5%、63.0%的3种标准溶液前2种等体积混合,后2种等体积混合,配制出氯含量为53.5%和59%的2种标准溶液,即共获得5种氯含量的标准溶液。配制浓度为1 mg/L的5种氯含量的标准溶液并向其中加入10.0 μL内标物溶液,得到短链氯化石蜡标准溶液并测定。

7.2.2 计算相对响应因子

用式(1)至式(3)计算各标准溶液中短链氯化石蜡的总响应因子 TRF 和氯含量 $Cl\%$,并对二者进行线性回归分析,得到氯含量曲线。

$$RTA = \sum RA(i) \tag{1}$$

式中:RTA——短链氯化石蜡各同系物组分在谱图中的相对总峰面积;

$RA(i)$——短链氯化石蜡同系物组分 i 相对于内标物的峰面积。

$$TRF = \frac{RTA(\text{Std})}{Q(\text{Std})} \tag{2}$$

式中:TRF——短链氯化石蜡的总响应因子,ng^{-1};

$Q(\text{Std})$——标准溶液中短链氯化石蜡的总质量,ng;

$RTA(\text{Std})$——标准溶液中短链氯化石蜡各同系物组分的相对总峰面积。

$$Cl\% = \sum \frac{RA(i) \times f}{RTA} \qquad (3)$$

式中：Cl%——短链氯化石蜡的氯含量；

  RA(i)——短链氯化石蜡同系物组分 i 相对于内标物的峰面积；

  f——组分 i 通过分子式计算的氯含量。

7.2.3 总离子流图

在仪器参考条件（7.1）下，24 种同类物的总离子色谱图如图 2~图 5 所示。

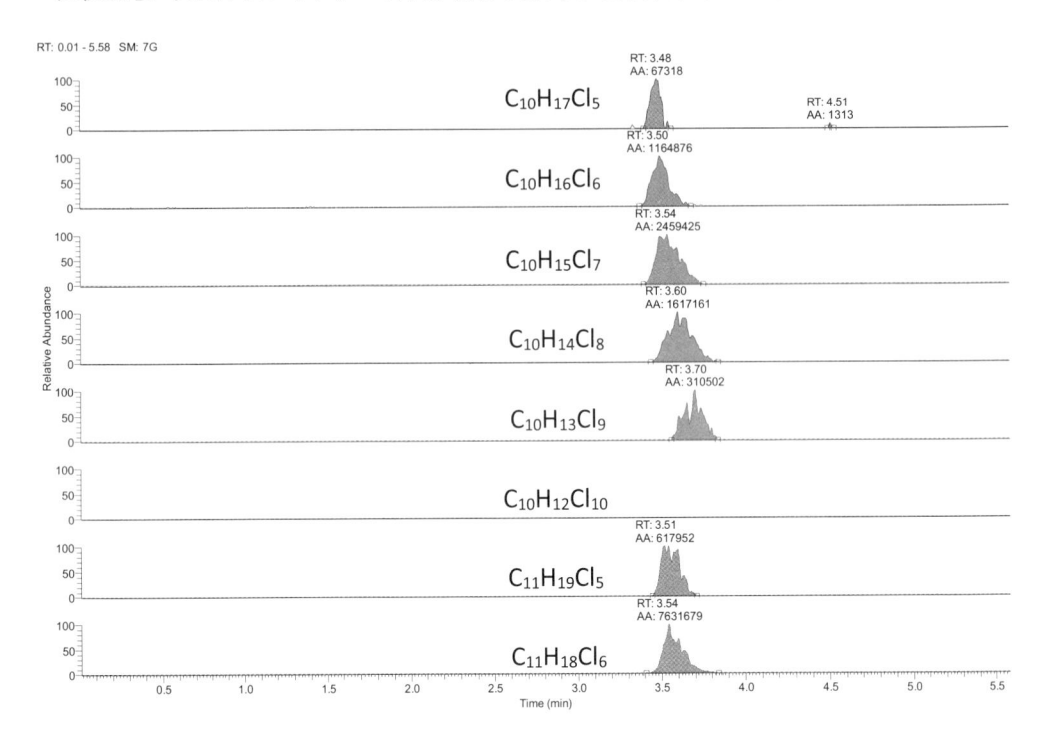

图 2 24 种同类物的总离子色谱图 1

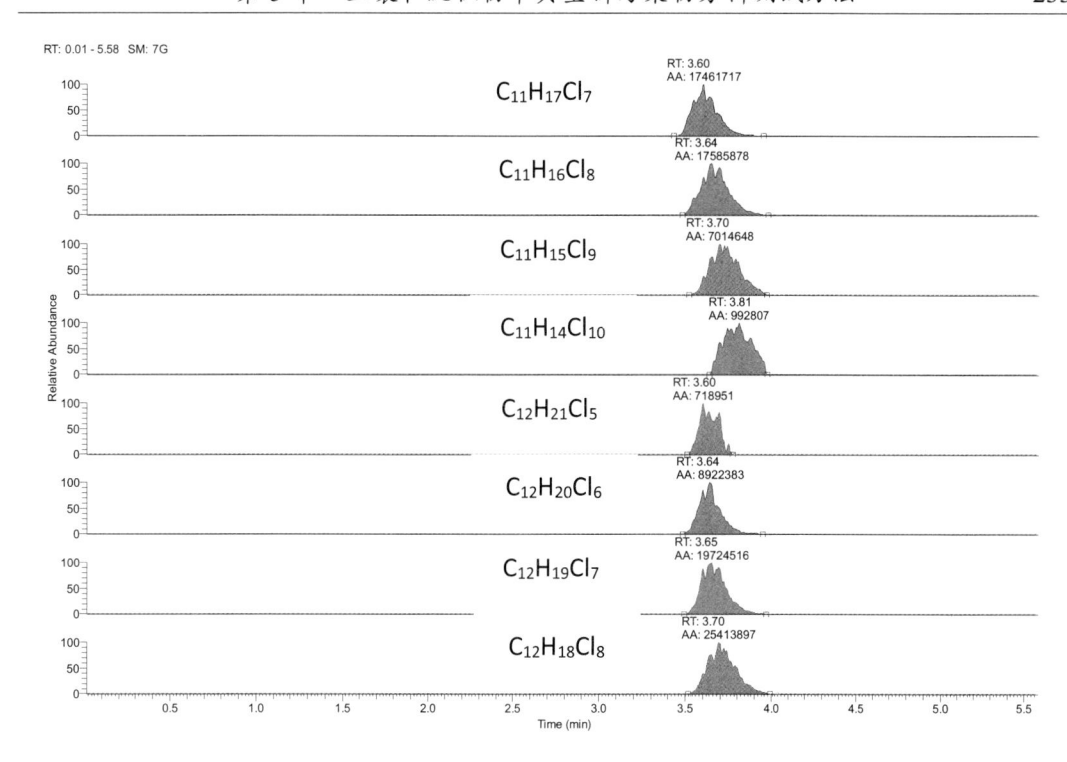

图 3　24 种同类物的总离子色谱图 2

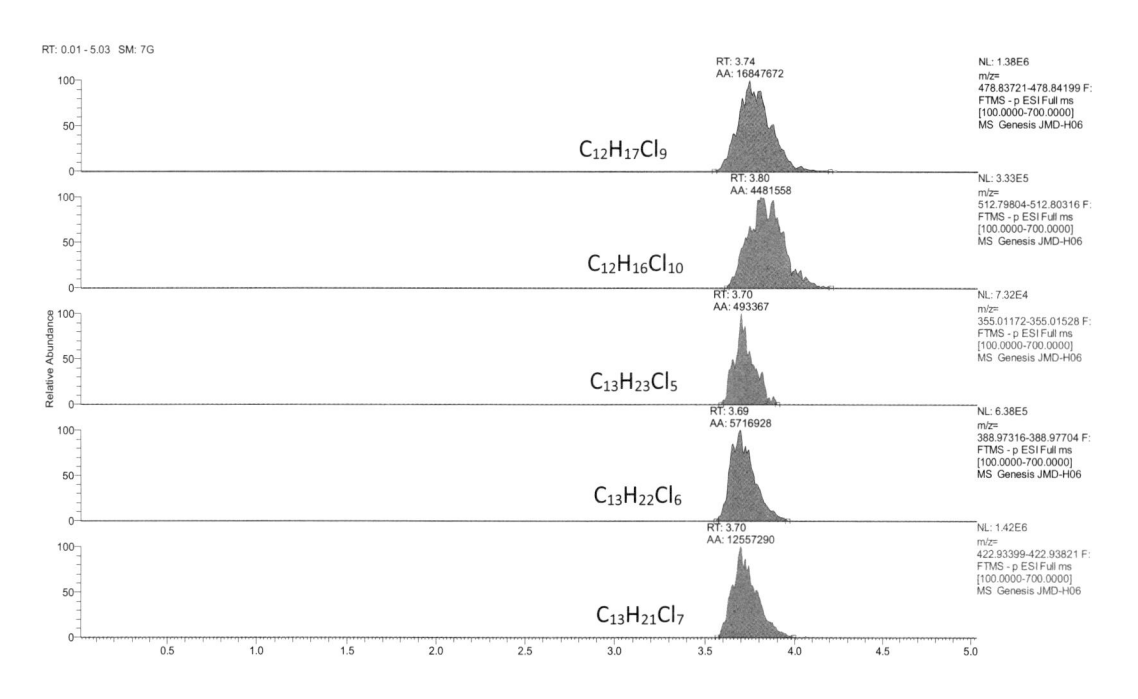

图 4　24 种同类物的总离子色谱图 3

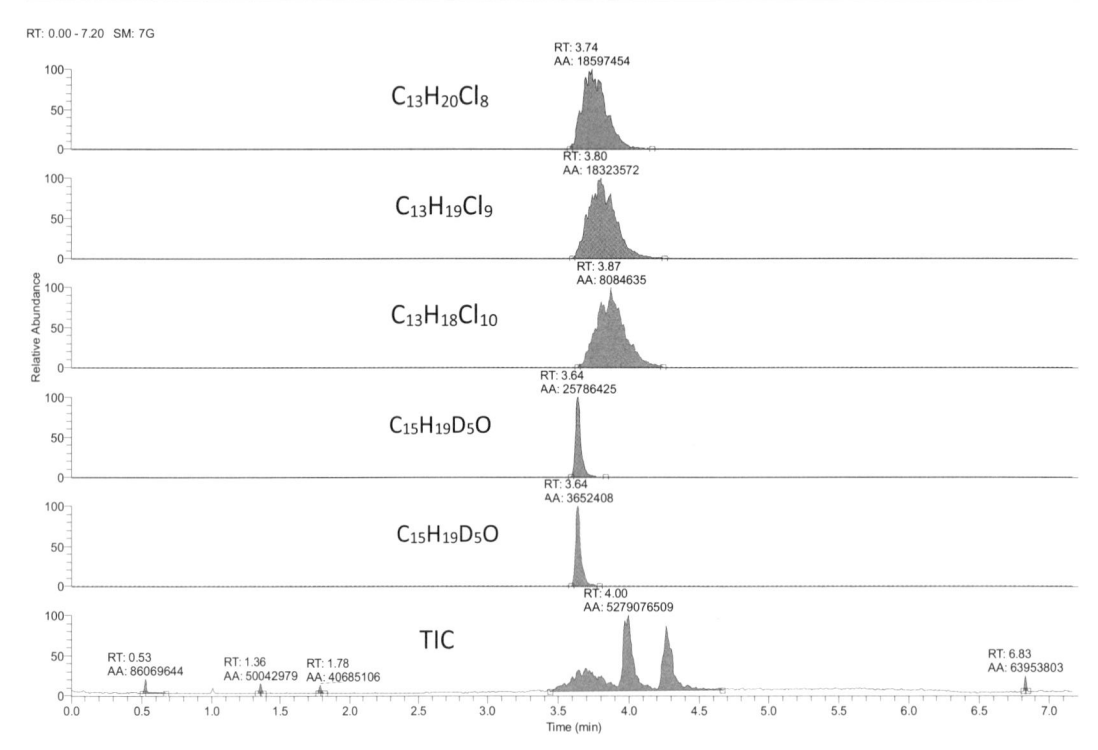

图 5　24 种同类物的总离子色谱图 4

7.3 试样的测定
取待测试样,按照与建立标准曲线相同的仪器分析条件进行测定。

7.4 空白试样的测定
在分析样品的同时,对空白试样按照与建立标准曲线相同的仪器分析条件进行测定。

8. 结果计算与表示

8.1 定性分析
各同系物组分在指定的保留时间窗口内同时存在,且其离子丰度比与曲线中对应的监测离子丰度比一致,相对偏差小于 15%。

8.2 定量分析
用式(4)至式(8)计算样品中短链氯化石蜡的浓度。

$$RTA = \sum RA(i) \tag{4}$$

式中:RTA——短链氯化石蜡各同系物组分在谱图中的相对总峰面积;

$RA(i)$——短链氯化石蜡同系物组分 i 相对于内标物的峰面积。

$$Cl\% = \sum \frac{RA(i) \times f}{RTA} \tag{5}$$

式中:$Cl\%$——短链氯化石蜡的氯含量;

$RA(i)$——短链氯化石蜡同系物组分 i 相对于内标物的峰面积;

f——组分 i 通过分子式计算的氯含量。

$$Q = \frac{RTA}{TRF} \tag{6}$$

式中：Q——短链氯化石蜡的质量，ng；

RTA——短链氯化石蜡各同系物组分在谱图中的相对总峰面积；

TRF——通过氯含量曲线计算得到的样品中短链氯化石蜡的总响应因子，ng^{-1}。

土壤样品中目标化合物的含量按照式（7）计算。

$$w = \frac{Q}{m_s \times w_{dm}} \times D \tag{7}$$

式中：w——土壤样品中目标化合物的含量，μg/kg；

Q——目标化合物的质量，ng；

m_s——取样量，g；

w_{dm}——土壤样品的干物质含量，%；

D——稀释倍数。

沉积物样品中目标化合物的含量按照式（8）计算。

$$w = \frac{Q}{m_s \times (1-w)} \times D \tag{8}$$

式中：w——沉积物样品中目标化合物的含量，μg/kg；

Q——目标化合物的质量，ng；

m_s——取样量，g；

w——沉积物样品的含水率，%；

D——稀释倍数。

8.3 结果表示

测定结果小数点后位数的保留与方法检出限一致，最多保留 3 位有效数字。

9. 准确度

9.1 精密度

在实验室对不同浓度水平的目标化合物土壤和沉积物加标样品进行测定，相对标准偏差为 6.5%~11.7%。

9.2 正确度

在实验室对不同浓度水平的目标化合物土壤和沉积物加标样品进行测定，正确度为 60.8%~96.0%。

10. 质量保证和控制

10.1 空白实验

每批样品应至少做 1 个空白实验，即全程序空白实验，如果目标化合物有检出，应查明原因。

10.2 校准

确定氯含量曲线需 5 种不同氯含量的标准溶液，氯含量曲线的相关系数应不小于 0.95，否则应查找原因，重新建立标准曲线。每批样品都需绘制氯含量曲线。

10.3 平行样

每 20 个样品或每批样品(≤20 个样品/批)至少测定 1 个平行样,平行样相对偏差应在 ±30% 以内。

10.4 基体加标

每 20 个样品或每批样品(≤20 个样品/批)应至少测定 1 个基体加标样品,加标回收率应在 40%~150%。

11. 废物处理

在实验中产生的废弃物应分类收集,集中保管,并做好标识,依法委托有资质的单位进行处置。

12. 注意事项

短链氯化石蜡的测定应关注空白实验,当空白样品有检出时,可从仪器、试剂和实验耗材等方面进行空白实验排查问题,再通过清洗仪器、更换试剂和实验耗材加以消除。

5.10 土壤和沉积物 微塑料的测定 光学显微镜-傅立叶变换显微红外光谱法

1. 适用范围

本方法规定了测定土壤和沉积物中微塑料的光学显微镜-傅立叶变换显微红外光谱法。本方法适用于采集与分析海滩和海底沉积物、土壤和水体沉积物中的微塑料,测定微塑料的尺寸范围为 20 μm~5 mm。

2. 规范性引用文件

本方法内容引用了下列文件中的条款。凡是未注明日期的引用文件,其有效版本适用于本方法。

HJ 494《水质 采样技术指导》

HJ/T 166《土壤环境监测技术规范》

HJ 613《土壤 干物质和水分的测定 重量法》

GB 17378.3《海洋监测规范 第 3 部分:样品采集、贮存与运输》

GB 17378.5《海洋监测规范 第 5 部分:沉积物分析》

GB/T 12763.2《海洋调查规范 第 2 部分:海洋水文观测》

GB/T 12763.3《海洋调查规范 第 3 部分:海洋气象观测》

GB/T 1844.1《塑料 符号和缩略语 第 1 部分:基础聚合物及其特征性能》

GB/T 15608《中国颜色体系》

《海洋微塑料监测技术规程(试行)》(海环字〔2016〕13 号)

《2022 年全国海洋生态环境监测工作实施方案》(附件 6 海洋微塑料监测技术规范(试行))

3. 术语和定义

下列术语和定义适用于本方法。

微塑料:指环境中尺寸小于 5 mm 的塑料。

4. 方法原理

将采集到的微塑料样品经密度浮选、氧化消解、筛选分离后转移到滤膜上,在光学显微镜下观察,记录疑似微塑料颗粒的形态、颜色、尺寸等物理特征。用傅立叶变换显微红外光谱仪采集颗粒的红外光谱图,根据样品的红外吸收光谱图与标准谱图的匹配程度,对比特征吸收峰的位置、相对强度和形状(峰宽)等参数,确定目标化合物的类型。最后,对微塑料的数量和形貌特征等参数进行统计计算,确定微塑料的丰度。

5. 试剂和材料

除非另有说明,分析时均使用符合国家标准的分析纯试剂,实验用水为不含微塑料的纯水。

5.1 硫酸:ρ=1.84 g/mL。

5.2 盐酸:ρ=1.19 g/mL。

5.3 盐酸溶液:体积分数为 4%。

将 1 体积盐酸(5.2)加入 24 体积纯水中,混匀后溶液经玻璃纤维滤膜过滤,置于玻璃试剂瓶中备用。

5.4 过氧化氢溶液:w=30%。

5.5 二价铁溶液:c=0.05 mol/L。

将 3 mL 硫酸(5.1)加入 500 mL 水中,称取 7.5 g 七水合硫酸亚铁($FeSO_4 \cdot 7H_2O$)溶于其中,混匀后溶液经玻璃纤维滤膜过滤,置于玻璃试剂瓶中。

5.6 碘化钠。

5.7 碘化钠溶液:ρ=1.8 g/mL。

将 1 600 g 碘化钠加入 1 000 mL 纯水中,混匀后溶液经玻璃纤维滤膜过滤,转入棕色试剂瓶保存。

5.8 玻璃纤维滤膜:孔径不大于 10 μm,直径为 47 mm。

5.9 金属滤膜:镀银或镀金材质(反射或衰减全反射)、氧化铝膜或硅膜(透射或衰减全反射)、不锈钢材质;孔径不大于 10 μm,直径与过滤器匹配。

5.10 不锈钢滤网:孔径为 20 μm、50 μm、100 μm、300 μm,直径与抽滤器匹配。

5.11 液氮。

5.12 石英砂:规格为 74~830 μm(200~20 目),使用前用碘化钠溶液(5.7)浮选 2~3 次后用纯水洗净,烘干后密封保存。

5.13 微塑料标准物质:选取已知成分的塑料,制备成不同尺寸(0.1~5 mm)、形态、颜色的细小微粒;也可直接购买市售有证标准物质,参照制造商的产品说明书保存。

6. 仪器和设备

6.1 箱式采泥器或抓斗采泥器。

6.2 重力柱状采样器。

6.3 卷尺:测量海滩断面的长度和宽度。

6.4 不锈钢样框:0.25 m × 0.25 m,高 5 cm。

6.5 不锈钢铲:采集海滩和海底沉积物、土壤和水体沉积物等样品。

6.6 玻璃样品瓶:具磨口塞的广口玻璃瓶,500 mL 或 1 L。

6.7 金属容器:盛装沉积物样品。

6.8 金属镊子:用于现场或实验室挑拣样品。

6.9 傅立叶变换显微红外光谱仪:波数范围 4 000~700 cm^{-1},分辨率不低于 4 cm^{-1},有透射/反射/衰减全反射(ATR)模式。

6.10 体视显微镜:最大放大倍数不低于 40 倍,配备成像分析软件。

6.11 生物显微镜:最大放大倍数不低于 400 倍,配备成像分析软件。

6.12 超净工作台:用于样品前处理。

6.13 分析天平:精度为 0.01 g、0.001 g。

6.14 恒温干燥箱:精度为 ±0.1 ℃。

6.15 水浴锅:精度为 ±0.1 ℃。

6.16 不锈钢筛网:孔径为 20 μm、50 μm、100 μm、300 μm、5.0 mm。

6.17 浮选装置:将硅胶管连接至短颈玻璃漏斗底部,液体流速用止水夹控制,上覆铝箔或表面皿(图1)。

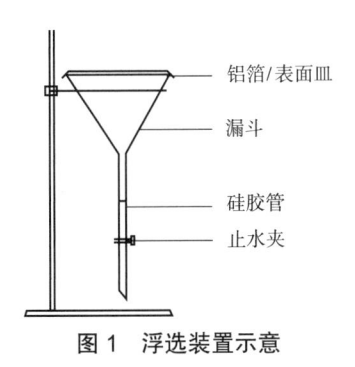

图 1 浮选装置示意

6.18 抽滤装置:真空泵、玻璃过滤器等。

6.19 直尺或游标卡尺:测量微塑料的尺寸。

6.20 玻璃培养皿:保存微塑料样品,直径为 6 cm。

6.21 解剖工具:解剖刀、解剖针、解剖剪子等。

6.22 具盖容器:防水材质且不吸收水分。

用于烘干风干土壤或沉积物时容积应为 25~100 mL,用于烘干新鲜潮湿土壤时容积应至少为 100 mL。

6.23 样品筛:孔径为 2 mm,不锈钢材质。

6.24 干燥器:装有无水变色硅胶。

6.25 卫星导航仪。

6.26 绞车和吊杆。

6.27 一般现场及实验室常用仪器和设备。

7. 样品

7.1 样品的采集和保存

7.1.1 海滩沉积物

7.1.1.1 监测断面布设

按以下要求在海滩布设监测断面。

(1)监测海滩长度应大于 100 m,避免在砾石较多的区域采样。

(2)监测断面平均分布于海滩,岸线长度小于 1 km 的海滩布设不少于 2 个监测断面;岸线长度大于或等于 1 km 的海滩布设不少于 3 个监测断面。

(3)监测断面宽度一般设为 100 m,垂直于海岸线,相邻监测断面的间隔至少为 50 m。

(4)岸线长度不足以布设 2 个监测断面的海滩,可布设 1 个监测断面。

7.1.1.2 采样点在布设、样品采集与保存

采样工作宜在低潮期进行，按以下要求在监测断面上布设采样点位。

（1）在 100 m 的监测断面上均匀布设 5 条垂直于岸线的样带，用卷尺和小旗标记所选监测样带。

（2）以浸水边际线、平均高潮线、特大高潮线、靠近天然或人工屏障处的 3 条参考线与 5 条样带的交会处为预设采样点位（图 2），按表 1 进行赋值。

（3）采样前从 1~5 中选取任意一个数字，对应的点位即为实际采样点位。

（4）将 0.25 m×0.25 m 的不锈钢样框（6.4）压入表层沉积物 5 cm，用不锈钢铲（6.5）垂直采集表层 5 cm 的海滩沉积物，每个采样点位采集不少于 600 g 沉积物。

（5）将沉积物置于玻璃样品瓶或金属容器（6.7）中，带回实验室进一步处理和分析，在 4 ℃以下保存，若保存时间较长可选择冷冻保存。

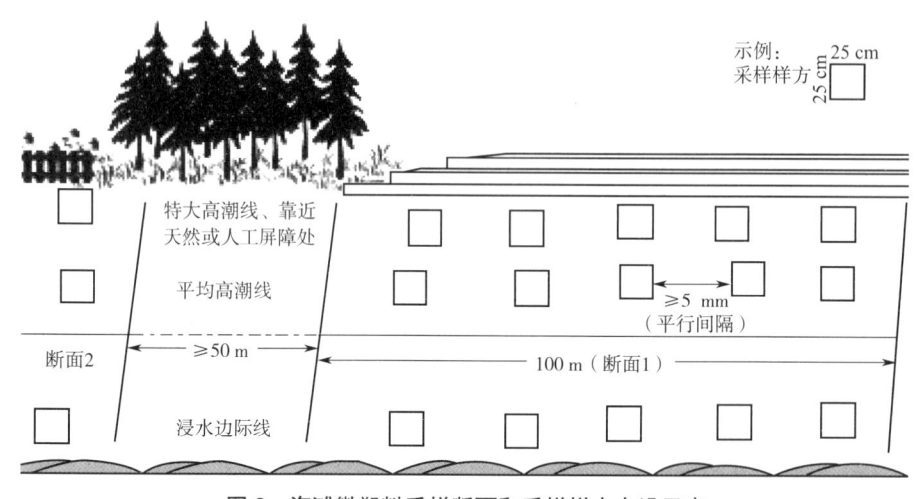

图 2 海滩微塑料采样断面和采样样方布设示意

表 1 海滩微塑料采样样方选择随机数字表（示例）

采样位置	断面（宽 100 m）				
	A	B	C	D	E
特大高潮线、靠近天然或人工屏障处	1	5	4	3	2
平均高潮线	5	3	2	1	4
浸水边际线	2	1	5	4	3

7.1.2 海底沉积物

7.1.2.1 监测断面及采样点位布设

海底沉积物监测断面及采样点位布设宜与水体微塑料样品一致，根据监测目的适当增加或减少采样点位，提高或降低采样频次。与水体微塑料样品不一致的，监测断面及采样点位布设原则参考 GB 17378.3 中的相关内容。

7.1.2.2 样品采集与保存

使用箱式采泥器或抓斗采泥器(6.1)采集海底沉积物,按以下步骤操作。

（1）测量采样点位水深。

（2）抽取现场的海水冲洗采样设备。

（3）将绞车的钢丝绳与采样器连接,检查是否牢固。

（4）慢速开动绞车,将采样器放入水中,稳定后将其常速下放至距离海底 3~5 m,再全速降至海底,此时应将钢丝绳适当放长。

（5）慢速提升采样器离开海底后,快速将其提至水面,再行减速,当采样器高过船舷时,停车,将其缓慢降至监测船接样板上。

（6）不同的采样器采用不同的方法操作。

若使用箱式采泥器,打开采泥器上部的耳盖,用硅胶管将上部的积水排出。若因采泥器在提升过程中受海水冲刷等原因使样品流失过多,应重新采集。

若使用抓斗采泥器,提起两侧的拉杆,打开抓斗,释放沉积物样品。

（7）用不锈钢铲(6.5)铲取表层 5 cm 沉积物,每份沉积物采集不少于 400 g,每个采样点位宜采集 3 个平行样。

（8）用玻璃样品瓶或金属容器(6.7)保存样品,在 4 ℃下保存,若保存时间较长可选择冷冻保存。

用重力柱状采样器(6.2)采集柱状样品,按 GB 17378.5 的相关规定操作,根据不同的监测和调查目的切割柱状样品后,用金属容器或玻璃样品瓶在 4 ℃下保存样品,若保存时间较长可选择冷冻保存。

7.1.3 水体沉积物

水体沉积物监测断面及采样点位布设宜与地表水微塑料样品一致,根据监测目的适当增加或减少采样点位,提高或降低采样频次。在船上采样时参照海洋沉积物的采样方法,若在岸边的浅水区或桥上采样,宜使用抓斗采泥器。

（1）将采泥器打开,挂好提钩,缓慢放至水底,然后抖脱提钩,轻轻上提 20 cm,判断两页合闭后,将其拉出水面,置于不锈钢桶内,双手打开两页,使样品倾入桶内。将采泥器拉出后如发现两页未关闭,则须重新采样。

（2）用不锈钢铲(6.5)铲取表层 5 cm 沉积物,每份沉积物采集不少于 400 g,每个采样点位宜采集 3 个平行样。

（3）用玻璃样品瓶或金属容器保存样品,在 4 ℃下保存,若保存时间较长可选择冷冻保存。

注：在船上采集海底沉积物或水体沉积物时,可同时收集甲板或船体上的油漆碎屑、纤绳纤维等,用于评估背景污染。

7.1.4 土壤

土壤微塑料调查监测断面布设和采样可参照《土壤环境监测技术规范》中的相关规定执行。

7.1.4.1 点位布设

土壤微塑料监测断面布设方法有简单随机、分块随机和系统随机 3 种,具体方法根据监测目的来确定。监测断面应当具有代表性,根据调查目的、调查精度和调查区域环境状况等因素确定监测单元,一般每个监测单元最少设 3 个采样点位。土壤监测布点方式见图 3。

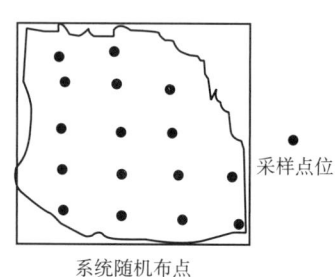

图 3 土壤监测布点方式示意

7.1.4.2 农田土壤采样

一般农田土壤环境监测采集耕作层土样,种植一般农作物采集 0~20 cm,种植果林类农作物采集 0~60 cm。为了保证样品的代表性,降低监测费用,可采取采集混合样的方案。每个土壤单元设 3~7 个采样区,单个采样区可以是自然分割的一个田块,也可以由多个田块构成,其范围以 200 m × 200 m 左右为宜。每个采样区的样品为农田土壤混合样。混合样的采集主要有 4 种方法,见图 4。

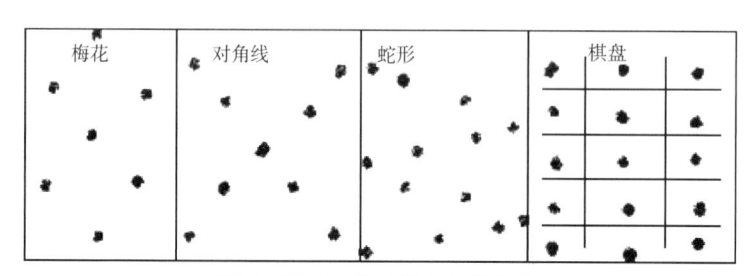

图 4 混合土壤采样点布设示意

(1)梅花点法:适用于面积较小、地势平坦、土壤组成和受污染程度比较均匀的地块,设分点 5 个左右。

(2)对角线法:适用于污灌农田土壤,对角线分 5 等份,以等分点为采样分点。

(3)蛇形法:适用于面积较大、土壤组成和受污染程度不够均匀且地势不平坦的地块,设分点 15 个左右,多用于农业污染型土壤。

(4)棋盘式法:适用于面积中等、地势平坦、土壤组成和受污染程度不够均匀的地块,设分点 10 个左右;受污泥、垃圾等固体废物污染的土壤,分点应在 20 个以上。

在各分点均匀取样,混匀后用四分法取 1 kg 土样装入纸质或金属样品袋或玻璃瓶中,将多余的部分弃去。

7.1.4.3 城市土壤采样

城市内大部分土壤被道路和建筑物覆盖,只有小部分土壤栽植草木,本方法中城市土壤主要是指后者,一般分两层采样,上层(0~30 cm)可能是回填土或受人为影响大的部分,下层(30~60 cm)为受人为影响较小的部分。两层分别取样监测。监测点以网距 2 000 m 的网格布设为主,以功能区布点为辅,每个网格设一个采样点,各点每层取 1 kg 土样装入纸质或金属样品袋或玻璃瓶中,将多余的部分弃去。对于专项研究和调查,采样点可适当加密。

7.1.5 现场采集空白试样

用与样品采集相同的容器同步(7.1.1~7.1.4)进行现场空白试样的采集。即在采样的同时,将空白容器打开放置一旁,待第一个微塑料样品采集完成后,用毛刷刷取空白容器表面,收集空白样于样品瓶中,与微塑料样品在相同的条件下包装、贮存和运输。每天采集不少于 1 个空白样。

7.1.6 样品的保存

采集的新鲜土壤样品用玻璃容器或铝箔袋等不吸水的非塑料容器在 4 ℃ 以下避光保存,风干后制备的样品应储存在非塑料容器中,可常温保存。

7.1.7 采样信息记录

在现场采样过程中,填写现场采样记录表,记录采样区域、采样位置、采样时间、采样人等信息,海上监测时还应记录风向、风速和海况等现场参数,其中风向、风速用风向风速表测量,按照风向风速表上的读数记录,海况根据海况等级对照表(表 2)目测记录。

表 2　海况等级对照表

海况/级	海面征状
0	海面光滑如镜
1	海面有波纹
2	风浪很小,波峰开始破碎,但浪花不显白色
3	风浪不大,但很触目,波峰破裂,其中有些地方形成白色浪花
4	风浪具有明显的形状,到处形成白浪
5	出现高大的波峰,浪花占了波峰上很大的面积,风开始削去波峰上的浪花
6	波峰上被风削去的浪花开始沿海浪斜面伸长成带状
7	被风削去的浪花带布满了海浪斜面,有些地方到达波谷,波峰上布满了浪花层
8	稠密的浪花布满了海浪斜面,海面变成白色,只在波谷某些地方没有浪花
9	整个海面布满了稠密的浪花层,空气中充满了水滴和飞沫,能见度显著降低

7.2 样品的制备

7.2.1 含水率或水分含量测定

7.2.1.1 含水率测定

将具盖容器(6.22)放在(105±1)℃的烘箱内干燥 40 min,稍冷却后盖好盖子,在盛有变色硅胶的干燥器中放置 30 min,称重。按以上步骤重复操作,直至恒重为止。

将放沉积物的湿样容器打开,快速取出约 20 g 湿样,放入 100 mL 干燥的烧杯中,搅匀,之后立即小心地将其分装在两个已称重的具盖容器内。如为风干样则每个容器装入约 5 g 样品(注意勿将样品沾在容器口处),盖上盖子,分别称重。

半开容器盖,将样品放在(105±1)℃的烘箱内干燥 6~8 h(每干燥 2 h 后开启排气扇

20 min,排除烘箱内的水分,风干样只需烘干 2 h),稍冷却后盖好盖子,在盛有变色硅胶的干燥器中放置 30 min,称重。重复操作,半开容器盖,将其放入烘箱中于(105±1)℃下干燥 2 h(风干样干燥半小时),稍冷却后盖好盖子,在盛有变色硅胶的干燥器中放置 30 min,称重,直至恒重为止。

注:每个样品做 2 次测定,含水率差值不得大于 1%,每次称量精确至 0.001 g,恒重是指 2 次干燥后质量的差值小于 0.005 g。

含水率按照式(1)计算。

$$w_{H_2O} = \frac{m_1 - m_2}{m_1 - m_0} \times 100\% \tag{1}$$

式中:w_{H_2O}——海滩、海底沉积物或水体沉积物的含水率,%;

m_1——具盖容器与湿样或的盖容器与风干样的总质量,g;

m_2——具盖容器与烘干样的总质量,g;

m_0——具盖容器的质量,g。

7.2.1.2 水分含量测定

取适量新鲜土壤撒在干净、不吸水的玻璃板或搪瓷盘上,充分混匀,去除直径大于 2 mm 的石块、树枝等杂质,待测。如为风干土壤,则去除杂质后过 2 mm 样品筛(6.23),将筛分出的大于 2 mm 的土块粉碎后过 2 mm 样品筛,混匀,待测。

将具盖容器和盖子于(105±5)℃下烘干 1 h,稍冷却后盖好盖子,置于干燥器中冷却至少 45 min,测定具盖容器的质量 m_0,精确至 0.01 g。用样品勺取 30~40 g 新鲜土壤(如为风干土壤,则取 10~15 g)转移至已称重的具塞容器中,盖上容器盖,测定总质量 m_1,精确至 0.01 g。取下容器盖,将容器和土壤试样一并放入烘箱中,在(105±5)℃下烘干至恒重,同时烘干容器盖。盖上容器盖,将其置于干燥器中冷却至少 45 min,取出后立即测定具盖容器和烘干土壤的总质量 m_2,精确至 0.01 g。

水分含量按照式(2)计算。

$$w_0 = \frac{m_1 - m_2}{m_2 - m_0} \times 100\% \tag{2}$$

式中:w_0——土壤的水分含量,%;

m_1——具盖容器与湿样或具盖容器与风干样的总质量,g;

m_2——具盖容器与烘干样的总质量,g;

m_0——具盖容器的质量,g。

测定结果精确至 0.1%。测定风干土壤样品,当水分含量不大于 4% 时,2 次测定结果之差的绝对值应不大于 0.2%,当水分含量大于 4% 时,2 次测定结果之差的绝对值应不大于 0.5%。测定新鲜土壤样品,当水分含量不大于 30% 时,2 次测定结果之差的绝对值应不大于 1.5%;当水分含量大于 30% 时,2 次测定结果之差的绝对值应不大于 5%。

7.2.2 浮选

样品的浮选操作按以下步骤进行。

（1）称取 200~300 g（w_1）海滩或海底沉积物置于 500 mL 烧杯中备用，称取 10~50 g（w_1）土壤或水体沉积物置于 250 mL 锥形瓶中备用。

（2）按 1：3 的体积比向样品中加入 1.8 g/mL 的碘化钠溶液（5.7），充分搅拌，使塑料样品漂浮于溶液表面。

（3）静置至溶液澄清，收集上清液，再次向盛放样品的烧杯中加入碘化钠溶液，重复浮选过程 1~2 次，直至液面无疑似塑料样品漂浮。

（4）合并上清液，使其通过孔径为 5.0 mm 的不锈钢筛网（6.16），筛网上的截留物根据监测目的确定是否保留，下层清液根据研究需要采用 20~300 μm 的不锈钢滤网（5.10）过滤。

（5）用适量纯水冲洗金属滤网上的截留物，以去除碘化钠。

（6）若滤网表面较干净，肉眼看无可见异物，可用适量纯水将滤网上的截留物冲洗转移至干净的烧杯中，直接按步骤 7.2.4 进行过滤，否则按步骤 7.2.3 操作。

7.2.3　消解处理

有机质等干扰物按下述步骤消解去除。

（1）将滤网置于烧杯中，依次加入 20 mL 浓度为 0.05 mol/L 的二价铁溶液（5.5）和 20 mL 30% 的过氧化氢溶液（5.4），用表面皿或铝箔覆盖烧杯口，常温放置，如果反应结束后仍可观察到有机质，再次加入 20 mL 30% 的过氧化氢溶液（5.4）继续消解，重复上述操作直至消解完全或有机质不再减少。

（2）将滤网取出，用纯水清洗表面的残存物，如仍有可见物黏附在滤网上，可进行短暂的超声处理，将清洗液并入消解液中。

（3）若溶液中有较多贝壳残留，向上述溶液中添加 10 mL 盐酸溶液（5.3）继续消解。

（4）若消解后仍含有较多砂粒等无机物，参考步骤 7.2.2，用碘化钠溶液（5.7）对样品进行密度分离后再进行过滤。

注：若消解反应剧烈，可将烧杯或锥形瓶放入冷水浴中；使用碘化钠溶液对样品进行二次密度分离前应确保溶液中无过氧化氢或盐酸溶液残留，可先使溶液通过金属滤网，用纯水冲洗干净后再对截留物进行密度分离。

7.2.4　过滤

将样品溶液转移至抽滤装置（6.18）中，用金属滤膜（5.9）过滤，具体步骤如下。

（1）用纯水多次冲洗烧杯，将样品全部转移至抽滤装置中，用金属滤膜进行过滤。

（2）取下滤膜置于洁净的玻璃培养皿（6.20）中，于 60 ℃下烘干。

7.2.5　实验室空白试样

以石英砂（5.12）作为实验室空白试样，按照与样品前处理（7.2.2~7.2.4）相同的步骤进行实验室空白试样的制备。每批样品不少于 2 个空白试样。

8. 分析步骤

8.1　物理特征分析

8.1.1　粒径分析

根据颗粒大小采用直尺或游标卡尺（6.19）测定样品的尺寸，或者在显微镜（6.9~6.11）下使用系统软件测定样品的尺寸。自然弯曲的线状样品沿线段测量最大尺寸,最大长度不是很明显的样品应测量多个对角线,取最大值进行记录。样品尺寸的测量示意见图5。也可根据监测目的的不同,在记录最大尺寸的同时记录样品的多维尺寸信息,保留样品图像电子文件。

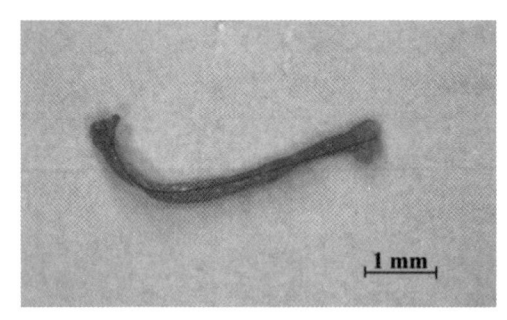

图 5　微塑料样品尺寸的测量示意

8.1.2　形态分析

根据需要采用目视法或在光学显微镜下观测样品的形态。对微塑料的形态按线、纤维、颗粒、片、薄膜、泡沫和原料树脂进行记录,微塑料形态的具体描述如附录A所示。

8.1.3　颜色分析

根据需要采用目视法或在光学显微镜下观测样品的颜色。微塑料的颜色按照GB/T 15608中规定的主要颜色和无色彩系记录,即:红、黄、绿、蓝、紫、白、黑、灰和无色。对于无色,可以根据需要进一步详细记录为透明或半透明,便于进行相关研究。

8.2　化学成分鉴定

8.2.1　仪器参数设置

使用傅立叶变换显微红外光谱仪(6.9)鉴定样品的成分,具体仪器参数设置如下。

(1)选择合适的采集模式,如透射模式、反射模式、衰减全反射(ATR)模式。

(2)选择合适的检测器,如汞镉碲(MCT)检测器、氘化硫酸三甘肽(DTGS)检测器、MCT阵列成像检测器、焦平面阵列(FPA)检测器等。

(3)选择合适的采集背景时间间隔。

(4)选择光谱格式,如透过率、吸光度。

(5)设置扫描次数,宜设置为不小于8次。

(6)设置光谱波数范围,宜设置为4 000~700 cm^{-1}。

(7)设置光谱分辨率,宜设置为8 cm^{-1}。

(8)其他参数根据需要进行调整。

注:(1)~(4)的具体参数可根据相关仪器设备操作规程执行。

8.2.2　分析测定

按如下步骤鉴定样品的成分。

(1)将金属滤膜置于样品台上,或在光学显微镜下借助解剖针或镊子将待测样品转移至样品检测载体(样品池、金镜或不影响红外检测的其他载体)上,再将样品检测载体置于样品台上。

（2）打开谱图预览，调节照明灯亮度、显微样品台及镜头高度，获得清晰的视野，找到目标样品。

（3）根据待测样品调节合适的光阑大小及角度。

（4）调好后将光阑移至样品外采集背景谱图。

（5）将光阑移回至样品表面，采集样品谱图。

（6）进行谱图检索，根据检索结果判断样品的成分，塑料聚合物谱图匹配度应不低于70%。

（7）若匹配度低于70%，重新制样，或选取样品的其他位置重新采集谱图。匹配度仍低于70%且高于或等于50%的，进一步分析红外谱图中特征峰的位置、数量、形状及其相对强度，与不同种类聚合物的红外光谱带进行比对，分析成分；匹配度低于50%的，不予认定为塑料聚合物。

常见塑料材料的中文名称、英文名称和简称详见附录B。

注：若采用MCT检测器或FPA检测器，在使用前需添加液氮（5.11）；本方法给出了傅立叶变换显微红外光谱仪鉴定微塑料成分的程序，拉曼光谱法、激光红外光谱法可作为辅助方法应用于微塑料成分的鉴定。

9. 结果计算与表示

9.1 数量浓度计算

海滩、海底、水体沉积物中微塑料的数量浓度按照式（3）计算，土壤中微塑料的数量浓度按照式（4）计算。

$$D_1 = \frac{n_1 - n_0}{w_1(1 - w_{H_2O})} \times 1\,000 \tag{3}$$

$$D_2 = \frac{n_2 - n_0}{w_2} \times (1 + w_0) \times 1\,000 \tag{4}$$

式中：D_1——每千克干重海滩、海底、水体沉积物中微塑料的数量浓度，个/kg；

n_1——海滩、海底、水体沉积物中检出的微塑料总数量，个；

n_0——现场空白试样和实验室空白试样中检出的与实际样品中的微塑料颜色、形态和成分均相同的微塑料数量，个；

w_1——海滩、海底、水体沉积物湿样的质量，g；

w_{H_2O}——海滩、海底、水体沉积物的含水率，%；

D_2——每千克干重土壤中微塑料的数量浓度，个/kg；

w_2——土壤湿样的质量，g；

n_2——土壤中检出的微塑料总数量，个；

w_0——土壤的含水率，%。

9.2 结果表示

数量浓度结果宜保留2位有效数字。

10. 质量保证和质量控制

10.1 现场采样质量保证和质量控制

10.1.1 不同监测断面的采样应遵循相同的操作步骤,使样品具有可比性。

10.1.2 在野外采样过程中应避免使用塑料器具,以免玷污样品。

10.1.3 采集样品的监测人员应避免穿戴含合成纤维的衣物。

10.1.4 应确保所采样品代表原环境,而且在采样、运输和保存过程中不变化、不添加、不损失。

10.2 实验室分析质量保证和质量控制

10.2.1 样品的前处理尽可能在超净工作台或超净实验室中完成,避免空气中的纤维影响实验结果。

10.2.2 实验室分析人员应穿着干净的白色棉质实验服,佩戴无粉天然乳胶手套,避免穿戴含合成纤维成分的衣物。

10.2.3 关闭实验室门窗,尽量减少实验室内的空气流动。

10.2.4 保持实验室清洁,用酒精擦拭工作台面,地面定期用吸尘器除尘。

10.2.5 所有玻璃器皿都应彻底清洗,并用玻璃表面皿或铝箔覆盖。

10.2.6 实验中使用的溶液均应经玻璃纤维滤膜过滤;所有培养皿、滤膜和镊子等实验用具在使用前均应用显微镜检查,以确认无微塑料玷污。

10.2.7 在样品转移和试剂称量过程中,应避免接触塑料制品,以免受到玷污。

10.2.8 有条件的实验室在完成微塑料样品的分析鉴定后,可将样品置于玻璃培养皿或称量瓶中,放在干燥的环境中长期保存。

0.2.9 加标回收。为保证微塑料样品分离提取的有效性,每批样品预处理前宜进行样品回收率实验。即向一定量的石英砂(5.12)或经多次浮选后的土壤、沉积物样品中添加已知尺寸、形态、颜色和成分的微塑料样品,按与同批样品相同的处理步骤完成微塑料加标样品的分离提取。添加的微塑料可在显微镜下切割,粒径尺寸应有一定的梯度,即小尺寸微塑料数量较多,随尺寸增大微塑料数量逐渐减少。加标成分宜为环境介质中常见的塑料,添加数量宜为10~50个,每20个样品或每批样品(≤20个样品/批)应至少分析1个加标样品,回收率应控制在80%~120%。

11. 废物处理

在实验中产生的废弃物应分类收集,集中保管,并做好标识,依法委托有资质的单位进行处置。

附 录 A
(资料性附录)
微塑料形态的描述

微塑料形态的具体描述见表 A.1。

表 A.1 微塑料形态的分类

一级分类	二级分类	形态特征	常见聚合物成分	示例
线/纤维	线状	单丝线、线绳、股线	聚乙烯、聚丙烯、聚酰胺等	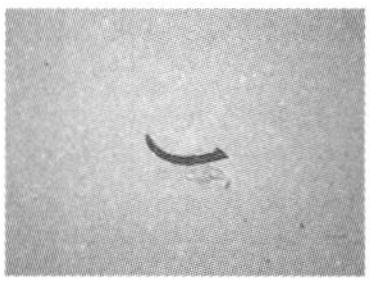 
	纤维状	长丝状,直径通常为十几微米	聚对苯二甲酸乙二醇酯、聚乙烯、聚丙烯、聚酰胺等	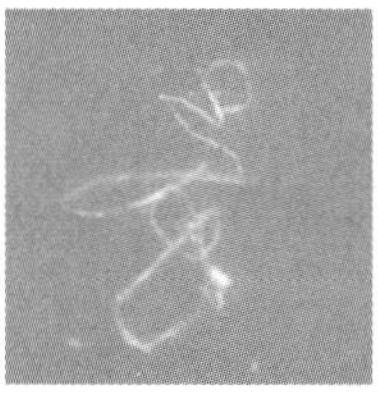 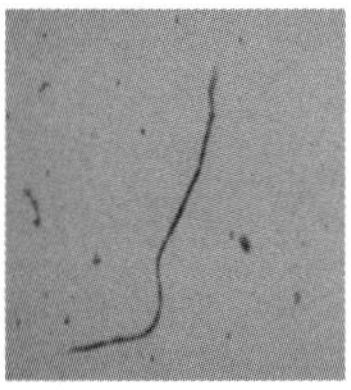
碎片	颗粒状	形状不规则的硬颗粒	聚乙烯、聚丙烯等	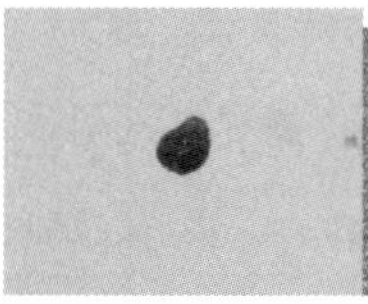 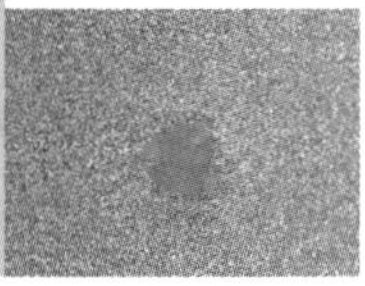
	片状	表面相对平滑,边缘光滑或有棱角	聚乙烯、聚丙烯等	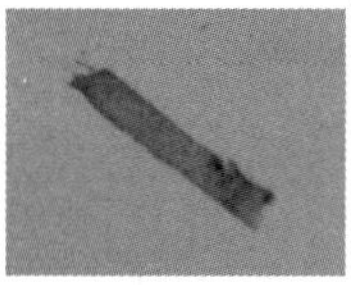 
薄膜	—	薄且质地较柔软,通常呈透明、半透明状	聚乙烯、聚丙烯等	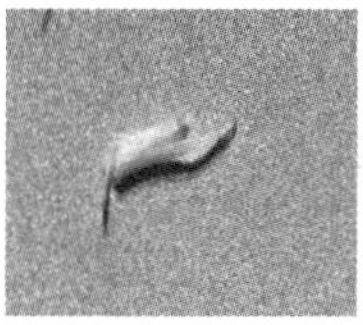 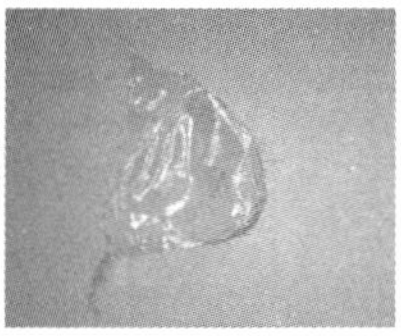
泡沫	—	不规则的碎屑、球或颗粒,在压力作用下易变形,具有一定的弹性	聚苯乙烯、聚氯乙烯、聚氨酯等	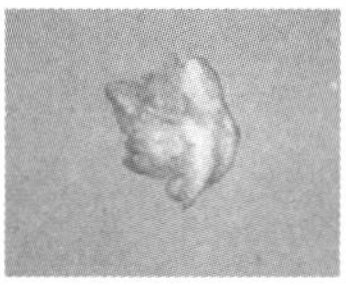 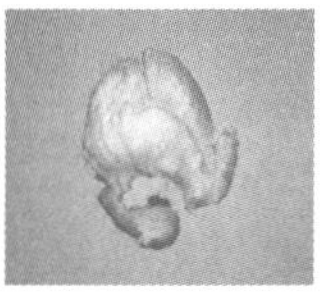
原料树脂	—	一般为光滑的球或扁圆球、圆柱体硬质颗粒	聚丙烯、聚乙烯、聚苯乙烯等	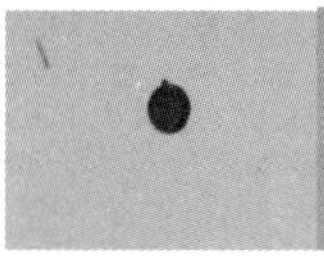 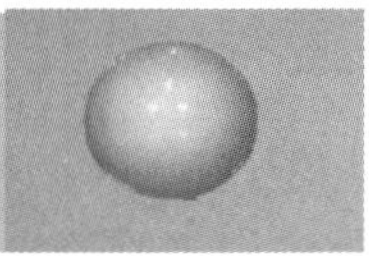

附 录 B

（资料性附录）

塑料材料的缩略词

常见塑料材料的中文名称、英文名称和简称见表 B.1。

表 B.1 常见塑料材料的中文名称、英文名称和缩略词

中文名称	英文名称	简称
丙烯腈-丁二烯塑料	Acrylonitrile-butadiene plastic	AB
丙烯腈-丁二烯-苯乙烯塑料	Acrylonitrile-butadiene-styrene plastic	ABS
丙烯腈-氯化聚乙烯-苯乙烯塑料	Acrylonitrile-chlorinated polyethylene-styrene plastic	ACS
丙烯腈-苯乙烯-丙烯酸酯塑料	Acrylonitrile-styrene-acrylate plastic	ASA
乙酸纤维素	Cellulose acetate	CA
乙酸丁酸纤维素	Cellulose acetate butyrate	CAB
乙酸丙酸纤维素	Cellulose acetate propionate	CAP
甲酚-甲醛树脂	Cresol-formaldehyde resin	CF
硝酸纤维素	Cellulose nitrate	CN
丙酸纤维素	Cellulose propionate	CP
三乙酸纤维素	Cellulose triacetate	CTA
乙烯-丙烯酸塑料	Ethylene-acrylic acid plastic	EAA
乙烯-丙烯酸乙酯塑料	Ethylene-ethyl acrylate plastic	EEAK
乙烯-甲基丙烯酸塑料	Ethylene-methacrylic acid plastic	EMA
环氧化物;环氧树脂	Epoxide;epoxy resin	EP
乙烯-丙烯塑料	Ethylene-propylene plastic	E/P
乙烯-四氟乙烯塑料	Ethylene-tetrafluoroethylene plastic	ETFE
乙烯-乙酸乙烯酯塑料	Ethylene-vinyl acetate plastic	EVAC
乙烯-乙烯醇塑料	Ethylene-vinyl alcohol plastic	EVOH
三聚氰胺-甲醛树脂	Melamine-formaldehyde resin	MF
三聚氰胺-酚醛树脂	Melamine-phenol resin	MP
聚酰胺	Polyamide	PA
聚芳醚酮	Polyaryletherketone	PAEK
聚酰胺(酰)亚胺	Polyamidimide	PAI
聚丙烯腈	Polyacrylonitrile	PAN
聚丁烯	Polybutylene	PB
聚对苯二甲酸丁二醇酯	Poly(butylene terephthalate)	PBT
聚碳酸酯	Polycarbonate	PC
聚三氟氯乙烯	Polychlorotrifluoroethylene	PCTFE
聚邻苯二甲酸二烯丙酯	Poly(diallyl phthalate)	PDAP
聚二环戊二烯	Polydicyclopentadiene	PDCPD
聚乙烯	Polyethylene	PE
氯化聚乙烯	Polyethylene(chlorinated)	PE-C
高密度聚乙烯	Polyethylene(high density)	PE-HD
低密度聚乙烯	Polyethylene(low density)	PE-LD
线型低密度聚乙烯	Polyethylene(linear low density)	PE-LLD

续表

中文名称	英文名称	简称
中密度聚乙烯	Polyethylene（medium density）	PE-MD
聚醚醚酮	Polyetheretherketone	PEEK
聚醚（酰）亚胺	Polyetherimide	PEI
聚醚酮	Polyetherketone	PEK
聚醚砜	Polyethersulfone	PESU
聚对苯二甲酸乙二醇酯	Poly（ethylene terephthalate）	PET
聚醚型聚氨酯	Polyetherurethane	PEUR
酚醛树脂	Phenol-formaldehyde resin	PF
聚酰亚胺	Polyimide	PI
聚异氰脲酸酯	Polyisocyanurate	PIR
聚甲基丙烯酰亚胺	Polymethacrylimide	PMI
聚甲基丙烯酸甲酯	Poly（methyl methacrylate）	PMMA
聚-4-甲基-1-戊烯	Poly-4-methyl-1-pentene	PMP
聚氧亚甲基，聚甲醛，聚缩醛	Polyoxymethylene，Polyacetal，Polyformaldehyde	POM
聚丙烯	Polypropylene	PP
可发性聚丙烯	Polypropylene, expandable	PP-E
聚苯醚	Poly（phenylene ether）	PPE
聚苯硫醚	Poly（phenylene sulfide）	PPS
聚苯砜	Poly（phenylene sulfone）	PPSU
聚苯乙烯	Polystyrene	PS
可发性聚苯乙烯	Polystyrene（expandable）	PS-E
高抗冲聚苯乙烯	Polystyrene（high impact）	PS-HI
聚砜	Polysulfone	PSU
聚四氟乙烯	Polytetrafluoroethylene	PTFE
聚氨酯	Polyurethane	PUR
聚乙酸乙烯酯	Poly（vinyl acetate）	PVAC
聚乙烯醇缩丁醛	Poly（vinyl butyral）	PVB
聚氯乙烯	Poly（vinyl chloride）	PVC
聚偏二氯乙烯	Poly（vinylidene chloride）	PVDC
聚氟乙烯	Poly（vinyl fluoride）	PVF
聚乙烯醇缩甲醛	Poly（vinyl formal）	PVFM
苯乙烯-丙烯腈塑料	Styrene-acrylonitrile plastic	SAN
有机硅塑料	Silicone plastic	SI
氯乙烯-偏二氯乙烯塑料	Vinyl chloride-vinylidene chloride plastic	VCVDC